ÉTUDES ET LECTURES

SUR

L'ASTRONOMIE.

PARIS. — IMPRIMERIE DE GAUTHIER-VILLARS,
Quai des Augustins, 55.

ÉTUDES ET LECTURES

SUR

L'ASTRONOMIE,

PAR

CAMILLE FLAMMARION,

Astronome, Membre de plusieurs Académies, etc.

TOME TROISIÈME,

accompagné de 33 figures astronomiques.

PARIS,

GAUTHIER-VILLARS, IMPRIMEUR-LIBRAIRE

DU BUREAU DES LONGITUDES, DE L'OBSERVATOIRE DE PARIS,

SUCCESSEUR DE MALLET-BACHELIER,

Quai des Grands-Augustins, 55.

1872

TABLE DES MATIÈRES.

AVIS AU LECTEUR.

Ce Volume présente l'exposé des principaux faits du mouvement astronomique en ces dernières années.

Il y a utilité à ne relater ces faits, dans un Recueil spécial, que quelques années après leur accomplissement, parce qu'on a eu le temps, soit de les vérifier et compléter, soit de les discuter et de les mettre dans une plus grande lumière. Ils ont acquis droit de cité dans le monde de la Science, et nous pouvons désormais les enregistrer d'une manière définitive et sans crainte.

L'observation astronomique la plus importante de celles qui sont consignées dans le Volume de cette année est celle de la grande éclipse totale du Soleil du 18 août 1868, qui a donné la découverte de la matière des protubérances et de l'atmosphère extérieure du Soleil. Elle est exposée et discutée ici dans tous ses détails, et accompagnée de dessins qui l'expliquent d'une manière complète.

Nous examinerons ensuite le relevé annuel des taches du Soleil fait en différens observatoires, et la loi de périodicité qui s'en est dégagée ainsi que le rapport qui paraît exister entre cette loi et les mouvements planétaires. L'examen des taches solaires nous permettra en cette circonstance de faire une étude approfondie de ces phénomènes.

Au mois de février 1868, il y a eu une conjonction des planètes Mercure, Vénus et Jupiter. Nous l'avons calculée, observée et décrite ici dans ses différentes phases.

La même année, la planète Vénus s'est trouvée en d'excellentes conditions d'observation et a fourni le sujet d'une curieuse étude sur sa géographie, son éclat et ses phases.

Jupiter a offert, à propos d'une éclipse de Soleil produite sur ses habitants par l'un de ses satellites, le sujet d'une dissertation sur les mouvements célestes, le temps et la vitesse de la lumière. Nous verrons aussi qu'un jour ses quatre satellites ont tous disparu à la fois.

Le dernier passage de Mercure sur le Soleil, le 5 novembre 1868, a été observé et dessiné par nous, et a fait l'objet de l'article suivant.

Après l'examen d'un préjugé météorologique qui eut cours assez longtemps dans le monde savant, nous arriverons à l'étude physique des dernières comètes observées, puis à l'enregistrement de l'extrait de découverte des petites planètes nouvellement aperçues entre l'orbite de Mars et celle de Jupiter.

Cette exposition des découvertes de ces dernières années se termine par une Revue bibliographique des différents Ouvrages publiés récemment sur l'Astronomie.

Sur la demande de plusieurs amis, trop bienveillants peut-être, j'ai ouvert ce troisième Volume par une étude d'Astronomie théorique, qui m'a beaucoup occupé pendant plusieurs années. Elle embrasse le problème général de la constitution de l'Univers, et se partage en trois Parties. La première est la *Recherche de la loi,* encore inconnue, *du mouvement de rotation des planètes.* La deuxième expose, sous une forme numérique nouvelle, les *Harmonies du système du monde.* La troisième examine la *Translation du Soleil dans l'espace,* et la *relation du Soleil avec les étoiles les plus proches.* J'espère que ce travail sera utile et agréable à ceux qui aiment aussi à chercher à pénétrer parfois les grands problèmes de la nature.

RECHERCHE

DE LA

LOI DU MOUVEMENT DE ROTATION

DES PLANÈTES.

III.   I

RECHERCHE

DE LA

LOI DU MOUVEMENT DE ROTATION

DES PLANÈTES (*).

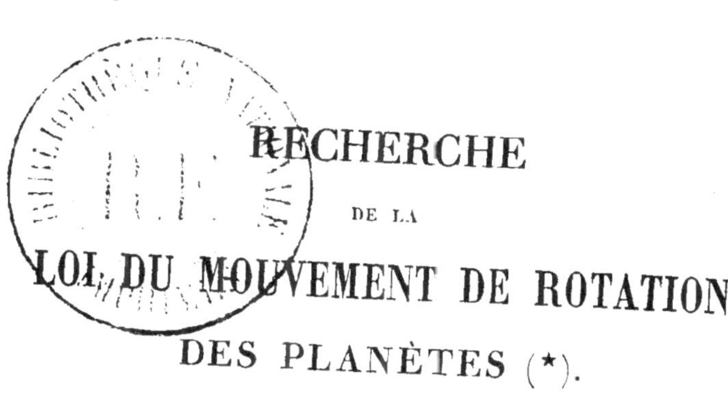

I

Tous les mouvements qui s'exécutent dans le sein de l'immense univers sont régis par des *lois*, aussi bien ceux qui nous paraissent fortuits et inexplicables, que ceux qui constituent les grandes lignes du système harmonique des mondes. C'est à une conviction absolue dans ce principe fondamental de la philosophie naturelle, que je dois d'avoir entrepris les recherches suivantes, et de les avoir poursuivies à travers des combinaisons numériques longtemps infécondes.

(*) Les conclusions de ce travail ont été présentées à l'Académie des Sciences dans sa séance du 11 avril dernier par M. Delaunay, de l'Institut, Directeur de l'Observatoire (*voir* les *Comptes rendus*). J'avais entrepris cette recherche, dès l'année 1860, à l'Observatoire de Paris. Je m'y suis remis plusieurs fois pendant ces dix années, et j'en ai même publié des fragments dans le *Cosmos*, notamment en février 1867, p. 148 et 175 (*Recherches sur la loi de rotation des corps célestes*, thèse d'Astronomie planétaire). Ce n'est qu'au mois de mars 1870 que l'influence irrécusable des *densités* m'a été révélée.

Une longue persévérance a permis à Kepler de découvrir la loi du mouvement de *révolution* des planètes. J'ai pensé qu'il ne serait pas impossible de découvrir, dans la comparaison des mouvements de *rotation*, des rapports analogues à ceux qui constituent les lois de Kepler, et d'obtenir, de la Nature, des formules simples nous révélant son œuvre.

Le mouvement de rotation des planètes, qui donne naissance sur chaque monde à la succession des jours et des nuits, et à la seule mesure absolue et invariable du temps, est un des éléments fondamentaux de la connaissance astronomique.

On sait que, tandis que ce mouvement s'effectue en $23^h 56^m$ pour la planète que nous habitons, il n'emploie que $9^h 55^m$ pour l'immense planète de Jupiter, $10^h 16^m$ pour le monde de Saturne, $24^h 37^m$ pour Mars, $23^h 21^m$ pour Vénus et $24^h 5^m$ pour Mercure. Quelle est la cause de ces différences, manifestes surtout entre la rotation des grosses et lointaines planètes supérieures et celle des quatre planètes moyennes inférieures?

Ces mouvements de rotation ont été regardés jusqu'ici comme s'effectuant en dehors de toute loi générale, comme présentant le résultat fortuit de circonstances inconnues. Ils n'offrent de rapport ni avec la comparaison des distances au Soleil, ni avec les quantités de chaleur et de lumière reçues, ni avec les dimensions comparées des corps célestes. Mercure, 20 fois plus petit que la Terre et 3 fois plus rapproché du Soleil, tourne presque dans le même temps; Vénus, moins volumineuse que la Terre et également plus rapprochée, tourne plus vite; Mars, $1\frac{1}{2}$ fois plus éloigné, tourne le plus lentement. D'autre part, Jupiter et Saturne, le premier 5 fois plus éloigné du Soleil que nous et 1400 fois plus volumineux, le second $9\frac{1}{2}$ fois plus éloigné et 860 fois plus considérable, tournent l'un et l'autre avec une rapidité étrange....

Les mouvements de rotation des corps célestes sur leur axe ne peuvent être affranchis de la loi générale qui soutient, relie et régit tous les astres dans l'espace. Mais quel chemin l'astronome doit-il prendre pour découvrir le point d'application de la loi directrice, pour connaître et apprécier numériquement la force en action dans la marche diurne et annuelle des mondes?

Lorsqu'on examine une planète, suspendue au sein des vides infinis, se transportant, sous la direction souveraine d'une force invisible, suivant une ligne idéale tracée par *la loi* à sa masse pesante et passive ; lorsqu'on admire, par exemple, Jupiter ou Saturne emportant leurs cortéges de satellites dans un cours rapide, et les faisant graviter autour d'eux sur des orbites concentriques, parcourues en des temps réglés par les distances, on éprouve devant ces mondes une impression analogue à celle qui serait imposée par le système solaire tout entier. Les quatre satellites de Jupiter, les huit lunes de Saturne, gravitent autour de leur corps central suivant les mêmes lois qui guident les planètes autour du Soleil. Ces satellites circulent dans un même plan et dans le même sens, et la rotation de la planète se présente à l'esprit comme liée par quelque rapport inconnu avec les translations qui s'exécutent de concert avec elle. Cette idée d'une relation entre les deux mouvements est immédiatement confirmée par cette observation générale : que les planètes dont les satellites tournent le plus vite ont aussi les rotations les plus rapides.

Voici la méthode que j'ai suivie pour étudier le mieux possible les conditions mécaniques de ces divers mouvements de rotation.

Les mouvements de révolution des corps célestes autour d'une sphère centrale d'attraction sont reliés entre eux par une même loi, qui est la troisième de Kepler. Les carrés des temps des révolutions sont entre eux comme les cubes des distances.

La Lune circule à 60,273 rayons de la Terre en $27^j 7^h 43^m 11^s,5$. La Terre tourne sur elle-même, dans le sens de la révolution de la Lune, de l'ouest à l'est, en $23^h 56^m 4^s$. Je me suis d'abord demandé à quelle distance du centre de la Terre serait placé un satellite effectuant sa révolution en $23^h 56^m 4^s$.

La solution est offerte par l'équation suivante :

$$\frac{(27,322)^2}{1} = \frac{(60,273)^3}{x^3},$$

d'où

$$x = \sqrt[3]{\frac{(60,273)^3}{(27,322)^2}} = \sqrt[3]{\frac{218950,937}{746,497}} = \sqrt[3]{293} = 6,64.$$

C'est à plus de 6 fois le rayon de la Terre, à 6,64, que graviterait un satellite effectuant sa révolution dans un temps égal à celui que la Terre emploie à effectuer sa rotation.

J'ai cherché ensuite le problème inverse et corrélatif, et je me suis demandé en combien de temps circulerait autour du centre de la Terre un satellite situé à la distance 1. Ce satellite fictif ne doit pas rouler à la surface du globe ni être enclavé dans l'équateur : les conditions du problème veulent que nous le supposions libre, soit que, lancé comme la Lune ou un aérolithe dans l'espace, il circule à quelques lieues seulement de hauteur, différence insignifiante sur le rayon de la Terre, soit que nous fassions la Terre de moindre volume sans changer sa masse, et le satellite circuler exactement à 1594 lieues du centre de la Terre. On sait, en effet, que l'attraction exercée par les sphères célestes au delà de leur surface est la même que si la masse entière du corps était réduite à son centre de gravité, propriété remarquable en vertu de laquelle le Soleil, les planètes et les satellites agissent les uns sur les autres comme autant de points materiels. Il est curieux de voir quelle différence existerait entre le mouvement de ce corps libre autour du centre de gravité du globe, et le mouvement actuel du globe sur lui-même (*).

(*) Cassini et Maraldi, en établissant la théorie des satellites de Jupiter sur la troisième loi de Kepler, et en discutant le mouvement de l'anneau de Saturne, déclarent que la loi de Kepler ne doit s'étendre qu'aux corps situés au delà de l'atmosphère d'une planète, l'atmosphère entrainant les objets situés dans son sein suivant le mouvement de rotation dont elle est animée. La réflexion montre en effet qu'il ne peut en être autrement, et en supposant mon satellite fictif gravitant à une faible hauteur, je fais de même abstraction de l'atmosphère.

Laplace remarque (*Système du monde*, liv. IV, ch. 1er) qu'un projectile lancé horizontalement avec une vitesse de

La troisième loi de Kepler nous donne pour cette valeur :

$$x = \sqrt{\frac{(27,322)^2}{(60,273)^3}} = \sqrt{0,003409} = 0,0584.$$

C'est en $\frac{584}{10000}$ de jour, ou en une heure vingt-quatre minutes que s'effectuerait la révolution cherchée.

Il faut multiplier ce nombre par 17 pour obtenir le temps de la rotation de la Terre.

II

Avant de nous demander ce que représente dans le système terrestre ce coefficient 17, faisons les mêmes recherches pour les autres planètes. Soit d'abord le système de Jupiter.

A quelle distance du centre de Jupiter serait placé un satellite gravitant dans un temps égal à celui de la rotation observée de la planète, c'est-à-dire en $9^h 55^m$?

Prenons d'abord, pour bases de calcul, les éléments du quatrième satellite.

Sa distance est de 27 rayons de Jupiter, sa révolution

7000 mètres ne retomberait plus sur la Terre, et circulerait comme un satellite autour de la Terre, sa force centrifuge étant alors égale à sa pesanteur, et abstraction faite de la résistance de l'atmosphère. Il ajoute que « pour former la Lune de ce projectile, il ne faut que l'élever à la même hauteur que cet astre, et lui donner le même mouvement de projection. »

est de 16,69 jours terrestres, qu'il faut d'abord réduire
en jours de Jupiter.

D'après ce quatrième satellite, nous avons

$$\frac{(40,30)^2}{1} = \frac{27^3}{x^3},$$

d'où

$$x = \sqrt[3]{\frac{27^3}{(40,30)^2}} = 2,30.$$

D'après le troisième satellite

$$x = \sqrt[3]{\frac{(15,35)^3}{(17,278)^2}} = 2,29.$$

D'après le deuxième satellite

$$x = \sqrt[3]{\frac{(9,623)^3}{(8,576)^2}} = 2,30.$$

D'après le premier satellite

$$x = \sqrt[3]{\frac{(6,049)^3}{(4,272)^2}} = 2,29.$$

C'est à un peu plus de 2 fois le rayon de Jupiter, à
la distance 2,30, qu'un satellite graviterait autour de
cette planète dans un temps égal à celui de sa rotation.

Cherchons maintenant en combien de temps circulerait un satellite fictif situé à la distance 1, c'est-à-dire
en place de la surface actuelle de la planète.

Le quatrième satellite nous donne, pour cette valeur,

$$x = \sqrt{\frac{(16,69)^2}{27^3}} = 0,119.$$

Le troisième satellite nous donne

$$x = \sqrt{\frac{(7,1546)^2}{(15,35)^3}} = 0,118.$$

Le deuxième satellite nous donne

$$x = \sqrt{\frac{(3,55)^2}{(9,623)^3}} = 0,119.$$

Le premier satellite nous donne

$$x = \sqrt{\frac{(1,769)^2}{(6,049)^3}} = 0,118.$$

Dans le système de Jupiter, le satellite fictif situé à l'extrémité du rayon actuel de la planète effectuerait s translation en $0^j,119$, c'est-à-dire en 170 minutes, ou $2^h 50^m$.

Il faut multiplier ce nombre par 3,6 pour obtenir le temps de la rotation de Jupiter.

III

Les mêmes recherches effectuées pour le système de Saturne m'ont donné les résultats suivants.

D'après les éléments des huit satellites de Saturne, on obtient pour la distance à laquelle graviterait un satellite effectuant sa révolution en un temps égal à celui de la rotation de la planète, le nombre moyen 1,98885. C'est à une distance presque double du rayon qu'un satellite circulerait en $10^h 16^m$. Ce résultat n'est pas seulement théorique, comme les précédents; il se trouve confirmé de la manière la plus remarquable par la rotation des anneaux de la planète, dont je parlerai ci-dessous.

Si nous calculons maintenant quelle serait la durée de rotation d'un corps situé à la distance 1 du centre de la planète, en substituant, comme plus haut, un corps central et l'orbite d'un astéroïde à la place du volume planétaire, chacun des satellites nous donne les chiffres suivants, qui concordent d'une manière frappante :

$$\text{I.} \qquad x = \sqrt{\frac{(0,943)^2}{(3,35)^3}} = \sqrt{0,02365} = 0,1538,$$

$$\text{II.} \qquad x = \sqrt{\frac{(1,37)^2}{(4,3)^3}} = \sqrt{0,02360} = 0,1538,$$

$$\text{III.} \qquad x = \sqrt{\frac{(1,888)^2}{(5,28)^3}} = \sqrt{0,02421} = 0,1556,$$

$$\text{IV.} \qquad x = \sqrt{\frac{(2,739)^2}{(6,82)^3}} = \sqrt{0,02365} = 0,1538,$$

$$\text{V.} \qquad x = \sqrt{\frac{(4,517)^2}{(9,52)^3}} = \sqrt{0,02365} = 0,1538,$$

$$\text{VI.} \qquad x = \sqrt{\frac{(15,945)^2}{(22,08)^3}} = \sqrt{0,2378} = 0,1542,$$

$$\text{VII.} \qquad x = \sqrt{\frac{(21,297)^2}{(26,78)^3}} = \sqrt{0,2362} = 0,1537,$$

$$\text{VIII.} \qquad x = \sqrt{\frac{(79.33)^2}{(64,36)^3}} = \sqrt{0,2362} = 0,1537.$$

La moyenne de ces résultats est de 0,1540. Le satellite fictif placé à la distance 1 du centre de gravité du système saturnien effectuerait sa révolution en $0^j,154$, c'est-à-dire en $3^h 40^m$.

Il faut multiplier ce nombre par 2,7 pour obtenir le temps de la rotation de Saturne.

IV

En arrivant à Uranus, nous remarquons que, sur les deux questions que nous venons de nous poser relativement à la Terre, Jupiter et Saturne, une seule peut l'être ici. Ne connaissant pas encore par l'observation le temps de la rotation de cette planète, nous ne pouvons en ce moment nous demander à quelle distance serait situé un satellite dont la révolution s'effectuerait dans ce temps inconnu. Bientôt nous trouverons cette durée de rotation, précisément par la loi qui sera formulée plus loin. Quant à ces prémisses, nous ne pouvons, à propos d'Uranus, que chercher en combien de temps circulerait autour du centre de gravité du système uranien un satellite situé à la distance 1.

Le quatrième satellite nous donne pour cette valeur

$$x = \sqrt{\frac{(13,846)^2}{(23,18)^3}} = 0,125.$$

Le troisième satellite nous donne

$$x = \sqrt{\frac{(8,986)^2}{(17,37)^3}} = 0,124.$$

Le deuxième satellite nous donne

$$x = \sqrt{\frac{(4.144)^2}{(10,37)^3}} - 0,123.$$

Le premier satellite nous donne

$$x = \sqrt{\frac{(2,52)^2}{(7,44)^3}} = 0,124.$$

Le corps libre situé en place de la surface d'Uranus circulerait autour du centre en $\frac{124}{1000}$ de jour, c'est-à-dire en $2^h 58^m$.

V

Enfin, en arrivant à Neptune, nous obtenons, pour la même valeur,

$$x = \sqrt{\frac{(5,8769)^2}{(13,06)^3}} = \sqrt{0,01550} = 0,125.$$

Le corps libre situé à la distance 1 du centre de la planète Neptune graviterait en une période de $\frac{125}{1000}$ de jour, c'est-à-dire en $2^h 58^m$.

Cette période est égale à celle que nous venons d'obtenir pour Uranus.

VI

Les périodes que le calcul vient de nous fournir sont respectivement de $1^h 24^m$ pour la Terre, $2^h 50^m$ pour Jupiter, $3^h 40^m$ pour Saturne et $2^h 58^m$ pour Uranus et Neptune. Le caractère frappant de ces périodes, c'est qu'elles sont beaucoup plus brèves que les rotations réelles connues par l'observation.

Or, les principes de la Mécanique céleste établissant ainsi que notre corps, supposé libre, situé à l'extrémité du rayon ou à une faible distance au-dessus de la surface de la planète, circulerait beaucoup plus rapidement que la rotation de cette surface même, l'idée qui se présente pour expliquer la lenteur relative du mouvement rotatoire de la planète, c'est que cette lenteur peut être due à une certaine résistance inhérente à l'ensemble du corps planétaire. J'ai longuement et inutilement cherché des relations entre ces coefficients de rotation et les volumes, les masses, les surfaces, les distances au Soleil, etc., et ce n'est qu'après plusieurs années de recherches que l'idée d'une résistance s'étant offerte à mon esprit, j'ai enfin comparé à ces nombres les densités caractéristiques de chaque planète, c'est-à-dire les masses divisées par les volumes.

Voici le tableau des densités d'abord pour les planètes que nous venons de considérer :

La Terre.................... 1,0

Jupiter.................... 0,22

Saturne 0,14

Uranus.................... 0,21

Neptune................... 0,22

La Terre est ici prise pour unité. Considérant ensuite que si la résistance apportée au mouvement est due à la densité, on doit prendre pour unité de comparaison le coefficient de résistance trouvé pour la Terre, savoir : le nombre 17. J'ai multiplié tous les nombres précédents par 17, pour les comparer ensuite. On a par là la liste suivante :

$$
\begin{aligned}
\text{La Terre} &\dots\dots & 1 &\times 17 = 17,0 \\
\text{Jupiter} &\dots\dots & 0,22 &\times 17 = 3,7 \\
\text{Saturne} &\dots\dots & 0,14 &\times 17 = 2,4 \\
\text{Uranus} &\dots\dots & 0,21 &\times 17 = 3,6 \\
\text{Neptune} &\dots\dots & 0,22 &\times 17 = 3,7
\end{aligned}
$$

En examinant ensuite les coefficients de retardement trouvés pour les planètes, je vois d'abord qu'à l'égard des planètes supérieures dont la rotation est connue par l'observation, ces coefficients sont :

$$
\begin{aligned}
\text{La Terre} &\dots\dots\dots & 17,0 \\
\text{Jupiter} &\dots\dots\dots & 3,6 \\
\text{Saturne} &\dots\dots\dots & 2,7
\end{aligned}
$$

On ne peut s'empêcher de remarquer déjà une analogie significative, pour ne pas dire une identité, entre les *coefficients de résistance* et la *densité relative* des planètes.

Le coefficient de la Terre, 17, étant pris pour unité de comparaison, celui de Jupiter $= 3,6$, qui ne diffère pas de sa densité relative de $\frac{3}{100}$.

Le coefficient de Saturne 2,7 surpasse un peu le chiffre 2,4 de sa densité relative ; mais si l'on réfléchit à la délicatesse des mesures de densité des planètes, on remarquera qu'elles ne sont pas connues d'une manière rigoureuse et définitive, et que les déterminations offrent encore une certaine dissemblance. Ici, en admettant la densité de Saturne de 0,15, on a le chiffre 2,6 pour sa densité relative.

Ces mêmes coefficients : 17; 3,6; 2,6, qui sont entre eux comme les densités des planètes, sont en même temps les racines carrées du rapport de la pesanteur à la force centrifuge sur chaque planète :

$$\text{Sur la Terre,} \quad \frac{g}{\omega^2 r} = 289 \quad \text{dont la racine carrée est } 17$$

Sur Jupiter, id. $= 13$ id.   3,6

Sur Saturne, id. $= 6,5$ id.   2,5

De sorte que le coefficient de la résistance apportée par la densité planétaire à la rotation diurne est en même temps la racine carrée de la force centrifuge. Si la Terre tournait 17 fois plus vite, la force centrifuge s'accroissant en raison du carré de la vitesse, et $\dfrac{\omega^2 r}{g}$ étant égal à $\frac{1}{289}$, les corps ne pèseraient plus à l'équateur terrestre; si Jupiter tournait 3,6 fois plus vite, les objets n'auraient plus de poids à son équateur, et il en serait de même sur Saturne, si la vitesse de rotation de cet astre était 2,5 fois plus rapide.

Ainsi la résistance apportée par la masse planétaire au mouvement autour de l'axe est en rapport avec la *densité* relative de la planète; ce même coefficient d'inertie et de densité est la racine carrée de la force centrifuge.

Et comme la force centrifuge est déterminée par la vitesse de *rotation*, et que $\dfrac{\omega^2 r}{g}$ n'est autre que le rapport entre cette vitesse et l'*intensité de la pesanteur* à la surface de la planète, cette coïncidence se trouvait ainsi confirmer immédiatement la réalité du lien que je venais de remarquer entre la durée de la *rotation* des planètes et leur *densité relative*.

En voyant toutes ces analogies s'harmoniser si simplement entre elles, je cherchai à calculer la rotation inconnue d'Uranus. Connaissant la révolution théorique du satellite situé à la distance 1, donnée plus haut égale à $2^h 58^m$, et prenant son coefficient de densité relative, donné dans la table ci-dessus égal à 3,6, on obtient, pour la rotation réelle d'Uranus, la valeur

$$10^h 40^m.$$

En admettant cette durée de rotation, elle produit à l'équateur de la planète une force centrifuge dont ce même chiffre de 3,6 est la racine carrée. Nous avons

$$\omega = \frac{2\pi}{38400}, \qquad r = 6366200 \times 4,221,$$

$$g = 8,830, \qquad \frac{g}{\omega^2 r} = 12,95,$$

dont la racine carrée est 3,6.

Le même coefficient représente à la fois, comme pour les planètes précédentes, le moment d'inertie, la densité relative, et la racine carrée de la force centrifuge.

D'après les mêmes principes, le calcul donne, pour la rotation de Neptune, la valeur

$$10^h 58^m.$$

Cette rotation produit également sur cette planète une force centrifuge égale au carré du coefficient 3,7, comme on peut le voir :

$$\omega = \frac{2\pi}{39480}, \quad r = 6\,366\,200 \times 4,407,$$

$$\omega^2 r = 0,7114865, \quad g = 9,79, \quad \frac{g}{\omega^2 r} = 13,7,$$

dont la racine carrée est 3,7.

De ces analogies résulte donc le tableau suivant :

	Coefficients de retardement.	Densités relatives.	Racines carrées de la force centrifuge.
La Terre....	17,0	17,0	17,0
Jupiter.....	3,6	3,7	3,6
Saturne.....	2,7	2,6	2,5
Uranus	3,6	3,6	3,6
Neptune....	3,7	3,7	3,7

La révolution des satellites autour des planètes, aussi bien que des planètes autour du Soleil, étant due à la gravitation, la révolution calculée du satellite équatorial représente évidemment l'action théorique de cette même force. La durée de la rotation des planètes dépend donc d'une part de la gravitation elle-même, et d'autre part de la densité.

Ces rapports peuvent être exprimés par la formule générale suivante :

Le temps de la rotation des planètes est une fonction de leurs densités.

1° Le mouvement rotatoire des planètes sur leur axe est une application de la gravitation à leurs densités respectives. Il est égal au temps de la révolution d'un satellite situé à la distance 1, *multiplié par un coefficient de retardement, offrant un rapport évident avec la densité du corps planétaire.*

2° Ce coefficient de densité relative est en même temps pour chaque planète la racine carrée du rapport de la pesanteur à la force centrifuge.

Telle est la loi qui résulte des rapports précédents, et qui va être étendue à d'autres points du problème par de nouvelles analogies.

Je dois prier de remarquer ici que le terme *coefficient de retardement* n'est dans ma pensée qu'une expression apparente due à la méthode que j'ai suivie dans ces calculs. Ce n'est pas en ce moment le lieu de discuter si c'est la planète qui fait circuler les satellites dans des vitesses différentes, ou si, le mouvement de circulation générale étant donné, la masse planétaire apporte réellement une résistance à l'application de la force. Si l'on supposait avec Newton que la vitesse de translation se décompose en deux forces : une impulsion première et la pesanteur, on serait obligé de considérer également la rotation comme due à cette double influence. J. Bernoulli calcule qu'une force appliquée à $\frac{1}{150}$ du rayon du centre de la Terre aurait donné à notre planète deux mouvements assez conformes à ceux que l'on observe; pour Mars, il trouve $\frac{1}{418}$, pour Jupiter $\frac{7}{19}$. Si dans cette hypothèse, disait-on, l'impulsion primitive eût été appliquée à de plus grandes distances de chaque centre, le mouvement de rotation eût été plus rapide. Mais l'explication qui se substitue naturellement aujourd'hui à ces idées, c'est que la révolution des satellites provient originairement de la rotation des

planètes, de l'équateur desquelles un anneau s'échappa
par la rupture d'équilibre au moment où, dans la théorie de Laplace, la force centrifuge surpassa la force
centripète à l'équateur des planètes lenticulaires. On
conçoit parfaitement dès lors que ces révolutions soient
liées d'une certaine manière avec la force centrifuge de
rotation comme avec la densité relative de leur planète
centrale.

VII

Nous allons maintenant constater que la loi que nous
sommes parvenu à dégager des éléments des planètes
à satellites peut également être appliquée à l'explication
de la rotation des planètes sans satellites.

Sur les huit mondes planétaires de notre système,
cinq viennent d'être passés en revue. Il nous reste à
observer Vénus, Mars et Mercure. Leurs densités sont :

La Terre.................. 1,0

Vénus.................... 0,91

Mars..................... 0,80

Mercure.................. 1,31

En réduisant ces nombres à l'unité de comparaison,
c'est-à-dire en les multipliant par 17, nous avons pour
les densités relatives :

La Terre.................. 17,0

Vénus.................... 15,5

Mars..................... 13,5

Mercure.................. 22,2

Il s'agit donc de chercher si leurs rotations observées donnent une force centrifuge dont la racine carrée soit précisément représentée par ces densités.

Commençons par notre voisine Vénus :

$$\text{Rotation} = 23^{\text{h}}21^{\text{m}},$$

$$\omega = \frac{2\pi}{84060} = 0,0000747,$$

$$\omega^2 = 0,00000000558,$$

$$r = 0,954 = 6173355,$$

$$\omega^2 r = 0,03443,$$

$$g = 0,864 = 8,475,$$

$$\frac{g}{\omega^2 r} = 24 \ ,$$

dont la racine carrée est 15,6.

Or nous venons de voir que le chiffre de sa densité est 15,5.

Examinons maintenant les éléments de la rotation de Mars. Si l'on admet pour la rotation de cette planète la valeur $24^{\text{h}}37^{\text{m}}$, il vient

$$\omega = \frac{2\pi}{88643} = 0,0000709,$$

$$\omega^2 = 0,0000000050239,$$

$$r = 6366200 \times 0,540 = 3437748,$$

$$\omega^2 r = 0,017305379,$$

$$g = 0,395 = 3,90,$$

$$\frac{g}{\omega^2 r} = 225,$$

dont la racine carrée est 15.

Il y a ici une différence assez sensible.

Enfin pour Mercure (*), nous avons

$$\text{Rotation} = 24^{\text{h}}\,5^{\text{m}},$$

$$\omega = \frac{2\pi}{86700} = 0,0000725,$$

$$\omega^2 = 0,0000000005249,$$

$$r = 0,378 = 2406423,$$

$$\omega^2 r = 0,0125,$$

$$g = 0,5 = 4,9$$

$$\frac{g}{\omega^2 r} = 400,$$

dont la racine carrée est 20.

Ces racines carrées (17 ; 15,6 ; 15 et 20) continuent, malgré la différence offerte par les deux dernières, les analogies évidentes que nous avons constatées plus haut pour les planètes à satellites entre le coefficient de retardement et la densité. Aucun autre ordre de comparaison ne présente cette similitude. Ainsi la *densité* est visiblement l'élément prépondérant en jeu dans l'établissement du mouvement de rotation. Si les différences sont réelles et ne sont pas effacées un jour par les progrès de l'observation ou de la théorie (car on ne saurait se flatter de connaître définitivement aujourd'hui les

---

(*) Mercure s'écarte plus que toute autre planète du plan général de translation. Il est incliné de 7 degrés sur l'écliptique. Sa grande excentricité fait également exception ; elle est égale à 0,2.

rotations exactes ni les densités absolues), peut-être y aura-t-il lieu de chercher si la résistance de l'éther, ou quelque autre cause secondaire, n'a pas apporté une petite correction au retardement dû à la seule densité. Déjà nous l'avons vu (tome Ier de ce Recueil, p. 179-187), une influence paraît avoir été exercée avec le temps sur la disposition des orbites planétaires.

VIII

Nous avons vu plus haut qu'un satellite animé d'un mouvement de rotation égal à celui de la rotation de la Terre circulerait autour d'elle à la distance de 6,64 rayons terrestres; qu'un satellite établi dans les mêmes conditions pour Jupiter, serait situé à la distance de 2,31 rayons de Jupiter et qu'un satellite gravitant dans une période égale à celle de la rotation de Saturne circulerait à la distance de 1,98. Maintenant que nous avons trouvé les rotations d'Uranus et de Neptune, nous pouvons faire la même recherche pour ces planètes.

La rotation d'Uranus ayant été trouvée de 10^{h}40^m, ou 0,44 de la rotation de la Terre, et la révolution du premier satellite s'effectuant en 13^j,846, l'équation du quatrième satellite nous donnerait, en jours terrestres,

$$\frac{(13,846)^2}{(0,44)^2} = \frac{(23,18)^3}{x^3}$$

et en jours uraniens

$$\frac{(31,57)^2}{1} = \frac{(23,18)^3}{x^3},$$

d'où

$$x = \sqrt[3]{\frac{(23,18)^3}{(31,57)^2}} = \sqrt[3]{\frac{1248}{996}} = \sqrt[3]{12,5}.$$

Troisième satellite

$$x = \sqrt[3]{\frac{(17,37)^3}{(20,52)^2}} = \sqrt[3]{\frac{5,207}{400}} = \sqrt[3]{12,4}.$$

Deuxième satellite

$$x = \sqrt[3]{\frac{(10,37)^3}{(9,448)^2}} = \sqrt[3]{\frac{1103}{88}} = \sqrt[3]{12,5}.$$

Premier satellite

$$x = \sqrt[3]{\frac{(7,44)^3}{(5,745)^2}} = \sqrt[3]{\frac{409,6}{33,06}} = \sqrt[3]{12,4}.$$

Les équations fournies par les éléments des quatre satellites nous donnent séparément la même valeur :

$$x = 2,32.$$

C'est à cette distance du centre d'Uranus que graviterait un satellite dans un temps égal à celui de la rotation de la planète.

Dans la même recherche, le satellite de Neptune nous donne

$$\frac{(12,929)^2}{1} = \frac{(13,06)^3}{x^3},$$

d'où

$$x' = \sqrt[3]{\frac{(13,06)^3}{(12,929)^2}} = \sqrt[3]{\frac{2217,28}{166,286}} = \sqrt[3]{13,25} = 2,36.$$

C'est à cette distance du centre de Neptune que graviterait un satellite, dans une période égale à celle de la rotation de la planète.

IX

Les satellites animés d'un mouvement de révolution de même durée que le mouvement de rotation de chaque planète seraient donc situés aux distances respectives suivantes de chaque centre planétaire, le rayon étant pris pour unité :

        La Terre................... 6,64
        Jupiter.................... 2,31
        Saturne.................... 1,98
        Uranus..................... 2,32
        Neptune.................... 2,36

Je me suis demandé s'il existe un rapport entre ces distances et les coefficients de résistance qui nous ont représenté plus haut la densité relative. Reprenons la liste de ces coefficients :

        La Terre................... 17,0
        Jupiter....................   3,6
        Saturne....................   2,7
        Uranus.....................   3,6
        Neptune....................   3,7

Les carrés de ces nombres sont :

La Terre.	289,0 (*)
Jupiter.	12,9
Saturne.	7,3
Uranus.	12,9
Neptune.	13,7

Les cubes des distances des satellites synchrones sont :

La Terre.	293,0
Jupiter.	12,3
Saturne.	7,8
Uranus.	12,5
Neptune.	13,3

Il serait difficile d'exiger un accord plus satisfaisant que celui-là, accord qui, du reste, aurait pu être prévu depuis que nous avons trouvé que les densités des planètes sont sensiblement représentées par les mêmes nombres que les racines carrées du rapport de la pesanteur à la force centrifuge. Nous pouvons donc ajouter e complément suivant à la loi formulée plus haut :

3° Les carrés des coefficients de résistance et de densité relative sont égaux aux cubes des distances auxquelles graviteraient les satellites dans la période de rotation de la planète.

4? La distance à laquelle graviterait, autour de chaque

(*) L'*Annuaire du Bureau des Longitudes*, pour 1870, indique la nouvelle mesure de l'aplatissement de la Terre comme donnant $\frac{1}{294}$.

planète, un satellite effectuant sa révolution dans un temps égal à celui de la rotation n'est autre que la racine cubique de la force centrifuge.

La force centrifuge étant, sur Mars, Vénus, Mercure, de $\frac{1}{225}$, $\frac{1}{244}$ et $\frac{1}{400}$, les racines cubiques de ces nombres sont respectivement 6,1 ; 6,25 ; 7,32. Des satellites circulant autour de ces planètes dans une période égale à celle de leur rotation seraient donc situés aux distances suivantes, en fonction du demi-diamètre de chaque planète :

$$\begin{array}{ll}
\text{Mars} \dots \dots \dots \dots \dots \dots & 6,1 \\
\text{Vénus} \dots \dots \dots \dots \dots & 6,25 \\
\text{Mercure} \dots \dots \dots \dots & 7,32
\end{array}$$

La loi générale de rotation qui vient d'être établie supprime la force de projection appliquée à une distance arbitraire du centre de chaque planète par laquelle les astronomes du siècle dernier avaient proposé une explication à la rotation des corps célestes. Cette seconde force initiale devient inutile, et la rotation, comme la translation, dérive simplement de la gravité.

X

A la distance 6,64 du centre de la Terre dans le plan de l'équateur, la révolution du satellite synchrone donnerait naissance à une force centrifuge $\omega^2 r = 0^m,224$.

A la même hauteur, la pesanteur $g = 0^m,224$.

Là, $\dfrac{g}{\omega^2 r} = I$, et la force centrifuge contre-balance la pesanteur.

Là, $g = \omega^2 r$.

Là, le mouvement de rotation de la Terre atteint sa vitesse maximum, la limite à laquelle l'attraction cesse.

De cette égalité nous concluons que c'est à 6,64 fois le rayon équatorial de la Terre, c'est-à-dire à 42000 kilomètres, ou à plus de 10000 lieues de hauteur que l'attraction de la Terre cesserait de retenir des particules atmosphériques, s'il était possible que l'atmosphère la plus légère même pût encore exister à une telle altitude. C'est la *limite extrême théorique de l'atmosphère.*

D'autre part, le satellite que nous avons supposé dans nos calculs se mouvoir à la distance 1 du centre du globe devant effectuer sa rotation 17 fois plus vite que le déplacement d'un point de l'équateur actuel, il en résulte que, dans cette vitesse indiquée par la théorie, la force centrifuge étant maintenant de $0^m,033852$, nous aurions pour cette valeur ce chiffre multiplié par 289, ou 9,8088, qui est précisément la valeur de g. C'est également la limite à laquelle le corps circulant peut être retenu par l'attraction. Nous pouvons donc encore ajouter que :

5° D'une part, la distance à laquelle circulerait un satellite dans une période égale au mouvement de la planète est la distance maximum à laquelle l'attraction cesse, la limite extrême théorique de toute atmosphère.

6° Et d'autre part la vitesse avec laquelle circulerait un satellite à l'extrémité du rayon de la planète est la vitesse maximum à laquelle l'attraction cesse.

XI

En appliquant les principes exposés plus haut à l'examen des conditions de la stabilité du système des anneaux de Saturne, on trouve qu'ils doivent être considérés comme une mince et vaste zone d'astéroïdes se mouvant dans le plan de l'équateur de Saturne avec la rapidité nécessaire et suffisante pour que leur pesanteur vers la planète soit balancée par la force centrifuge due à ce mouvement ; ou bien ils sont constitués par une quantité d'astéroïdes, circulant à peu près dans le plan de l'équateur avec une rapidité variable dépendant de leur distance ; ou bien c'est un ensemble liquide disposé comme un cercle affecté par m vagues régulières de déplacement transversal à intervalles égaux. Outre ces vagues transversales, il y aurait des vagues de condensation et de raréfaction dans lesquelles, selon la relation des coefficients, les points de plus grande distance du centre seraient les points de plus grande ou de moindre condensation.

L'anneau est non-seulement triple, comme l'observation le constate déjà, mais certainement formé d'un très-grand nombre de zones distinctes. Bond a porté ce nombre jusqu'à onze, et il est probable qu'il y en a davantage encore. De la surface de la planète à l'anneau obscur et transparent intérieur, on compte 5165 lieues ; le rayon équatorial de Saturne étant de 14384 lieues, cette première distance est représentée par 1,36, le rayon étant 1. Cette zone transparente mesure 3125 lieues de large; à 8290 lieues de la surface commence la vaste zone brillante, ou l'anneau central, dont la largeur est de 7388 lieues. La distance du bord intérieur de la zone brillante au centre du système est donc de 1,57, et la distance du bord extérieur de 2,09. Enfin, au delà des anneaux blancs, il y a un espace vide de 790 lieues, au delà duquel plane l'anneau extérieur de 3680 lieues de large. La distance de la surface de la planète au bord intérieur de l'anneau extérieur est donc de 16468 lieues ou 2,14 du centre, et la distance à la périphérie extrême de ces appendices, de 20148 lieues, ou 2,40 du centre.

Or nous avons vu qu'à la distance 1 du centre de Saturne la période d'un satellite serait de $3^h 40^m$, et qu'à la distance de 1,988 cette période serait égale à celle de la rotation de la planète, c'est-à-dire de $10^h 16^m$.

Les particules constitutives des anneaux doivent donc se mouvoir suivant des ellipses différentes autour du centre de gravité du système.

Si l'on considère les éléments de ce singulier appendice annulaire, on trouve les périodes suivantes comme caractéristiques des distances respectives observées.

	DISTANCES.	PÉRIODES.
		h m h m
Anneau intérieur transparent.	1,36 à 1,57	5.50 à 7.11
Large anneau central........	1,57 à 2,09	7.11 à 11. 9
Anneau extérieur...........	2,14 à 2,40	11.36 à 12. 5
Premier satellite...........	3,36	22.37

Les observations de déplacement de taches indicatrices d'un mouvement de rotation ont été faites sur l'anneau principal, l'anneau blanc central. Si l'on suppose que cet anneau forme un même ensemble solidaire, et que sa zone de densité maximum soit située, comme il est probable, entre la ligne médiane et le bord extérieur, par exemple à la distance 2, on trouve que sa rotation s'effectuerait en $10^h 30^m$, dans la période indiquée par l'observation.

Si l'on supposait que l'anneau extérieur formât également un même ensemble, comme il est d'ailleurs nettement séparé de l'anneau principal, on trouverait pour sa rotation une période voisine de $11^h 50^m$.

Enfin si l'on regardait aussi l'anneau transparent intérieur, comme un même ensemble, à la fois distinct de l'atmosphère de la planète et des zones plus denses qui le dominent, on trouverait pour sa rotation une période voisine de $6^h 40^m$.

Si, comme l'expose Laplace, ces zones annulaires ont été successivement abandonnées par l'équateur de la planète dans les circonstances où la force centrifuge égala et dépassa la pesanteur, et ont continué de se mouvoir suivant la même force vive, les différentes vitesses de rotation que je viens ce signaler se trouvent toutes expliquées par la théorie.

Si ces appendices annulaires, appartenant à la planète, étaient entraînés par son propre mouvement de rotation, comme une vaste atmosphère équatoriale, ils circuleraient en $10^h 16^m$, et l'anneau intérieur ne dépasserait pas cette vitesse de près du double. Mais il est impossible d'admettre cette hypothèse, attendu qu'à la distance 1,988 la force centrifuge égalerait la pesanteur, et que tout l'anneau extérieur en tournant dans le même temps développerait une force centrifuge supérieure à l'attraction centrale. Donc le mouvement des anneaux est à la fois multiple et relativement indépendant de la durée de rotation de la planète; et nous devons considérer l'anneau extérieur en particulier comme tournant plus lentement que l'anneau large du milieu qui se présente avec tant d'éclat dans nos lunettes. On peut admettre d'ailleurs que l'équilibre de cet étrange système annulaire est dû à l'existence des satellites extérieurs qui le maintiennent, et que nulle planète ne saurait être environnée d'anneaux sans être accompagnée d'un nombre suffisant de satellites disposés pour ce soutien.

En résumé, nous voyons que, sous un aspect général, le système planétaire peut se décomposer en deux groupes bien distincts : 1° les quatre volumineuses planètes extérieures, échappées les premières de l'équateur solaire gazeux, de faible densité, et de rotation rapide ; 2° les quatre planètes moyennes, formées les dernières, de forte densité et de rotation lente. Les révolutions, indépendantes des volumes et des masses, ont été causées par la rotation de l'immense corps solaire lui-même, et sont restées en relation avec sa puissance attractive selon la distance qui les en sépare. Les rotations, au contraire, dépendantes des volumes et des masses, se sont organisées pour chaque corps émané du Soleil suivant sa *densité* respective. Nous en concluons encore que la rotation du Soleil n'est pas indépendante de la translation de la Terre et des planètes, ni la rotation de la Terre indépendante de la révolution de la Lune.

Ce travail établit particulièrement que nul élément du système du monde n'est isolé de l'ensemble dynamique qui en régit toutes les valeurs. Les rotations diurnes aussi bien que les révolutions annuelles, le cours des satellites, les masses et les volumes des corps célestes, sont mutuellement rattachés par les liens de la suprême force gravifique. A l'omnipotence de ces lois intellectuelles sont dus : l'équilibre permanent du système, l'immuable harmonie ces mouvements célestes, la marche géométriquement organisée de la nature éternelle.

HARMONIES

DU

SYSTÈME DU MONDE.

HARMONIES

DU

SYSTÈME DU MONDE.

EXPOSÉ DE COMBINAISONS NUMÉRIQUES PARTICULIÈRES, DÉRIVANT TOUTES DE LA GRAVITATION.

I

Les recherches auxquelles je me suis livré dans l'étude des conditions du mouvement de rotation des planètes m'ont conduit à examiner semblablement la relation qui existe entre la rotation du Soleil et les révolutions des mondes planétaires. Les mouvements des corps constitutifs de notre système solaire se présentent, à la suite de cet examen, sous un aspect d'unité plus simple à embrasser, que lorsqu'il reste voilé dans les éléments cosmographiques dissemblables sous lesquels nous avons eu jusqu'à ce jour l'habitude de l'envisager.

Connaissant la durée des révolutions planétaires et les distances des planètes au Soleil, nous pouvons calculer la durée théorique de la révolution d'une planète située à l'équateur du Soleil.

Si nous prenons pour première base l'année de la Terre égale à $\dfrac{365,256}{25,5}$, et la distance de la Terre égale à $\dfrac{37000000}{1510 \times 108,556}$, nous posons l'équation suivante :

$$x = \sqrt{\dfrac{(14,284)^2}{(214,4)^3}} = \sqrt{\dfrac{204,033}{9855400}} = 0,004550.$$

Notre planète équatoriale circulerait en 455 cent-millièmes de jour solaire, ou 116 millièmes de jour terrestre : en 166,6 minutes, ou $2^h 46^m 36^s$.

En prenant les éléments de la révolution et de la distance de Jupiter pour seconde base de calcul, nous obtenons pour la même valeur :

$$x = \sqrt{\dfrac{(169,44)^2}{(1115,48)^3}} = \sqrt{\dfrac{28,711}{1387990000}} = 0,004548.$$

Ce qui nous donne également la vitesse effrayante de $2^h 46^m 36^s$ pour le temps de la révolution de la planète située à la distance 1.

Il faut multiplier ce nombre par un coefficient $= 220$ pour former la valeur I, le temps de la rotation du Soleil adopté de $25^j 12^h$.

Si nous calculons maintenant quelle est la force centrifuge développée par la rotation du Soleil à l'équateur de cet astre, nous avons :

$$\omega = \dfrac{2\pi}{2197080} = 0,000000286,$$

$$\omega^2 = 0,00000000000081796,$$

$$r = 690732700,$$

$$\omega^2 r = 0,005649926,$$

$$g = 270,$$

$$\dfrac{g}{\omega^2 r} = 47790,$$

dont la racine carrée est 219.

Cherchons, en troisième lieu, à quelle distance Δ du centre du système solaire serait placée une planète dont la révolution serait égale à la durée de la rotation solaire :

$$\frac{(14,284)^2}{1} = \frac{(214,4)^3}{\Delta^3},$$

$$\log t = 1,1548498. \quad \log D = 2,3312248,$$
$$2 \log = 2,3096996, \quad 3 \log = 6,6936744,$$
$$3 \log D - 2 \log t = 4,6839748,$$
$$\Delta^3 = 48,200$$
$$\Delta = 36.4.$$

C'est à la distance de 36,4, le rayon solaire étant 1. que graviterait une planète en $25^j\ 12^h$.

La divergence, quoique très-faible, de ces valeurs. engage à augmenter légèrement la durée de la rotation du Soleil.

En admettant la rotation solaire de $25^j,5$, nous aurions donc $\frac{g}{\omega^2 r} = 47790$, dont la racine carrée est 219, et la révolution de la planète équatoriale de 0,00455, dont le coefficient est 220. Si nous admettons la rotation solaire de $25^j,6$, nous avons pour l'année terrestre, en jours solaires, 14,268, dont le carré est 203,5758, lequel divisé par le cube de la distance qui est resté le même (9855400) donne $\sqrt{0,00002065}$, dont la racine $= 0,004527$ et le coefficient $= 220,9$. Cette même rotation de 25,6 donne $\omega^2 r = 0,00562$, et $\frac{g}{\omega^2 r} = 48043$.

En faisant la distance du Soleil à la Terre de 148400000 kilomètres (derniers résultats des recherches sur la parallaxe) et le diamètre solaire de 108,556.

nous avons pour la distance du Soleil à la Terre 214,73, et $x = \sqrt{0,00002057}$, dont la racine carrée $= 0,004522$. Le coefficient est 221,1.

La rotation de 25,5 est un peu faible; la rotation de 25,7 $\left(\text{donnant, pour } \dfrac{g}{\omega^2 r}, \; 46200, \text{ dont la racine} = 222\right)$ est un peu forte. Celle qui satisfait le mieux aux conditions générales du problème est 25,6.

La distance à la Terre de 37 millions de lieues, et la rotation solaire de 25 jours 14 heures et demie donnent :

> Pour la force centrifuge.................... 48400
> Pour le cube de la distance de la planète synchrone.................................... 48400
> Pour le coefficient de retardement de la rotation solaire............................ 220
> Pour la racine carrée de la force centrifuge. 220
> Pour la distance de la planète synchrone... 36,5

Si nous représentons par $g\odot$ l'intensité de la pesanteur à la surface du Soleil, par ω la vitesse angulaire d'un point de l'équateur, par r le rayon du Soleil, et par Δ la distance de la planète synchrone, nous avons une équation qui nous permet de tirer une inconnue des autres éléments connus :

$$\frac{g}{\omega^2 r} = \Delta^3; \quad \Delta = \sqrt[3]{\frac{g}{\omega^2 r}};$$

$$g = \omega^2 r . \Delta^3;$$

$$\omega^2 r = \frac{g}{\Delta^3}; \quad \omega = \sqrt{\frac{g}{r\Delta^3}}.$$

Les divers éléments du système du monde se trouvent ainsi reliés entre eux par une même formule.

Le Soleil diffère cependant des planètes en ce que, ses mouvements appartenant déjà aux conditions extra-planétaires des mondes sidéraux, sa densité relativement à la Terre n'est pas celle qui est en jeu dans sa rotation. Nous ne connaissons pas sa densité relative à celle des autres étoiles qui font partie du même groupe stellaire que lui.

Pour connaître la relation, originaire et permanente, qui existe entre le mouvement de rotation du Soleil et le mouvement de révolution des planètes, pour apprécier directement l'harmonie réelle des orbes célestes, nous devons maintenant non plus rapporter la rotation solaire au jour terrestre ni les translations planétaires à l'année terrestre, mais évidemment rapporter tous ces mouvements à ceux du Soleil considérés comme unités fondamentales. Le système planétaire s'offre alors à l'astronome et au philosophe dans la proportion uniforme suivante :

	Distances, le rayon ⊙ étant 1.	Révolutions, le jour ⊙ étant 1.	Vitesse moyenne par seconde en mètres.
Surface solaire........	1	1,00	2,013
Planète synchrone. ..	36	1,00	72,000
Mercure.............	83	3,44	50,000
Vénus..............	155	8,78	36,000
La Terre...	214	14,28	30,550
Mars........	322	26,86	24,450
Planètes télescopiques.			18,000
Jupiter.............	1116	169,00	12,970
Saturne.............	2041	421,00	9,840
Uranus.......	4108	1200,00	6,660
Neptune...........	6420	2351,00	5,500

A la distance de 36,5 la pesanteur vers le Soleil serait de $\dfrac{270}{1324} = 0^{m},204$.

A la même distance la force centrifuge serait

$$0,0000000000081796 \times 25152400000 = 0^{m},204.$$

Là, $\dfrac{g}{\omega^2 r} = 1$; $g = \omega^2 r$: la force centrifuge égale la
pesanteur et l'attraction cesse.

Laplace (*Mécanique céleste* et *Système du monde*)
a déjà montré, dans ses recherches relatives aux atmosphères et à la *lumière zodiacale*, que « le point où
la force centrifuge balance exactement la pesanteur est
éloigné du centre du Soleil, du rayon de l'orbe d'une
planète qui ferait sa révolution dans un temps égal à
celui de la rotation du Soleil. » Il m'a été précieux de
rencontrer dans l'illustre astronome une confirmation
anticipée du résultat de mes recherches. Laplace n'a
pas calculé cependant la distance de cette planète fic-
tive, et ne s'est pas occupé non plus de déterminer les
éléments analogues pour les autres corps célestes. Nous
pouvons maintenant, par ces considérations très-simples
et qui ne nécessitent pas l'application des mathématiques
transcendantes, enseigner sous une forme populaire que:

D'une part, *la distance à laquelle circulerait un
monde satellite dans une période égale à la rotation de
son monde central est la distance maximum à laquelle
l'attraction cesse;* c'est la limite théorique de toute atmosphère.

Et d'autre part, la vitesse avec laquelle circulerait
un monde satellite à l'extrémité du rayon du monde central est la vitesse maximum à laquelle l'attraction cesse.

Si le Soleil tournait 220 fois plus vite, la force centrifuge égalerait la force d'attraction à son équateur ; au lieu de la forme sphérique, sans aplatissement sensible aux pôles, qu'il possède en raison de la lenteur relative de son mouvement de rotation, l'astre aurait progressivement revêtu la forme sphéroïdale, puis la forme lenticulaire, et un anneau de son atmosphère gazeuse s'échapperait de son équateur pour donner naissance à une nouvelle planète.

II

A la distance de Mercure, la pesanteur vers le Soleil

$$g = \frac{270}{6889} = 0,0392,$$

à la même distance, la force centrifuge déployée par le mouvement de Mercure

$$\omega^2 r = 0,000000000006881 \times 572.10^8 = 0,0393.$$

A la distance de Vénus, la pesanteur vers le Soleil

$$g = \frac{270}{24000} = 0,01125 ;$$

à la même distance, la force centrifuge déployée par le mouvement de Vénus

$$\omega^2 r = 0,00000000000010497 \times 107.10^9 = 0,01125.$$

A la distance de la Terre, la pesanteur vers le Soleil

$$g = \frac{270}{45910} = 0,005881 ;$$

à la même distance, la force centrifuge déployée par le
mouvement de la Terre

$$\omega^2 r = 0,0000000000000039641 \quad \omega^2 = \frac{2\pi}{31558150}$$

$$= 0,000000199099,$$

$$\omega^2 = 39641, \quad r = 148400000000,$$

$$\omega^2 r = 0,005882 ;$$

égalités qui nous montrent, sous un nouvel aspect, que
ces éléments numériques sont solidaires les uns des
autres, et que si l'un change, tous les autres doivent
varier. Si la distance de la Terre au Soleil était 3823oooo
au lieu de 37 que nous admettons aujourd'hui, $g \odot$ serait 272 et non pas 270, et $\omega^2 r \,\venus = 0,0060$.

Pour Mars.

$$\text{Pesanteur vers } \odot = \frac{270}{322^2} = 0,00260 ;$$

$$\frac{2\pi}{59356800} = 0,0000001058,$$

$$\omega^2 = 0,000000000000111936,$$

$$r = 226013200000,$$

$$\text{Force centrifuge } \omega^2 r = 0,00253.$$

Pour Jupiter.

$$\text{Pesanteur vers } \odot = \frac{270}{(1116,4)^2} = 0,0002167 ;$$

$$\frac{2\pi}{374335327} = 0,00000001678,$$

$$\omega^2 = 0,000000000000002819,$$

$$r = 771680000000,$$

$$\text{Force centrifuge } \omega^2 r = 0,000217.$$

Pour Saturne.

$$\text{Pesanteur vers } \odot = \frac{270}{(2041)^2} = 0,0000648;$$

$$\omega = \frac{2\pi}{929596608} = 0,0000000675,$$

$$r = 1435736,$$

$$\text{Force centrifuge } \omega^2 r = 0,0000653.$$

Pour Uranus.

$$\text{Pesanteur vers } \odot = 0,0000159;$$

$$\omega = \frac{2\pi}{2651356800} = 0,0000000237,$$

$$\omega^2 = 0,0000000000000005617,$$

$$r = 2849280000000,$$

$$\text{Force centrifuge } \omega^2 r = 0,0000160.$$

Pour Neptune.

$$\text{Pesanteur vers } \odot = 0,00000655;$$

$$\omega = \frac{2\pi}{5194972800} = 0,0000000000121,$$

$$\omega^2 = 0,000000000000000001464,$$

$$r = 4452000000000,$$

$$\text{Force centrifuge } \omega^2 r = 0,00000652.$$

Les petites différences que l'on remarque entre ces chiffres de la pesanteur et de la force centrifuge proviennent de ce que, dans ce calcul direct, j'ai pris les vitesses *moyennes* et les distances *moyennes* qui ne correspondent pas rigoureusement à cause des variations. On sait que les lois de Kepler ne sont qu'approchées.

Nous pouvons donc également présenter sous une forme populaire les deux conclusions capitales qui suivent :

Les révolutions des planètes s'effectuent à la limite où la force centrifuge contre-balance exactement la pesanteur. La force tangentielle de projection n'est rien autre chose que la force centrifuge engendrée par le mouvement; et la stabilité du système du monde se conserve d'elle-même.

Le temps de la révolution d'une planète ou satellite est directement donné par sa distance au corps central.

Ainsi, connaissant la distance d'une planète au Soleil, le temps de sa révolution peut nous être fourni par une seule formule.

Appelons R la distance (en mètres) du centre de la planète au centre du Soleil, $g\odot$ l'intensité de la pesanteur à la surface du Soleil, et D la distance de la planète au Soleil en fonction du demi-diamètre solaire : le temps de la révolution de la planète, ou son année, est donné en secondes par la simple équation

$$\omega^2 R = \frac{g\odot}{D^2},$$

$$\omega = \sqrt{\frac{g\odot}{RD^2}},$$

$$\frac{2\pi}{T} = \sqrt{\frac{g\odot}{RD^2}},$$

$$T = \frac{2\pi}{\sqrt{\frac{g\odot}{RD^2}}}.$$

Appliquons cette formule à la planète Mercure, par exemple, en remplaçant les notations algébriques par leur valeur connue; nous avons

$$T = \frac{2\pi}{\sqrt{\dfrac{270}{572.10^8 \times 6889}}} = \frac{2\pi}{\sqrt{0,0000000000006823}}$$

$$= \frac{2\pi}{0,000000826} = 7605510.$$

L'année de Mercure se compose de 7605510 secondes, car la translation de cette planète sur son orbite n'est possible qu'à cette condition.

En appliquant la même formule aux diverses planètes de notre système, on retrouve de la même manière la durée exacte de leurs années respectives.

Nous avons de la sorte un moyen fort simple de vérification des mesures célestes, attendu que les divers éléments de l'équation doivent être nécessairement d'accord pour satisfaire à l'identité. Ainsi, par exemple, les résultats des dernières recherches sur la parallaxe solaire donnent pour sa distance 37 millions de lieues, au lieu de 38230000 adoptés depuis vingt ans. Cette distance ne peut être vraie qu'à la condition de s'accorder avec le volume et la masse du Soleil. Pour déterminer l'année de la Terre en secondes par notre formule, il faut poser

$$T = \frac{2\pi}{\sqrt{\dfrac{27}{1486.10^8 \times 4590949}}} = \frac{2\pi}{\sqrt{\dfrac{270}{681162.10^{10}}}}$$

$$= \frac{2\pi}{\sqrt{0,00000000396408\iota}} = \frac{2\pi}{0,000000199099}$$

$$= 31558150 \text{ secondes,}$$

nombre de secondes dont se compose l'année terrestre, égale à 365,2563744 jours solaires, ou $365^j 6^h 9^m 10^s$.

Cette loi générale de l'équilibre des orbites planétaires ne souffre aucune exception, et elle s'applique aussi bien aux satellites qu'aux planètes.

Prenons pour dernier exemple notre satellite.

A la distance de la Lune, $g = \dfrac{9,81}{3632} = 0^m,0027$.

A la même distance,

$$\omega^2 r = 0,000000000070756 \times 382000000 = 0,{}^m0027,$$

La pesanteur vers la Terre tend à faire tomber la Lune de $\dfrac{g}{2}$, ou $1^{mm},35$ par seconde ; mais pendant cette même seconde la Lune parcourant 1016 mètres (vitesse 2,19 fois plus grande que celle d'un point de l'équateur) la force centrifuge produite par ce mouvement tend précisément à l'élever de la même quantité. Tel est le secret de l'équilibre de l'orbite lunaire ; tel est le secret de l'harmonie générale du système du monde.

Supposons un instant que nous ne connaissions pas la durée de la révolution de la Lune ; comme cette durée est liée à la force centrifuge, et celle-ci égale à la pesanteur, nous pouvons obtenir la durée cherchée par notre formule

$$T = \frac{2\pi}{\sqrt{\dfrac{g}{R.D^2}}} = \frac{2\pi}{\sqrt{\dfrac{9,8088}{384436000 \times 3628,47}}}$$

$$= \frac{6.2832}{\sqrt{0,00000000007032}} = \frac{6,2832}{0,0000266} = 2360600.$$

La révolution de la Lune est de 2360600 secondes.

On voit de la même manière que connaissant la durée de la révolution de la Lune on obtient sa distance à la Terre par les conditions mêmes de l'équation précédente. Si, par exemple, ne connaissant pas encore cette distance on la supposait de 3o rayons terrestres ou de 190986000 mètres, nous aurions

$$T = \frac{2\pi}{\sqrt{0,000000000057o6}} = \frac{6,2832}{0,00000752} = 835533,$$

ce qui donnerait pour la révolution de la Lune une valeur qui ne serait guère que le tiers de la réalité.

De la loi générale qui vient d'être révélée résultent directement les rapports des distances et des durées de révolution des orbites planétaires.

Le temps de la révolution de toute planète est égal à la racine carrée du cube de la distance, divisée par le coefficient solaire, que nous avons trouvé égal à 220.

Ainsi, par exemple, connaissant la distance de la Terre au Soleil, on demande la durée de sa révolution annuelle en fonction du jour solaire :

$$x = \frac{\sqrt{D^3}}{C\odot} = \frac{\sqrt{9855400}}{220} = 14,283,$$

$$14,283 \times 25,5 = 365^j,256.$$

Si nous prenons Mercure pour second exemple, nous avons

$$x = \frac{\sqrt{D^3}}{C\odot} = \frac{\sqrt{551787}}{220} = \frac{7423}{220} = 3,44 = 88^j.$$

Et encore :

Le temps de la révolution de toute planète est égal

à la racine carrée du cube de la distance de la planète au Soleil, divisée par 220, racine carrée de la *force centrifuge* solaire.

En examinant la révolution sidérale de la Lune, nous constatons, de la même manière, qu'elle est égale à la racine carrée du cube de la distance de la Lune à la Terre, divisée par 17, racine carrée de la force centrifuge terrestre :

$$x = \frac{\sqrt{218951}}{17} = \frac{4647}{17} = 27^{j},32.$$

Le temps de la révolution des satellites est égal à la racine carrée du cube de leur distance à leur planète, divisée par la racine carrée de la force centrifuge planétaire.

III

Le Chapitre précédent nous a donné la diminution progressive de la pesanteur des planètes vers le Soleil et de la force centrifuge engendrée par leur vitesse de translation, et nous a permis de tirer de cette égalité une formule vérifiant chaque année en fonction de la distance, et réciproquement.

Si toutes les planètes étaient placées à la même distance du Soleil, elles tomberaient toutes vers l'astre avec la même vitesse sans distinction de masses.

A la distance de la Terre, cette chute serait de 3 millimètres pendant la première seconde ; à la distance de Mars, elle serait de $1^{mm},3$; à la distance de Jupiter, de $\frac{1}{10}$ de millimètre ; à la distance de Saturne, de $\frac{1}{100}$ de millimètre ; à la distance d'Uranus, de $\frac{8}{1000}$ de millimètre, et à la distance de Neptune cette chute serait réduite à $\frac{3}{1000}$ de millimètre pendant la même unité de temps.

De la distance où elle se trouve, la Terre, arrêtée dans sa marche et non soutenue par sa force centrifuge, emploierait 64^j,6 à atteindre au Soleil ; on sait que les premiers instants de sa chute s'effectueraient avec une extrême lenteur, mais qu'en raison de la progression si rapide de la vitesse de chute, elle viendrait frapper le Soleil avec une force de près de 600000 mètres parcourus pendant la dernière seconde.

Je trouve, d'après ce qui précède, que le temps qu'une planète emploierait à tomber dans le Soleil peut se calculer en prenant simplement la racine carrée du cube de la distance. Ainsi, Saturne étant à une distance de 9,5388, et le cube de cette distance étant 864, en multipliant 64,6 par la racine carrée de 864 (29,4) on obtient 1900 jours pour le temps que la planète Saturne mettrait à tomber dans le Soleil.

Neptune étant à une distance de 30, et le cube de cette distance étant 27000, en multipliant 64,6 par la racine carrée de ce nombre (164,6) on obtient 10633 jours pour le temps que la planète Neptune mettrait à tomber dans le Soleil.

Les racines carrées que nous venons de prendre représentent en même temps les différences de longueurs des années de chaque planète, l'année terrestre étant prise pour unité. Ainsi, il suffit de calculer le temps de la chute dans le Soleil d'un corps situé à une distance quelconque de cet astre, pour trouver par une simple

opération la durée de la chute de chaque planète sur
le même centre attractif. Voici cette durée :

Planète synchrone......	4,52^j
Mercure...............	15,7
Vénus................	39,7
La Terre.............	64,6
Mars.................	121,5
Jupiter..............	767
Saturne..............	1900
Uranus...............	5380
Neptune..............	10633

Ces durées de chute, que j'ai calculées par la formule

$$t \sqrt{\frac{2\,g r^2}{r+h}} = \sqrt{rh} + \tfrac{1}{2}(r+h)\,\mathrm{arc\ cos}\,\frac{h-r}{r+h},$$

et qui ne diffèrent pas de celles données par Arago dans
son *Astronomie*, montrent à la seule inspection un fait
bien curieux : c'est qu'en multipliant chacun de ces
chiffres par un même coefficient (5,6541), on reproduit
l'année même de chaque planète. En effet :

P. s........	4,52 × 5,6541 =	25,5^j
☿	15,7 × 5,6541 =	88
♀	39,7 × 5,6541 =	224,7
♁	64,6 × 5,6541 =	365,256
♂	121,5 × 5,6541 =	687
♃	767 × 5,6541 =	4334
♄	1900 × 5,6541 =	10743
♅	5380 × 5,6541 =	30400
♆	10633 × 5,6541 =	60100

Ce qui permet de poser la règle suivante :

Le temps qu'une planète emploierait à tomber dans le Soleil n'est autre que son année propre, divisée par la constante 5,6541.

Si l'on examine maintenant les nombres que nous avons trouvés pour exprimer la décroissance de la pesanteur vers le Soleil, ainsi que de la force centrifuge ; si, par exemple, nous comparons le nombre de la Terre (0,00588) au nombre de Jupiter (0,000217) ou au nombre de Saturne (0,000065), nous constatons que le rapport du premier au second est de 27, et du premier au troisième de 90. Or 27 est le carré de la distance de Jupiter, comme 90 est le carré de celle de Saturne. Donc :

La pesanteur de chaque planète vers le Soleil et sa force centrifuge de translation sont égales, et diminuent ensemble en raison du carré des distances.

IV

En divisant les vitesses (des planètes, par seconde) par la pesanteur vers le Soleil, on obtient des nombres qui sont entre eux comme les révolutions.

Ainsi, la Terre fait 30500 mètres par seconde, et l'attraction solaire, à sa distance, $= 0^{m},00588$. Or,

$$\frac{30500}{0,00588} = 5186000.$$

La vitesse moyenne de Mercure est de 49 kilomètres par seconde, et l'attraction solaire, à sa distance,

$$= 0^{m},0395 \quad \frac{49000}{0,0395} = 1244000.$$

Or $\dfrac{1244}{5186} = 0,24.$

Jupiter fait 13 kilomètres par seconde, et l'attraction solaire, à sa distance,

$$= 0,000215\,\dfrac{13000}{0,000215} = 6060000,$$

la Terre étant 1 ; or

$$\dfrac{6060}{5186} = 11,7.$$

Le rapport de la vitesse de translation à la pesanteur solaire se présente sous la série suivante :

	mètres
☿	1244000
♀	3161000
♁	5186000
♂	9403000
♃	6060000
♄	151384000
♅	416250000
♆	853846000

et, en réduisant à l'unité terrestre,

$$0,24$$
$$0,64$$
$$1$$
$$1,92$$
$$11,7$$
$$29,5$$
$$84,2$$
$$164,6$$

Ce qui nous représente encore les années.

On peut même remarquer que, multipliés par 2, ces nombres reproduisent presque les mêmes chiffres des années relatives.

Ces résultats nous permettent de formuler une règle générale ainsi conçue :

Les révolutions des corps célestes sont entre elles comme le rapport de la vitesse moyenne à l'attraction centrale.

En représentant par K les vitesses, par S l'attraction centrale, et par U les révolutions, nous avons toujours $U = \dfrac{K}{S}$, avec toutes ses déductions (*voir* le tableau).

La règle est vraie pour les satellites comme pour les planètes. Pour la Lune, par exemple,

$$K = 1013, \quad S = 0,0027, \quad \frac{K}{S} = 375000;$$

$\dfrac{K}{S}$ est donc 13,4 fois plus petit pour la Lune que pour la Terre. Or la révolution de la Lune est précisément 13,4 fois plus petite que la révolution de la Terre.

Connaissant les vitesses et les révolutions, on peut, par conséquent, en tirer par la même formule la valeur de l'attraction centrale.

Ainsi, l'on demande quelle est la pesanteur de Mars vers le Soleil, sachant que sa vitesse sur son orbite est de 24500 mètres, et sa révolution égale à 1,90.

$$S = \frac{24500}{1,90} = 13000.$$

Pour la Terre,
$$K = 30500.$$

Or

$$\frac{13000}{30500} = 0,44.$$

Donc

$$S\sigma = S\delta \times 0,44 = 0,00588 \times 0,44 = 0,00259.$$

La valeur de l'attraction solaire, à la distance de Mars, est de $0^m,00259$.

Le premier satellite de Jupiter parcourt une orbite de 2700000 kilomètres en 152853 secondes, et sa vitesse est de 17700 mètres par seconde :

$$S = \frac{25,4}{36,6} = 0,694,$$

$$\frac{K}{S} = \frac{17700}{0,694} = 25500.$$

Pour Jupiter

$$\frac{K}{S} = 6060000.$$

Le rapport est 2400 fois plus petit pour le satellite que pour la planète.

La révolution du satellite étant de 177, et celle de Jupiter de 4332,58, la première est 2400 fois plus petite que la seconde ; pour la Terre $\frac{K}{S} = 5186000$,

$$\frac{5186000}{25505} = 204,$$

$$\frac{365,25}{1,77} = 205.$$

A la distance de Neptune, la pesanteur vers le Soleil est si faible, que la tendance de la planète à tomber sur l'astre, ou sa chute réelle si elle était arrêtée dans son cours, n'est que de 65 dix-millièmes de millimètre pour sa vitesse au bout d'une seconde, ou 326 cent-millièmes de millimètre pour son parcours pendant la première seconde de chute.

Une planète postérieure à Neptune serait située, selon toute probabilité, à la distance de 47, et son année égale à 438. Gravitant à 10000 fois le demi-diamètre solaire, sa pesanteur vers l'astre serait égale à $\frac{270}{100000000}$, ou à $0^m,0000027$.

A la distance de l'aphélie de la comète de 1680, dont la révolution ne demande pas moins de quatre-vingt-huit siècles, la pesanteur vers le Soleil est arrivée à n'être plus mesurée que par le nombre $0^m,000000008333$. La comète ne tomberait vers le Soleil que de 416 cent-millionièmes de millimètre dans la première seconde de chute! La force centrifuge engendrée par sa translation n'a que cette faible valeur; aussi la comète ne marche-t-elle plus qu'en raison de 3 mètres par seconde.

Une comète périodique mesurée s'éloigne à une plus grande distance encore, tout en suivant une courbe fermée; c'est la grande comète de 1744, dont la période est évaluée à la longue durée de mille siècles, et dont l'aphélie est à 133 distances de Neptune. A cet éloignement, la pesanteur vers le Soleil $= 0^m,000000000373$.

En résumé, la vitesse moyenne des corps planétaires sur leurs orbites respectives est due à la masse solaire centrale. Si le Soleil devenait deux fois plus lourd, les planètes vogueraient deux fois plus vite. C'est par la vitesse observée des étoiles doubles qu'on a déterminé leur masse relativement à celle du Soleil, en comparant la vitesse de l'étoile satellite autour de la grande à celle d'une planète située à la même distance autour de notre Soleil. Ainsi, par exemple, la vitesse de l'étoile satellite de la 61e du Cygne $= 2663$ mètres par seconde; sa chute à 1672 millions de lieues $= 0^m,0000053027$; cette attraction ramenée à celle de Mercure vers le Soleil (vitesse de $\mathcal{Q} = 49$ kilomètres) $= 0,00685457$; la chute de Mercure $\dfrac{1}{2} = 0,02$; or $\dfrac{0,02}{0,0685} = 2,93$; ce qui signifie que la masse du Soleil est près de trois fois plus forte que celle des deux composantes de la 61e du Cygne. Nous voyons en même temps que le système planétaire entier tourne pour ainsi dire tout d'une pièce sous la force solaire, chaque planète se mouvant avec la même vitesse relative à sa distance, puisque pour chacune d'elles la force centrifuge développée égale sa pesanteur vers le Soleil.

Je pense que la forme nouvelle sous laquelle des recherches particulières m'ont permis de présenter ainsi les éléments constitutifs du système du monde, servira, dans l'esprit de mes lecteurs, à une conception de ces harmonies, plus simple, plus homogène et plus élégante, que celle qui résulte des données abruptes et isolées dont nous nous servons habituellement. J'ai déjà eu la satisfaction de constater, dans mes cours et mes conférences, l'avantage de ces combinaisons numériques. L'œuvre de la nature est simple en elle-même. Plus nous nous rapprochons de cette admirable et profonde simplicité, plus nous nous rendons capables de sentir et d'apprécier exactement cette grande œuvre géométrique.

TRANSLATION

DU

SYSTÈME SOLAIRE DANS L'ESPACE

ET

RELATION DU SOLEIL

AVEC LES ÉTOILES LES PLUS PROCHES.

TRANSLATION

DU

SYSTÈME SOLAIRE DANS L'ESPACE

ET

RELATION DU SOLEIL

AVEC LES ÉTOILES LES PLUS PROCHES.

Pour apprécier le système du monde dans sa valeur absolue, il est utile d'étendre notre vue au delà des orbites planétaires ou cométaires les plus lointaines, et de considérer notre propre Soleil au point de vue sidéral, car déjà nous savons qu'il n'est lui-même qu'une étoile située parmi les autres étoiles de l'espace, et que ses conditions d'existence, régies par la gravitation universelle, appartiennent déjà à l'ensemble du monde sidéral.

Une étude spéciale des mouvements propres du Soleil et des étoiles à ce point de vue particulier m'a conduit à esquisser quelques remarques fondamentales relatives à la translation de notre système.

On ne peut admettre que le Soleil tombe en ligne droite vers un corps, obscur ou lumineux, plus puissant que lui. Il est vrai que sa chute vers une étoile moins éloignée que la plus proche, dont la parallaxe serait de 1 seconde et dont la masse serait égale à la sienne, ne demanderait pas moins d'un million d'années pour la rencontre des deux astres ! C'est la remarque que William Herschel avait déjà faite à l'égard de Sirius. Mais une telle supposition est contraire au principe de la stabilité de l'univers. Autrement, d'immenses collisions s'opéreraient, et depuis l'éternité passée, l'univers sidéral serait détruit.

Le Soleil circule-t-il comme un satellite autour de l'un des soleils les plus rapprochés de nous? On peut répondre négativement, en s'appuyant sur ce seul fait que les masses de ces astres sont inférieures à la sienne propre.

Sirius seul paraîtrait offrir une supériorité capable d'assujettir notre système. Mais Sirius n'est pas situé à angle droit avec la trajectoire décrite par la translation du Soleil ; il est au contraire derrière nous, dans notre mouvement. Donc cette seconde hypothèse doit être également éliminée.

Cependant notre Soleil suit dans l'espace une orbite telle, que la force centrifuge engendrée par sa vitesse de translation doit être nécessairement égale à l'attraction exercée sur lui par le foyer de son mouvement.

La vitesse de translation du Soleil sur son orbite est de 60 millions de lieues par année terrestre, ou de 165000 lieues par jour terrestre, ou 7600 mètres par seconde.

C'est une vitesse relativement faible, comparée à celle des planètes. Elle est comprise entre celle de Saturne (9,840) et celle d'Uranus (6,660).

Comme le jour solaire surpasse le jour terrestre de

25,5 fois, il en résulte que pendant la durée d'une de ses rotations le Soleil parcourt une ligne de 4400000 lieues.

C'est 13,4 fois son diamètre.

La Terre parcourt 220 fois son diamètre pendant une rotation.

Mars, 300 fois.

Jupiter, 3,3 fois.

Saturne, 5,7 fois.

Uranus, 4,8 fois.

Pour connaître en quelle région de l'espace peut se trouver le centre dont notre Soleil subit l'attraction lointaine, traçons sur un globe céleste une circonférence de grand cercle, en prenant pour pôle le point O vers lequel se dirige actuellement la tangente de notre orbite : $\mathbb{R} = 259°$, $D = 34°$. Nous aurons de la sorte la suite des lieux géométriques du centre autour duquel le Soleil peut graviter.

Cette circonférence coupe la voie lactée sur α Persée d'une part, et d'autre part au nord du Centaure. Elle est marquée sur son trajet par les étoiles γ Pégase, β et γ Andromède, passe au-dessus de la Chèvre, au-dessus de Régulus, au-dessous de l'Épi, près de θ et μ du Centaure.

A ce premier cercle, l'inspection du ciel nous ordonne d'en adjoindre un nouveau.

Il est en effet extrêmement remarquable que les étoiles ne soient pas disséminées désordonnément dans l'étendue. Une distribution sur un même cercle des étoiles principales me paraît évidente, et ne peut être due au hasard. En effet, si sur un globe céleste nous traçons une circonférence de grand cercle passant par Antarès et coupant l'équateur sur la dix-septième heure, ce grand cercle rencontre d'abord α Ophiuchus, passe près de μ Hercule, coupe Véga, laisse α du Cygne à droite, côtoie le cercle polaire, traverse Cassiopée, prend α Persée, puis Aldébaran, traverse Orion, rencontre ξ du Grand Chien en laissant Sirius à gauche, passe sur ε du Navire et sur β du Centaure, en laissant α de la Croix du Sud un peu à sa gauche et α du Centaure un peu à sa droite.

Notre Soleil est intercalé dans le plan de cette couche des étoiles principales, et dans le plan de notre premier cercle.

Le point Persée est très-remarquable, car il donne : 1° l'intersection des lieux géométriques du centre de la translation solaire avec la voie lactée, et 2° l'intersection de la couche stellaire avec les deux cercles précédents.

Cette région si riche en amas d'étoiles ne se présente-t-elle pas comme le centre de gravité cherché ?

Pour ma part, je serais porté à l'admettre, mais un autre fait réclame notre attention.

En menant un plan par le point O, le centre de la sphère, et α Persée, on a très-probablement le plan de l'orbite du Soleil. Ce plan prend Aldébaran, Rigel, Canopus, α du Centaure, Antarès, α et δ Hercule, et fait un angle de 3o degrés avec le plan moyen de la voie lactée.

Nous sommes situés un peu excentriquement relativement au plan moyen de la voie lactée, qui ne se présente pas à nous comme un cercle parfait ; de plus, la projection du Solei sur ce plan moyen n'occupe pas non plus le milieu du plan de la voie lactée, car nous sommes plus éloignés des régions irrésolubles du Sagittaire et de l'Aigle que de l'autre extrémité du diamètre.

La position du système solaire dans l'espace étant ainsi fixée, nous pouvons remarquer maintenant que, relativement au plan de notre orbite, Régulus est à notre zénith et Fomalhaut à notre nadir. Comme Régulus est à 100 degrés du point O, la position du Soleil est un peu excentrique : à 10 degrés de la ligne qui descend de Régulus à Fomalhaut.

De même que deux astres importants marquent les deux points diamétralement situés au-dessus et au-dessous de nous dans l'espace, de même deux étoiles marquent presque diamétralement notre gauche et notre droite. Ces deux astres sont α du Centaure et α Persée.

Dans ce groupe, dont le Soleil occupe à peu près le centre de projection, α du Centaure est incomparablement plus proche que les trois autres soleils, et plus directement lié à notre destinée.

Enfin, pour terminer cette représentation géométrique de notre état dans l'univers, j'ajouterai que si, après avoir tracé comme nous venons de le faire un plan vertical sur la trajectoire, nous considérons la trajectoire elle-même et le plan de notre orbite sidérale, nous voyons que nous avons le point O en face de nous, et ζ du Grand Chien derrière. Dans notre transport au sein de l'étendue, nous laissons derrière notre marche les régions où brille Sirius.

Étant ainsi donnée la gravitation probable d'un certain nombre d'étoiles dans le plan général de la couche stellaire et sous l'influence d'un centre d'attraction situé dans Persée, je remarque maintenant que quelle que soit la puissance attractive de ce centre lointain, il me paraît d'imaginer que notre Soleil et α du Centaure circulent autour de lui sans s'influencer mutuellement en raison de leur proximité relative. .

En effet, notre Soleil et α du Centaure sont comme isolés au sein d'une immense étendue affranchie d'un troisième corps prépondérant.

Le soleil α du Centaure est très-indépendant. Les deux soleils étrangers qui paraîtraient pouvoir exercer une influence sur lui sont Sirius et β du Centaure. Mais Sirius, étant à 90 degrés de distance angulaire, est même plus éloigné de lui que de notre Soleil, et par conséquent son action est moindre sur lui que sur nous. β du Centaure est 3 fois plus distant de α que notre propre Soleil, et à l'opposite; à masse égale, son action serait 9 fois moindre. Comme la masse de notre Soleil est 2 fois plus forte que celle de α du Centaure, il est donc hautement probable que ces deux astres, isolés l'un comme l'autre de leurs congénères, sont liés entre eux par la force gravifique.

Notre Soleil ne peut d'ailleurs former un pareil système avec l'une quelconque des étoiles les plus proches, car la tangente de son orbite ne permet pas une telle hypothèse.

Que notre Soleil et α du Centaure forment un système conjugué et se meuvent autour de leur centre commun de gravité : c'est une idée que je me permets d'émettre, une hypothèse qui me paraît satisfaire à toutes les conditions du problème, sans préjudice d'ailleurs du mouvement général autour de Persée :

1° Cette étoile est la plus proche de nous ; en représentant sa distance par 10, celle de la 61ᵉ du Cygne (la 2e) est représentée par 18, celle de la 3ᵉ (21258 Lalande) par 35, Sirius par 39,6 ;

2° Sa position permet de la considérer comme formant un angle droit avec la tangente dirigée vers Hercule ;

3° Elle est située dans le plan de la voie lactée, et dans le plan de l'orbite du Soleil passant par le point θ et par Persée ;

4° Elle peut être considérée comme appartenant à la couche des étoiles principales.

Si donc nous supposons notre Soleil et le soleil α du Centaure reliés entre eux par la gravitation, nous pouvons arriver à déterminer leurs mouvements probables.

Remarquons d'abord que α du Centaure est à la distance de 7540 rayons de l'orbite de Neptune.

L'influence qu'il subit de la part du Soleil peut donc être évaluée à

$$\frac{0.00000655}{(7540)^2} = \frac{0,00000655}{56851000} = 0^{m},00000000000001152.$$

Telle est la valeur de l'attraction solaire à la distance de α du Centaure.

D'autre part, la masse de cet astre étant évaluée à la moitié de celle du Soleil, notre Soleil subit de sa part une attraction égale à $0^{m},000000000000576$.

Le centre commun de gravité des deux astres serait

situé au quart de la distance qui s'étend du Soleil à α du Centaure, c'est-à-dire à 2 trillions de lieues d'ici.

L'orbite solaire mesurerait par conséquent 4 trillions de lieues de diamètre, et sa circonférence serait de 12566 milliards de lieues.

A raison de 60 millions de lieues par an, la révolution entière du Soleil demanderait 209440 ans.

Le Soleil compterait environ 3 millions de ses jours dans son année.

La tangente de notre orbite est actuellement dirigée vers la constellation d'Hercule.

α du Centaure accomplissant sa révolution dans le même temps, et la circonférence de son orbite étant 3 fois plus longue, sa vitesse angulaire serait 3 fois plus grande.

Or les mesures des mouvements propres indiquent 7600 mètres par seconde pour la vitesse du Soleil, et 20000 pour la vitesse minimum de α du Centaure.

Je ne publie ces derniers résultats que sous un aspect purement hypothétique. Toutefois on peut remarquer qu'ils représentent la valeur minimum des éléments sidéraux du système solaire, car, quel que soit le centre autour duquel gravite le Soleil, il ne peut être plus rapproché.

Supposé dans l'un des amas stellaires du firmament, il serait incomparablement plus reculé, et les éléments précédents incomparablement plus considérables.

Dans tous les cas, ce que nous pouvons sûrement déterminer dès aujourd'hui sur le rôle stellaire du Soleil peut être résumé comme il suit :

Le système solaire se transporte suivant une direction qui n'est ni dans son plan ni perpendiculaire à son plan, mais oblique à l'écliptique et, par conséquent, à l'équateur solaire lui-même.

L'axe de rotation du Soleil fait un angle de 30 degrés avec le plan de l'orbite du Soleil.

La vitesse de translation du Soleil est de 7600 mètres par seconde, ou de 4400000 lieues par rotation solaire.

Pendant cette durée, le globe solaire se déplace d'une quantité égale à 13,4 fois son diamètre.

La vitesse de rotation du Soleil est de 2013 mètres par seconde pour un point situé à l'équateur. Le rapport de cette vitesse à la première est 3,07.

Cette vitesse étant relativement faible, et le mouvement propre du Soleil étant également très-faible, on peut en conclure que le Soleil ne gravite pas autour d'un corps obscur plus lourd que lui ni plus proche que α du Centaure.

Le Soleil est une étoile appartenant à un ensemble dont le centre commun de gravité paraît être dans la constellation de Persée.

Dans le plan de cette couche d'étoiles réside, à l'opposite de Persée, le soleil le plus voisin de nous, α du Centaure, dont la masse est la moitié de celle de notre Soleil, et qui, peut-être, forme avec lui un système double gravitant dans le plan général, en une période de près de 210000 ans.

CONCLUSIONS.

En terminant ces trois sujets distincts de recherches astronomiques : la rotation des planètes, les rapports harmoniques du système solaire et la translation du Soleil dans l'espace, nous pouvons réunir dans une synthèse générale les conclusions qui dérivent de ces considérations, naturellement associées par leur solidarité mutuelle.

Ces conclusions forment un ensemble que nous pouvons formuler comme il suit :

La gravitation régit *tous* les éléments du système du monde.

Le temps de la rotation des planètes est une fonction de leurs densités.

Le mouvement rotatoire des planètes sur leur axe est une application de la gravitation à leurs densités respectives. Il est égal au temps de la révolution d'un satellite situé à la distance 1, multiplié par un coefficient offrant un rapport évident avec la densité relative du corps planétaire.

Ce coefficient de densité relative est, en même temps, pour chaque planète, la racine carrée du rapport de la pesanteur à la force centrifuge.

Pour chaque corps céleste le carré du coefficient de rotation est égal au cube de la distance à laquelle serait placé un satellite effectuant son cours dans la période de rotation de la planète.

La distance à laquelle graviterait le satellite synchrone est égale à la racine cubique de la force centrifuge.

Il résulte de ces rapports que, selon la plus grande probabilité, la planète Uranus tourne sur son axe en $10^h 40^m$, et la planète Neptune en $10^h 58^m$.

La distance à laquelle circulerait un monde satellite

dans une période égale à la rotation de son monde central est la distance maximum, au delà de laquelle l'attraction cesse. C'est la limite de toute atmosphère : loi vraie pour le Soleil comme pour les planètes.

Réciproquement, la vitesse avec laquelle circulerait un mobile satellite à la distance 1 du centre d'un corps céleste est la vitesse maximum, au delà de laquelle l'attraction cesse.

Les révolutions des planètes s'effectuent à la limite où la force centrifuge contre-balance exactement la pesanteur vers le Soleil.

Ces lois suppriment les forces initiales, de projection excentrique et d'impulsion, que l'on imagine habituellement pour expliquer la rotation et la translation des corps célestes.

Le temps de la révolution d'une planète ou satellite est directement donné par sa distance au corps central, en fonction des éléments de ce corps.

Ce temps est égal, pour toutes les planètes, à la racine carrée du cube de la distance, divisée par le coefficient de la rotation du Soleil ;

Ou encore, à la racine carrée du cube de la distance, divisée par la racine carrée de la force centrifuge solaire.

Il est encore donné, en secondes, par une formule de la forme $T = \dfrac{2\pi}{\dfrac{\sqrt{g\odot}}{R.D^2}}$.

Affranchies de la force centrifuge engendrée par leur propre translation, les planètes tomberaient dans le Soleil en un temps donné par la racine carrée du cube de leurs distances.

Ce temps n'est autre que l'année même de la planète, divisée par un coefficient constant pour tout le système.

Les révolutions des corps célestes sont entre elles comme le rapport de leur vitesse moyenne sur leurs orbites à leur pesanteur vers le foyer central.

L'attraction subie par un corps gravitant autour d'une masse prépondérante est donnée par la vitesse de translation divisée par le temps de la révolution.

Le Soleil, entouré de son système, est emporté dans l'espace par un mouvement propre, dans lequel les rapports précédents se manifestent, entre les vitesses de rotation et de translation, le plan de l'orbite et le centre de gravité.

J'ajouterai que j'ai réuni dans un même tableau annexé à cette thèse les données principales résultant de mes calculs. L'inspection de cette série de comparaisons numériques montre sous un même coup d'œil la solidarité des divers éléments constitutifs du système du monde, et pourra peut-être être utile aux recherches laborieuses des esprits qui se plaisent à ce genre d'études ; il n'est pas douteux que de nombreuses découvertes restent encore à faire, surtout dans les applications de l'astronomie planétaire à l'astronomie sidérale.

DERNIERS TRAVAUX
DE L'ASTRONOMIE
1867 ET 1868.

DERNIERS TRAVAUX
DE L'ASTRONOMIE.
1867 et 1868.

Les deux premières séries de cet Ouvrage, destiné à l'enregistrement périodique des découvertes célestes, ont présenté le bilan du progrès accompli dans l'Astronomie pratique pendant ces dernières années. Constatons ici les faits remarquables qui ont acquis droit de cité pendant les années 1867 et 1868, dans l'apanage des astronomes contemporains.

Un événement particulier domine généralement tous les autres dans ces tableaux périodiques. En 1866, nous l'avons vu, c'est la théorie cométaire des étoiles filantes qui constitue le plus grand pas fait dans l'étude de l'univers. En 1868, c'est la découverte de la nature des protubérances qui environnent le corps du Soleil, et d'une méthode permettant de les observer sans éclipse. Le progrès dans la Science se compose d'avancements particuliers, faits successivement et périodiquement dans les différentes branches de l'étude.

Nous commencerons donc notre enregistrement de l'histoire astronomique contemporaine par l'exposé des observations faites sur la grande éclipse totale de Soleil du 18 août 1868, éclipse qui, par sa durée et par les circonstances au milieu desquelles elle se produisit, peut être considérée comme unique en un siècle.

Pour remonter directement à l'origine même des expéditions préparées dans le but d'une étude complète de ce grand événement astronomique, je reproduirai d'abord ici l'article que je publiai le jour même de l'éclipse. Viendront ensuite les résultats des observations faites dans les diverses stations occupées par les astronomes des différents pays.

I.

LA GRANDE ÉCLIPSE TOTALE DE SOLEIL DE 1868. — EXPOSÉ DES OBSERVATIONS.

§ 1er.

18 août 1868.

C'est aujourd'hui 18 août que l'une des plus grandes éclipses du siècle s'accomplit sur un arc très-important de la circonférence de notre globe. Elle a commencé à $2^h 44^m$ du matin (temps de Paris), dans le lieu dont la longitude est 47° 4′ E.; a été centrale à $5^h 22^m$ pour le lieu dont la longitude est 100° 18′ E., lequel lieu avait en cet instant midi sur sa tête; elle s'est terminée à 8 heures dans le lieu dont la longitude est 147° 38′ E.

Si la Lune avait retardé d'une demi-journée seulement dans sa marche vers le Soleil, nous aurions écorné aujourd'hui un lambeau de l'ombre qu'elle trace sur la

sphère, et nous aurions actuellement une éclipse nous-
mêmes, ce qui eût eu sans doute des conséquences incal-
culables, puisque le Corps législatif n'aurait pas alloué
pour l'aller voir un crédit de 50 000 francs, que M. Du-
ruy n'aurait pas été mis en cause une fois de plus, que
l'Angleterre n'aurait pas envoyé une flotte de savants
dans l'Hindoustan, etc., etc.

Nous ne parlerons pas des régions pour lesquelles
l'éclipse n'est que partielle, mais nous signalerons celles
que traverse la ligne de l'éclipse centrale. C'est d'abord
Aden, dans l'île Sirah (Asie), puis l'Océan et l'Hindoustan, sur lequel cette ligne pénètre à la hauteur de Ko-
lapour, un peu au-dessus de Goa. Elle traverse toute
la contrée de l'ouest à l'est et en ressort près de Masu-
lipatan. S'étendant alors sur le golfe de Bengale, elle
passe au nord des îles Andaman, traverse la presqu'île
de Malacca au nord, le golfe de Siam, la pointe de Cambodge, le nord de Bornéo et des Célèbes, et vient lon-
ger le sud de la Nouvelle-Guinée. On voit qu'il est très-
facile de se donner le plaisir d'en suivre la marche sur
un globe terrestre.

L'ensemble de la marche de l'éclipse durera cinq
heures quinze minutes, la totalité trois heures vingt-
cinq minutes. Cette grande phase commence à Aden
à $3^h 39^m$ du matin (temps de Paris), et finit à $7^h 4^m$,
dans le détroit de Torrès. C'est 128 degrés, c'est plus
de 3 000 lieues parcourues en trois heures vingt-cinq
minutes par la marche de l'ombre lunaire. Nos trains
express n'ont que la lenteur d'une tortue, comparés à
la rapidité avec laquelle il nous faudrait voler pour
suivre cette ombre dans sa translation. Dans le golfe

de Siam et sur la pointe de Cambodge, la durée de l'*obscurité totale* sera de six minutes quarante-six secondes pour le premier, six minutes quarante secondes pour la seconde.

Il est extrèmement rare d'observer des éclipses d'une durée aussi longue que celle-ci. La première, celle de la marche du phénomène pour la Terre entière, peut aller jusqu'à quatre heures trente minutes le long de l'équateur, et jusqu'à trois heures vingt-sept minutes à la latitude de Paris. La seconde, celle de l'obscurité totale pour un point donné, peut aller jusqu'à sept minutes cinquante-huit secondes à l'équateur, et jusqu'à six minutes dix secondes à la latitude de Paris.

La longue durée de l'obscurité totale de l'éclipse d'aujourd'hui est due à plusieurs causes. La Lune n'est qu'à six heures de son périgée (point le plus rapproché de la Terre), tandis que le Soleil est dans la région de son apogée (point le plus éloigné de la Terre). Il résulte de cette double situation que la Lune a presque son diamètre maximum, et le Soleil presque son diamètre minimum. C'est évidemment la meilleure condition pour une belle éclipse. De plus, le diamètre apparent de la Lune est encore augmenté dans les régions pour lesquelles le phénomène se produit vers le zénith, ce qui a principalement lieu pour le golfe de Siam et Cambodge.

Les astronomes anglais ont choisi pour station d'observation le grand triangle du continent indien où fleurit l'Hindoustan. Nos compatriotes, que le crédit noté plus haut a mis à même de préparer aussi une expédition scientifique, se sont établis sur la côte est de cette même presqu'île de Malacca, qui descend de la Chine vers Bornéo. Rome a, dans cette circonstance, donné la main à Londres et à Paris. Les observateurs sont en nombre, munis d'instruments spéciaux, et animés d'un zèle infatigable. Puissent-ils être plus heureux que leurs prédécesseurs de l'expédition de 1761, qui, s'étant rendus à Pondichéry pour observer le passage de Vénus sur le Soleil, eurent le plus singulier sort qu'un astronome puisse redouter. Ne se souvient-on pas, en effet, que l'astronome Le Gentil (car c'était lui, et son nom ne le protégea point contre le mauvais caprice de Vénus), eut la douleur de voir la planète arriver sur le Soleil avant qu'il eût pu débarquer, c'est-à-dire en des conditions qui rendaient impossible toute observation précise. L'astronome eut alors le courage et la persévérance d'attendre là huit longues années pour observer le second passage (1769) et de faire les plus laborieux préparatifs pour rapporter à l'Académie des Sciences d'excellentes observations. Le ciel est toujours pur là-bas. Hélas! le sort voulut qu'à l'instant du phénomène le ciel se couvrît tout juste pour cacher le Soleil et s'opposer à l'observation!!

Ne pouvant espérer voir le passage suivant (qui n'aura lieu qu'en 1874), il prit le parti de revenir en France et faillit périr en mer.... Voilà une expédition peu favorisée du ciel.

Il serait d'autant plus triste que les observations fussent manquées, que ces grands phénomènes sont plus rarement accessibles à l'étude. Pendant le XVIIe et le XVIIIe siècle, il n'y a eu en tout que neuf éclipses totales de Soleil et sept annulaires. Celle de

1724 a été la seule dont Paris ait joui pendant le dernier siècle. Depuis le commencement de celui-ci nous avons eu les éclipses totales de 1806, 1842, 1850, 1851, 1858, 1860, 1861. D'ici au siècle prochain nous n'avons plus que celles de 1869 (7 août), 1870 (22 décembre), 1887 (19 août), 1896 (9 août), 1900 (8 mai); aucune ne sera totale pour Paris. L'année prochaine (1869) nous en aurons deux, l'une annulaire (10-11 février) pour le cap de Bonne-Espérance; la seconde totale pour le nord de la Chine, l'extrême Sibérie et l'Amérique du Nord; la totalité égalera trois minutes quarante secondes. Toutes deux seront invisibles à Paris.

Aujourd'hui que la science a su assujettir ces événements à la loi mathématique, les éclipses n'offrent plus à l'homme qu'un sujet d'étude positive, et c'est là sans contredit leur meilleur effet. Il n'en était point ainsi dans l'antiquité, et même il y a quelques siècles seulement. Les craintes, les terreurs paniques, étaient les compagnes ordinaires de ces phénomènes non prédits. Il serait long de rapporter les nombreux exemples que l'histoire nous a conservés comme témoignages des superstitions anciennes. La mort de Nicias comme la défaite de son armée ne sont-elles pas dues à une éclipse totale de Soleil? L'armée d'Alexandre, près d'Arbelles, ne fut-elle pas terrifiée par le même phénomène? Combien de fois n'a-t-on pas vu, dans la longue et obscure durée du moyen âge, les annonces d'éclipse se marier à celles de la fin du monde et plonger les populations ignorantes dans un indescriptible effroi?... De toutes ces scènes si nombreuses, la plus grotesque est encore celle du 15 août 1564, jour où un curé de campagne,

encombré depuis le commencement de la semaine par
une multitude toujours croissante qui venait demander
au tribunal de la pénitence une bonne préparation à
la mort (annoncée pour le 21, en même temps que
la destruction de Rome et l'Antechrist), se vit forcé
de monter en chaire et d'annoncer que, en raison
de l'affluence des pécheurs, l'éclipse était remise à hui-
taine....

Mais si elles ne soulèvent plus les craintes de l'imagination tremblante, les éclipses totales de Soleil appellent aujourd'hui plus que jamais l'attention de la
science. Plus on étudie le Soleil, plus on sent qu'on ne
le connaît pas. Il y a vingt ans, nous nous imaginions
savoir exactement le mode de production de ses taches
et de ses phénomènes extérieurs, et posséder une notion
approfondie de sa nature (noyau, atmosphère, photosphère). Maintenant il n'en est plus ainsi. En étudiant
soigneusement ses aspects, nous sommes chaque jour
conduits à corriger quelques-unes de nos premières
idées. Chaque observation dérange, pour ainsi dire,
notre opinion établie et nous invite à la modifier; c'est
ce qui m'est encore arrivé dernièrement à propos de
la segmentation d'une immense tache solaire, trois fois
plus grande que la Terre, et dont j'ai présenté l'observation et le dessin à l'Académie des Sciences. Observons! observons! c'est le grand point, surtout dans la
présente éclipse. L'étude de l'atmosphère probable qui
doit environner l'astre radieux à une grande distance,
et dans laquelle se produisent les curieuses protubérances observées en 1842 et en 1860, apportera de nouveaux éléments à la solution de l'important problème

de l'état du Soleil, — très-important, — car l'avenir de
la Terre dépend de celui du Soleil.

Ce n'est qu'aux rares et rapides instants où le disque
solaire est éclipsé pour nous par le disque lunaire que
l'on peut étudier cette atmosphère probable, toujours
invisible. Les expéditions scientifiques envoyées pour
l'observation de l'éclipse d'aujourd'hui ne seront pas
stériles. Les résultats obtenus seront certainement dignes des préparatifs.

§ 2.

Ainsi s'exprimait l'étude que j'ai publiée dans le *Siècle*
le jour même de l'événement. Les résultats, comme on
va le voir, n'ont pas trompé l'attente des savants restés
en France.

L'observation d'une éclipse totale de Soleil gardera
dans la science une haute importance tant que nous ne
connaîtrons pas complétement la nature physique et
chimique du Soleil. L'éclipse dont nous nous occupons
ici se présentait dans des conditions exceptionnelles.
Sa durée était, en effet, relativement grande, et le phénomène se prêtait à une observation attentive. Il est
rare qu'une éclipse se trouve dans ces conditions. Ainsi
il y aura éclipse totale de Soleil visible à Oran et à Cadix
en décembre 1870; mais elle durera si peu, que l'observateur aura tout au plus le temps de jeter un coup d'œil
dans ses instruments; et d'ailleurs, en décembre, le
Soleil est peu favorable aux observations. Le 18 août,
l'obscurité devait durer, nous l'avons vu, près de sept
minutes.

Ainsi se trouvaient justifiés les préparatifs dont nous avons parlé plus haut, organisés en vue d'une observation rigoureuse et attentive de l'éclipse.

Les observations à faire devaient porter non-seulement sur le phénomène lui-même, mais surtout sur les protubérances et les régions circumsolaires. On avait en vue, avant tout, d'arriver à savoir comment est constitué le Soleil.

Depuis 1706, et avec une attention plus spéciale depuis 1842, on avait remarqué pendant les éclipses totales de Soleil, dans le rayonnement doré qui reste toujours comme une couronne, et adjacentes au contour du disque noir de la Lune, des *protubérances* rouges s'élevant ici et là comme de gigantesques montagnes, gigantesques en effet, car pendant l'éclipse de 1860 on en a mesuré une qui n'avait pas moins de 17860 lieues de hauteur. Les unes ont la forme de pics dentelés s'élevant verticalement à cette prodigieuse élévation; les autres sont semblables à des masses énormes couchées le long du bord. On en a observé et photographié qui, arrivées à une certaine hauteur, se recourbaient pour former un coude. Elles apparaissaient au moment où s'éclipse le dernier filet lumineux du Soleil, et là même où il s'évanouit sous le disque de la Lune.

Voici, par exemple (*fig.* 1), la photographie de l'éclipse de 1860 faite en Espagne par le P. Secchi. On y voit un grand nombre de protubérances disséminées sur le con_tour du disque solaire caché par la Lune. Les plus importantes I et K mesurent, la première 28000 lieues, la seconde 23000; A ressemble à un pic, R et G à des plateaux. Le trait noir que l'on voit à gauche et à droite

de l'éclipse n'est autre que le fil de la lunette. On y remarque aussi que la couronne, quoique irrégulière, est
plus développée à droite et à gauche qu'en haut et en

Fig. 1.

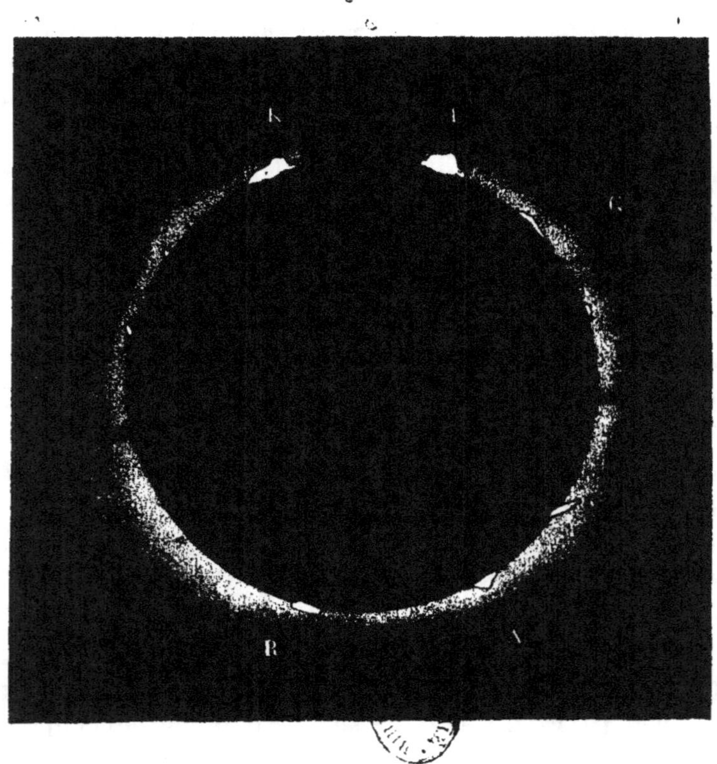

bas, c'est-à-dire dans le plan de l'équateur que suivant la
ligne des pôles.

Pendant la même éclipse, le P. Secchi avait également
pu observer nettement des protubérances et des
nuages suspendus dans l'intérieur de la couronne et en

dessiner la figure suivante, dans laquelle R représente une immense flamme, et Q une région marquée par des nuages.

Ces diverses observations avaient déjà établi que ce n'est pas à la Lune qu'appartiennent les protubérances, mais au Soleil; qu'elles ne peuvent être des montagnes solides, en raison de leurs formes et de leurs variations, et qu'elles doivent être des nuages ou des vapeurs en suspension dans une atmosphère immense enveloppant le Soleil à la hauteur d'un dixième de son diamètre, et pouvant mesurer jusqu'à 40000 lieues d'élévation. Quelques-unes de ces protubérances ont été vues isolées de la surface et évidemment suspendues.

Fig. 2.

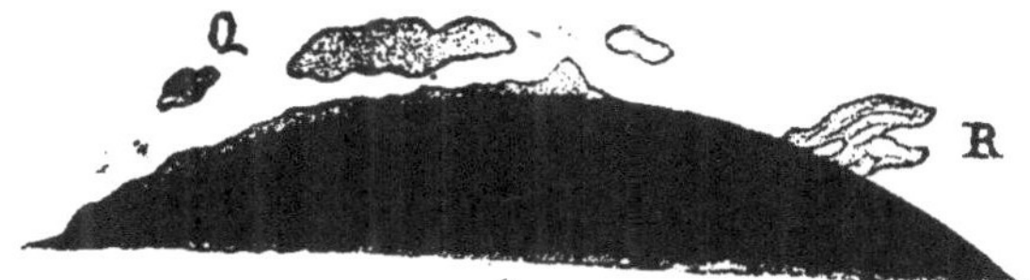

Outre les protubérances qui appartiennent sans contredit au monde solaire lui-même, on remarque ordinairement encore, au delà de l'auréole et de la gloire qui environnent l'astre radieux, d'immenses jets de lumière, qui doivent être simplement des phénomènes optiques, pour l'explication desquels l'atmosphère terrestre et la diffraction des rayons solaires sur la Lune qui les intercepte jouent sans doute le plus grand rôle.

La Commission de l'Observatoire se plaça, comme nous l'avons dit, dans la presqu'île de Malacca. L'un

des astronomes de cette Commission, M. Rayet, s'occupa surtout des protubérances, et remarqua (comme
M. Janssen, dont il va être question) que leur spectre
offrait des lignes révélatrices. Le dessin que nous pu-
blions plus loin est celui de cette Commission; c'est l'un
des plus complets que l'on ait eus en France, et ses indications peuvent d'ailleurs servir pour tout ce que nous
avons à relater dans ce compte rendu.

Le missionnaire du Bureau des Longitudes, M. Janssen, se plaça avec les astronomes anglais, et choisit
pour station la ville de Guntoor (Inde anglaise).

Les principaux résultats de l'observation de l'éclipse
consistent dans les analyses spectrales dues à ce laborieux physicien. Nous présenterons d'abord ici un résumé de son Rapport au Bureau des Longitudes.

« L'éclipse approchait, et le temps, dit-il, ne semblait
pas devoir nous favoriser. Il pleuvait depuis longtemps
sur toute la côte. On considérait ces pluies comme exceptionnelles. Bien heureusement, le temps se remit
peu à peu avant le 18. Le jour de l'éclipse, le Soleil
brilla dès son lever, bien qu'il fût encore dans une couche de vapeurs; il s'en dégagea bientôt, et au moment
où nos lunettes nous signalaient le commencement de
l'éclipse, il brillait de tout son éclat. »

Chacun était à son poste (*). Les observations com-
mencèrent immédiatement.

Pendant les premières phases, quelques légères va-

____

(*) M. Janssen me racontait un jour que les indigènes
mis à ses ordres pour le servir pendant l'éclipse se sauvèrent
tous, juste au moment où elle commença, et allèrent

peurs, vinrent passer sur le Soleil; elles nuisirent à la netteté des mesures micrométriques; mais quand le moment de la totalité approcha, le ciel reprit une pureté suffisante.

Cependant la lumière baissait visiblement; les objets semblaient éclairés par un clair de Lune. L'instant décisif approchait, et on l'attendait avec une certaine anxiété: cette anxiété n'ôtait rien aux facultés des observateurs, elle les surexcitait plutôt; et d'ailleurs elle se trouvait bien justifiée et par la grandeur du phénomène que la nature préparait, et par le sentiment que les fruits de longs préparatifs et d'un grand voyage allaient dépendre d'une observation de quelques instants.

Bientôt le disque solaire se trouve réduit à une mince faucille lumineuse. On redouble d'attention. Les fentes spectrales de l'appareil de 6 pouces sont rigoureusement tenues en contact avec la portion du limbe lunaire qui va éteindre les derniers rayons solaires, de manière que ces fentes soient amenées par la Lune elle-même dans les plus basses régions de l'atmosphère solaire quand les deux disques seront tangents.

L'obscurité a lieu tout à coup, et les phénomènes spectraux changent aussitôt d'une manière bien remarquable.

Deux spectres formés de cinq ou six lignes très-brillantes, rouge, jaune, verte, bleue, violette, occupent le champ spectral et remplacent l'image prismatique so-

se baigner. Un rite de leur religion leur commande de se plonger dans l'eau jusqu'au cou pour conjurer l'influence du mauvais esprit. Ils revinrent, quand ce fut fini!...

laire qui vient de disparaître. Ces spectres, hauts d'environ 1 minute, se correspondent raie pour raie; ils sont séparés par un espace obscur où ne se distingue aucune raie brillante sensible.

Deux spectres, puis trois, sont visibles. Dans le chercheur de la lunette, au lieu de voir les raies prismatiques, on voit les protubérances elles-mêmes, élancées au dehors du Soleil. Il y en a trois extrêmement remarquables. L'une, A (*fig.* 3), mesure 3 minutes de hauteur, c'est-à-dire le dixième du diamètre du Soleil ou 35000 lieues : elle rappelle la flamme d'un feu de forge sortant avec force et comme poussée par la violence du vent. B lui est comparable; C présente l'apparence d'un massif de montagnes neigeuses dont la base reposerait sur le limbe de la Lune et qui seraient éclairées par un Soleil couchant.

L'examen spécial de ces appendices permit d'établir immédiatement :

1° La nature gazeuse des protubérances (raies spectrales brillantes);

2° La similitude générale de leur composition chimique (spectres se correspondant raie pour raie);

3° Leur espèce chimique (les raies rouge et bleue de leur spectre n'étaient autres que les raies C et F du spectre solaire caractérisant, comme on sait, le gaz hydrogène).

« Pendant l'obscurité totale, je fus frappé, dit M. Janssen, du vif éclat des raies protubérantielles : la pensée me vint aussitôt qu'il serait possible de les voir en dehors des éclipses; malheureusement le temps, qui se couvrit après le dernier contact, ne me permit de rien tenter pendant ce jour-là. Pendant la nuit, la méthode et ses moyens d'exécution se formulèrent nette-

Fig. 3.

ment dans mon esprit. Le *lendemain* 19, je fis tout disposer pour les nouvelles observations.

» Le Soleil se leva très-beau; aussitôt qu'il fut dégagé des plus basses vapeurs de l'horizon, je commençai à l'explorer. Voici comment je procédai. Par le moyen du chercheur de ma grande lunette, je plaçai la fente du spectroscope sur le bord du disque solaire, dans les régions mêmes où la veille j'avais observé les protubérances lumineuses. Cette fente, placée en partie sur le disque solaire et en partie en dehors, donnait, par conséquent, deux spectres, celui du Soleil et celui de la région protubérantielle. L'éclat du spectre solaire était une grande difficulté ; je la tournai en masquant dans le spectre solaire le jaune, le vert et le bleu, les portions les plus brillantes. Toute mon attention était dirigée sur la ligne C, obscure pour le Soleil, brillante pour la protubérance, et qui, répondant à une partie moins lumineuse du spectre, devait être beaucoup plus facilement perceptible.

» J'étais depuis peu de temps à étudier la région protubérantielle du bord occidental, quand j'aperçus tout à coup une petite raie rouge, brillante, de 1 à 2 minutes de hauteur, formant le prolongement rigoureux de la raie obscure C du spectre solaire. En faisant mouvoir la fente du spectroscope de manière à balayer méthodiquement la région que j'explorais, cette ligne persistait; mais elle se modifiait dans sa longueur et dans l'éclat de ses diverses parties, accusant ainsi une grande variabilité dans la hauteur et dans le pouvoir lumineux des diverses régions de la protubérance.

» Cette exploration fut recommencée à trois reprises

différentes, et toujours la ligne brillante apparut dans les mêmes circonstances.

» Dans l'après-midi, je revins encore à la région étudiée le matin ; les lignes brillantes s'y montrèrent de nouveau, mais elles accusaient de grands changements dans la distribution de la matière protubérantielle ; les lignes se fractionnaient quelquefois en tronçons isolés qui ne se réunissaient pas à la ligne principale, malgré les déplacements de la fente d'exploration. Ce fait indiquait l'existence de nuages isolés qui s'étaient formés depuis le matin. Dans la région de la grande protubérance, je trouvai quelques lignes brillantes ; mais leur longueur et leur distribution accusaient, là aussi, de grands changements. »

Ainsi se trouvait démontrée la possibilité d'observer les raies des protubérances *en dehors des éclipses*, et d'y trouver une méthode pour l'étude de ces corps.

Ces premières observations montraient déjà que les coïncidences des raies C et F étaient bien réelles, et dès lors que l'hydrogène formait, en effet, la base de ces matières circumsolaires. Elles établissaient, en outre, la rapidité des changements que ces corps éprouvent, changements qui ne pouvaient être que pressentis pendant les observations si rapides des éclipses.

Voici une observation faite le 4 septembre par un temps favorable, et qui montre avec quelle rapidité les protubérances se déforment et se déplacent.

A $9^h 5o^m$, l'exploration du Soleil indiquait un amas de matières protubérantielles dans la partie inférieure du disque. Pour en déterminer la figure, M. Janssen se servit d'une méthode qu'on pourrait appeler *chrono-*

métrique, parce que le temps y intervient comme élément de mesure.

Dans cette méthode, on place la lunette dans une position fixe, choisie de manière que, par l'effet du mouvement diurne, toutes les parties de la région à explorer viennent successivement se placer devant la fente du spectroscope. On note alors, pour chaque instant déterminé, la longueur et la situation des lignes protubérantielles qui se produisent successivement. Le temps que le disque solaire met à traverser la fente donne la valeur de la seconde en minute d'arc. Cette donnée, combinée avec la longueur des lignes protubérantielles estimées suivant la même unité, fournit les éléments d'une représentation graphique de la protubérance.

Cette observation montra une protubérance s'étendant sur une longueur d'environ 3o degrés, dont 10 degrés à l'orient du diamètre vertical, et 20 degrés à l'occident. Vers l'extrémité de la portion occidentale, un nuage considérable s'élevait à 1 ½ minute du globe solaire. Ce nuage, long de plus de 2 minutes, large de 1 minute, s'étendait parallèlement au limbe. Une heure après ($10^h 5o^m$), un nouveau tracé montra que le nuage s'était élevé rapidement, prenant la forme globulaire. Mais les mouvements devinrent bientôt plus rapides encore, car dix minutes après, c'est-à-dire à 11 heures, le globe s'était énormément allongé dans le sens normal au limbe solaire, ou perpendiculaire à la première direction. Un petit amas de matière s'en était détaché à la partie inférieure, et se trouvait suspendu entre le Soleil et le nuage principal.

Considérée d'abord dans son principe, la nouvelle

méthode repose sur la différence des propriétés spectrales de la lumière des protubérances et de la photosphère. La lumière photosphérique, émanée de particules
solides ou liquides incandescentes, est incomparablement plus puissante que celle des protubérances, due à
un rayonnement gazeux : aussi a-t-il été jusqu'ici à peu
près impossible d'apercevoir les protubérances en dehors des éclipses, mais on peut renverser les termes
de la question en s'adressant à l'analyse spectrale. En
effet, la lumière solaire se distribue par l'analyse dans
toute l'étendue du spectre, et par là s'affaiblit beaucoup.
Les protubérances, au contraire, ne fournissent qu'un
petit nombre de faisceaux dont l'intensité reste très-
comparable aux rayons solaires correspondants. C'est
ainsi que les raies protubérantielles sont perçues très-
facilement dans un champ spectral, sous le spectre solaire, tandis que les images directes des protubérances
sont comme écrasées par la lumière éblouissante de la
photosphère.

Une circonstance fort heureuse pour la nouvelle méthode vient s'ajouter à ces données favorables. En effet,
les raies lumineuses des protubérances correspondent
à des raies obscures du spectre solaire. Il en résulte
que non-seulement on les aperçoit plus facilement dans
le champ spectral sur les bords du spectre solaire,
mais qu'il est même possible de les voir dans l'intérieur
de ce spectre, et, par conséquent, de suivre la trace
des protubérances sur le globe solaire même.

Au point de vue des résultats obtenus pendant la
courte période où elle a été appliquée, la méthode
spectro-protubérantielle a permis de constater :

1° Que les protubérances lumineuses observées pendant les éclipses totales appartiennent incontestablement aux régions circumsolaires ;

2° Que ces corps sont formés d'hydrogène incandescent, et que ce gaz y prédomine, s'il n'en forme la composition exclusive ;

3ᵉ Que ces corps circumsolaires sont le siége de mouvements dont aucun phénomène terrestre ne peut donner une idée ; des amas de matière dont le volume est plusieurs centaines de fois plus grand que celui de la Terre, se déplaçant et changeant complétement de forme dans l'espace de quelques minutes.

Ainsi, la merveilleuse analyse spectrale nous permet d'étudier les rayons lumineux descendus d'un astre, et de connaître les éléments chimiques principaux qui constituent cet astre, quoique des millions ou des milliards de lieues nous séparent de ces créations lointaines.

Nous savons aujourd'hui quels sont les métaux, les liquides et les gaz qui existent dans le Soleil, dans Sirius, dans Régulus, dans Aldébaran, dans l'étoile polaire, etc.

C'est par une application de cette méthode, que M. Janssen a découvert quel est l'élément qui constitue les protubérances solaires : c'est du gaz *hydrogène*. Cet élément s'inscrit lui-même en lignes visibles dans la lunette spectrale, et il en résulte une conséquence merveilleuse : c'est qu'on peut maintenant suivre les protubérances solaires en tout temps, et sans avoir besoin d'éclipse pour les voir elles-mêmes.

La réussite de cette ingénieuse méthode est toute nouvelle, et due à M. Janssen ; mais la méthode elle-même a été donnée deux ans auparavant par un astronome anglais, M. Norman-Lockyer : dans un Mémoire communiqué par lui à la Société Royale de Londres, le 11 octobre 1866, sous ce titre : *Observations spectroscopiques du Soleil,* il a indiqué la méthode dont il s'agit. Il ne s'est pas borné à l'indiquer, il l'a aussi mise en pratique, mais sans réussir.

De telles coïncidences ne sont pas rares dans l'histoire des sciences. Ici, la part respective des inventeurs ne serait pas difficile à faire. « Mais, comme l'a dit M. Faye à l'Académie, au lieu de chercher à partager et par conséquent à affaiblir le mérite de la découverte, ne vaut-il pas mieux en attribuer indistinctement l'honneur entier à ces deux hommes de science qui ont eu séparément, à plusieurs milliers de lieues de distance, le bonheur d'aborder l'intangible et l'invisible par la voie la plus étonnante peut-être que le génie de l'invention ait jamais conçue ? »

C'est dans les termes suivants que M. Janssen a annoncé sa découverte au Ministre de l'Instruction publique :

« Les puissantes lunettes de près de 3 mètres de foyer m'ont permis de suivre l'étude analytique de tous les phénomènes de l'éclipse. Immédiatement après la totalité, deux magnifiques protubérances ont apparu : l'une d'elles, de plus de 3 minutes de hauteur, brillait d'une splendeur qu'il est difficile d'imaginer. L'analyse de sa lumière m'a immédiatement montré qu'elle était formée par une immense colonne gazeuse incandescente, principalement composée de gaz hydrogène.

» Mais le résultat le plus important de ces observations est la découverte d'une méthode dont le principe fut conçu pendant l'éclipse même, et qui permet l'étude des protubérances et des régions circumsolaires en tout temps, sans qu'il soit nécessaire de recourir à l'interposition d'un corps opaque devant le disque du Soleil. Cette méthode est fondée sur les propriétés spectrales de la lumière des protubérances, lumière qui se résout en un petit nombre de faisceaux très-lumineux correspondant à des raies obscures du spectre solaire.

» Dès le lendemain, la méthode fut appliquée avec succès, et j'ai pu assiter aux phénomènes présentés par une nouvelle éclipse artificielle que j'ai fait durer toute la journée. Les protubérances de la veille étaient profondément modifiées; il restait à peine quelques traces de la grande protubérance, et la distribution de la matière gazeuse était tout autre. Depuis ce jour jusqu'au 4 septembre, j'ai constamment étudié le Soleil à ce point de vue. J'ai dressé des cartes des protubérances, qui montrent avec quelle rapidité (souvent en quelques minutes) ces immenses masses gazeuses se déforment et se déplacent. Enfin, pendant cette période, qui a été comme une éclipse de dix-sept jours, j'ai recueilli un grand nombre de faits, qui s'offraient comme d'eux-mêmes, sur la constitution physique du Soleil. »

Ainsi nous savions déjà que le Soleil renferme dans sa constitution le fer, la magnésie, la soude, la potasse, la chaux, le chrome et le nickel, tandis qu'il ne renferme pas d'or, d'argent, de cuivre, de zinc, d'aluminium, de plomb, de strontiane ni d'antimoine; nous savions que c'est une sphère 1400000 fois plus volumineuse que la Terre et 350000 fois plus lourde, et pe-

sant 700 fois plus à elle seule que toutes les planètes
ensemble ; nous savions encore que ce foyer de notre
système réside à 38000000 de lieues d'ici. Aujourd'hui
nous savons qu'il est enveloppé d'une immense atmosphère de gaz, et que la zone extrême de son atmosphère,
située à des milliers de lieues au-dessus de sa surface,
est composée d'hydrogène s'élevant parfois en flammes
gigantesques, sous l'action des forces qui travaillent au
sein de ce monde éblouissant. Lentement, pas à pas, la
science marche ainsi insensiblement à la plus désirable
et la plus pure des conquêtes : à la connaissance de la
nature.

Les observations précédentes ne sont pas les seules
qui aient été faites sur cette importante éclipse ; il en
est d'autres qui, tout en étant d'un moindre intérêt astronomique, sont toutefois dignes d'attention. Parmi les
documents qui m'ont été communiqués par d'autres
Commissions, je citerai en particulier ceux du comman-
dant Rennoldson, faits sur le navire anglais le *Rangoon,*
situé dans l'océan Indien, sur la ligne centrale, et ceux
de la Commission allemande à Aden.

Les Messageries nationales ont bien voulu me faire
donner copie des dessins pris pendant l'éclipse par le capitaine de leur paquebot *le Labourdonnais.* On remarque
surtout trois protubérances rouges et quatre immenses
jets lumineux se coupant à angles droits, jets déjà observés pendant l'éclipse du 18 juillet 1860, et qui ne
paraissent explicables que par un phénomène d'optique.

« A mesure que la Lune avançait sur le Soleil, lit-on
dans le rapport de M. Rapatel ; la lumière diminuait

III.   5

graduellement, et lorsqu'il ne resta plus qu'un mince filet de Soleil, les ombres étaient encore très-prononcées. Les haubans étaient projetés avec une grande netteté sur les tentes comme par un beau clair de Lune. Douce lumière! l'horizon semblait éclairé comme par un feu de Bengale vert caché. Enfin, ce dernier filet de lumière disparaît ; un cri d'admiration s'échappe de toutes les bouches, et nous jouissons pendant près de cinq minutes d'un spectacle splendide. Dès que l'éclipse fut totale, tout le monde signala trois étoiles, quoique l'atmosphère fût brumeuse.

» La fin de l'éclipse totale s'annonça par l'apparition d'une nappe de lumière d'un violet magnifique, qui dura à peine deux secondes, précédant le disque du Soleil, lequel obligea à reprendre les verres colorés. Un halo mesurant environ quinze degrés de rayon apparut au moment du premier contact, disparut à la totalité, et reparut immédiatement après, pour s'évanouir au dernier contact.

» Ajoutons encore un mot sur l'effet produit par l'éclipse sur les animaux. Un singe, les perroquets, les poules, les oies montrèrent une véritable frayeur par leurs mouvements désordonnés et leurs cris; un chien attaché sur le pont s'est immédiatement blotti sous un tas de foin ; au retour de la lumière des coqs se sont mis à chanter comme au point du jour. »

Un autre observateur de la même Compagnie, M. de Créty, a aperçu, à Aden, trois protubérances sur la Lune. Nous ne pouvons les expliquer. Seraient-ce des volcans précisément placés au bord de l'hémisphère invisible du monde lunaire?

Sur la ligne centrale de l'éclipse, le capitaine du navire anglais *le Rangoon*, se dirigeant sur Bombay, a

Fig. 4.

pris un dessin (*fig.* 4) une minute et demie après le
commencement de la totalité. Une longue flamme rouge
mesurant environ cinq minutes d'arc est visible à la
partie inférieure du disque vers la gauche, et une protubérance également rouge se voit vers la région supérieure.

Nous traduirons de la description du capitaine un passage fort éloquent : « Le globe noir de la Lune se détachait du fond lumineux comme un relief singulier. Mais le plus beau point du spectacle fut la réapparition de la lumière. L'astre radieux laissa soudain percer un magnifique mince croissant violet. Quoique cette apparition fût soudaine, magique, féerique, cependant l'arrivée du roi du jour, sa victoire sur la nuit, s'accomplit avec toute la majesté et la régularité des mouvements célestes ; c'était une combinaison harmonieuse de grâce, d'énergie et de grandeur. »

L'expédition allemande s'est appliquée à prendre des photographies de l'éclipse dans ses phases successives. Nous voyons par le rapport du docteur Vogel que l'image principale de l'éclipse totale présente, dans la région nord-ouest, une suite continue de protubérances. De l'autre côté, au nord-est, se trouve une corne bizarre, mesurant le $\frac{1}{14}$ du diamètre du Soleil, ce qui ne fait pas moins de 12000 lieues. Le capitaine Parkins, à 16 degrés de latitude nord et à 50 de longitude est, s'étend dans son rapport sur la clarté de l'éclipse partielle. La lumière projetée par le croissant solaire, large d'environ $\frac{1}{16}$ de diamètre de l'astre, était d'un aspect sinistre ; les vagues de la mer ressemblaient à du plomb liquide ; une pâleur sépulcrale s'étendait sur la nature.

En résumé, l'ensemble de ces expéditions diverses a fourni à la science des documents précieux sur le grand problème de la constitution physique du Soleil.

L'ancienne théorie enseignait que le Soleil était composé d'un globe central et obscur ; qu'au-dessus de ce globe se trouvait une immense atmosphère plus ou moins transparente ; plus haut encore, on plaçait la photosphère, enveloppe gazeuse, lumineuse par elle-même, source de l'éclat et de la chaleur du Soleil. Lorsque certains points de la photosphère se déchirent, disait-on, on peut apercevoir le noyau obscur du Soleil ; de là les taches qui se présentent fréquemment. A cette constitution si complexe on avait encore ajouté une troisième enveloppe formée de l'ensemble des nuages roses.

Aujourd'hui, on pense, au contraire, que le Soleil est un corps lumineux par lui-même. Cette théorie, qui consiste à considérer le Soleil, pour sa partie lumineuse, comme un globe incandescent, recouvert par une petite atmosphère gazeuse à laquelle sont dus une partie des phénomènes qu'on observe à la surface de l'astre, a été établie d'une manière certaine sur les observations de l'éclipse totale de Soleil qui eut lieu en 1860. Le titre de gloire des observateurs de 1868 est d'avoir reconnu la nature de cette atmosphère. En parvenant, de plus, à observer en tout temps les phénomènes qu'on n'avait pu jusque-là constater qu'au moment des éclipses totales de Soleil, M. Janssen a rendu à la science un service qu'elle ne saurait trop apprécier.

Déjà des observations antérieures avaient préparé cette notion. Lorsqu'on eut observé deux protubérances roses, pendant l'éclipse totale du 8 juillet 1842, on se trouva, suivant l'expression d'Arago, *mis sur la trace d'une troisième enveloppe située au-dessus de la photosphère, et formée de nuages obscurs ou faiblement lumineux,* mais on ne savait point encore d'où ces nuages roses pouvaient provenir. Il paraît clair aujourd'hui qu'ils émanent accidentellement d'une couche de matière qui recouvre toute la surface du Soleil jusqu'à une hauteur de 8 à 10 secondes, égale à la deux-centième partie de l'astre.

Le rapporteur de l'éclipse de 1860 s'exprimait déjà comme il suit :

« L'existence d'une couche de matière rose et en partie transparente, recouvrant toute la surface du Soleil, est un fait constaté par les observations. Certaines parties de cette couche de matière s'élèvent fréquemment au-dessus du niveau habituel, et forment des appendices nuageux qui ne sont que des émanations de l'atmosphère du Soleil et ont la même couleur qu'elle. Quelle que soit la constitution du noyau du Soleil, solide ou liquide, la surface et l'intérieur de l'astre doivent être au moins aussi tourmentés que la surface et l'intérieur de la Terre, et il n'y doit manquer ni de trombes, ni de phénomènes électriques, ni de volcans capables de produire les mouvements observés. Ce qui est établi, c'est que les protubérances roses isolées ne sont plus qu'un accident secondaire d'une couche atmosphérique qui entoure le noyau lumineux du Soleil. Cette atmosphère n'a pas partout la même épaisseur. La bande observée au moment de l'émersion était irrégulière et dentelée à sa partie supérieure.

» D'où il suit qu'on ne peut pas continuer à admettre que le Soleil soit composé de couches nuageuses et enveloppées dans une photosphère, mais qu'il faut renverser cette constitution et placer simplement une atmosphère au-dessus d'un globe lumineux, comme le montre d'ailleurs l'observation des éclipses totales. Les rayons de l'astre nous arrivent éteints en partie, mais beaucoup plus sur les bords qu'au centre. La mesure de l'extinction nous fera connaître le pouvoir absorbant de l'atmosphère. En ne tenant pas compte de l'illumination qu'éprouvent ses parties, on trouve qu'au centre elle arrêterait le tiers des rayons émanés du noyau du Soleil.

» D'un autre côté, il résulte de l'observation des nuages solaires, que la matière de l'atmosphère s'accumule quelquefois en quantités plus considérables sur certains points ; et comme la lumière de la partie correspondante du Soleil peut se trouver plus ou moins éteinte, on arrive à une explication naturelle de l'existence des taches à la surface de l'astre. Ces taches offriront les contours et les aspects les plus variés, et leurs formes changeront rapidement, ainsi que l'observation le constate, et comme cela doit être dès qu'elles sont produites par des nuages... »

Tels sont les faits que la considération attentive de l'éclipse totale de 1860 avait permis d'établir. Avec des moyens nouveaux et plus parfaits d'observation, on les a confirmés en 1868, et, de plus, on a fait un pas immense en avant. On sait que la petite atmosphère qui entoure le globe du Soleil contient dans toutes ses parties de l'hydrogène. M. Rayet a même récemment établi devant l'Institut qu'une raie jaune se voit sur tout le contour du Soleil, et conclut que le gaz incandescent auquel elle correspond est, au même titre que l'hydrogène, un des éléments constitutifs de l'atmosphère solaire ; on ne sait pas encore quel est ce gaz, la raie jaune dont il s'agit ne coïncidant pas avec la raie jaune habituelle du sodium.

On voit que les résultats de la grande éclipse totale de Soleil du 18 août 1868 sont un événement digne d'attention, non-seulement parce qu'ils nous ont appris qu'il y a autour du Soleil une atmosphère d'hydrogène donnant naissance aux fameuses protubérances, et que par le spectroscope ces protubérances peuvent, comme les taches, être désormais observées en tout temps, mais encore parce qu'ils ont forcé les astronomes à reprendre tout entière la grande question de la physique solaire, à résumer tous les travaux accomplis depuis un quart de siècle, et à donner une théorie actuelle représentant l'ensemble des faits observés.

L'essentiel de cette théorie est de montrer le Soleil comme un corps gazeux ou liquide incandescent, enveloppé d'une atmosphère vaporeuse, dans laquelle l'hydrogène domine.

Nous avons dit que, grâce à la méthode spectroscopique, les protubérances peuvent maintenant être observées tous les jours, tandis qu'il fallait l'interposition de la Lune pour les apercevoir. Depuis 1868, nos savants correspondants MM. Warren de la Rue à Kiew, Lockyer à Londres, le P. Secchi à Rome, et surtout le professeur Respighi à Bologne, dessinent sur la circonférence solaire les protubérances qui s'y montrent. Le contour du Soleil est développé sur une ligne droite divisée de o à 360 degrés, et les appendices y sont reproduits à leur place et dans leur forme. Voici (*fig.* 5) l'une de ces protubérances observée à Rome par M. Respighi, le 26 février 1870, à 10ʰ40ᵐ. Sa hauteur est de 2′30″.

C'est un immense jet de gaz, aux environs duquel d'autres de toutes formes et de toutes dimensions se lèvent et retombent constamment dans l'atmosphère solaire.

Fig. 5.

La constitution physique du Soleil peut actuellement être présentée dans la synthèse suivante, par laquelle nous résumerons le grand travail spécial fait récemment sur ce sujet, par le savant et laborieux directeur de l'observatoire de Rome.

La surface du Soleil, exprimée en mètres carrés, est représentée par le nombre

$$60329000000000000000 = 60329 \times 10^{14}.$$

Le volume, exprimé en mètres cubes, est représenté par le nombre

$$139335000000000000000000000 = 139335 \times 10^{22}.$$

La densité de l'eau distillée étant prise pour unité, celle du Soleil est $1,42$, et son poids, exprimé en kilogrammes, est représenté par le nombre

$$M = 1946600000000000000000000000000$$
$$= 19466 \times 10^{26},$$

ou, en nombre rond, deux quintillions de kilogrammes.

La température du Soleil s'élève à plusieurs millions de degrés (vers 10 millions), mais il nous est impossible de la déterminer avec précision.

Cette température est très-probablement le résultat de la gravitation; elle aurait été produite par la chute de la matière qui constituait la nébuleuse primitive, et qui compose actuellement le Soleil et les planètes.

A cette époque de formation, la température devait être beaucoup plus élevée qu'elle ne l'est maintenant : le Soleil est donc dans une période de refroidissement.

Quoique cet astre perde continuellement des quantités énormes de chaleur, l'abaissement de température est extrèmement faible, et ne dépasse pas 1 degré en quatre mille ans. Le résultat est dû à l'état de dissociation dans lequel se trouve la matière sous l'action de la chaleur.

La température du Soleil ne peut pas être absolument invariable; cependant ses variations séculaires sont plus faibles que les fluctuations à courte période dont nous constatons l'existence sans pouvoir les étudier d'une manière complète : aussi devons-nous penser que notre planète restera habitable pendant une longue suite de siècles.

Il faut conclure de ces faits que le Soleil ne saurait être composé d'une masse solide; et même quelle que soit

Fig. 6.

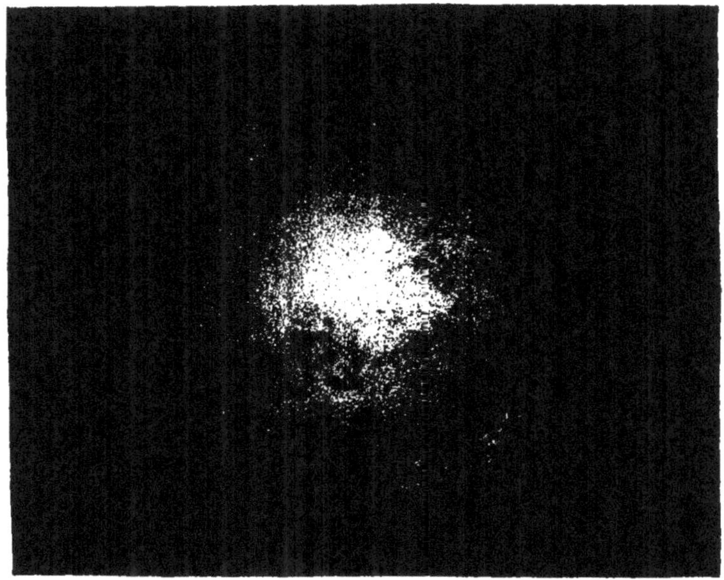

l'énorme pression qui existe dans cette masse, elle ne saurait, à proprement parler, se trouver à l'état liquide : nous sommes nécessairement conduits à la regarder comme gazeuse malgré son état de condensation extrême.

Voici l'aspect que présente dans une bonne lunette astronomique, munie d'un faible grossissement, cette masse incandescente du Soleil. La figure que l'on vient de voir est la reproduction exacte d'une photographie prise en un *centième de seconde* par l'appareil spécial de l'Observatoire de Rome.

Dans l'intérieur du globe solaire, l'effet dû à la gravitation étant extrêmement considérable, il doit en résulter un état gazeux bien différent de tout ce que nous connaissons sur la Terre. D'un côté une pression énorme doit favoriser l'affinité; mais de l'autre, la température est tellement élevée, qu'aucune combinaison proprement dite ne peut subsister, si ce n'est à la surface où la radiation peut abaisser la température d'une manière suffisante. Les différents corps simples peuvent, en effet, rester l'un en présence de l'autre sans se combiner, malgré leur affinité réciproque : on dit alors qu'ils sont *dissociés*.

Au delà de la limite apparente du disque solaire, il existe une atmosphère transparente, mais jouissant d'un pouvoir absorbant assez considérable pour pouvoir arrêter une partie des rayons solaires.

Cette atmosphère n'a pas partout la même hauteur; elle atteint son maximum à l'équateur et dans la région des taches; elle devient minimum aux pôles.

Dans cette atmosphère flotte une couche gazeuse dont la température est très-élevée et de laquelle s'échappent les protubérances. L'hydrogène est le principal élément de ces appendices et de la couche rosée qu'on observe pendant les éclipses.

Cette couche enveloppe le Soleil de toutes parts, et son épaisseur est variable. Elle n'est pas exclusivement composée d'hydrogène; elle contient encore d'autres substances, et en particulier de la vapeur de sodium et de magnésium. Des observations délicates y font encore constater la présence de la vapeur d'eau.

La surface solaire est constamment agitée par des tempêtes dont nous n'avons pas d'exemples ici-bas. Les marées et les mouvements de son atmosphère sont si considérables, qu'ils produisent des vagues gigantesques atteignant de 30 à 40000 lieues de hauteur.

Tels sont les résultats curieux des dernières observations et des dernières discussions sur le Soleil. On voit que la grande éclipse de 1868 et les travaux qu'elle a suggérés ont avancé d'une manière remarquable la connaissance de la constitution physique de cet astre si important pour nous.

II.

LES TACHES DU SOLEIL.

§ 1er.

Nombre des taches solaires en 1866, 1867, 1868 et 1869.

Nos lecteurs savent que les astronomes de la Terre ne perdent pas le ciel de vue un seul jour, et que depuis de longues années déjà le Soleil est perpétuellement observé, dessiné, photographié. L'étude de ses taches, l'enregistrement de leurs variations périodiques, commencé il y a quarante ans par M. le conseiller Schwabe, de Dessau, auquel s'est joint plus tard de son côté le directeur de l'observatoire de Zurich, M. Wolf, est actuellement organisé à l'observatoire de Kew. Voici les résultats de ces dernières années.

1866.

Observations faites par M. Schwabe, à Dessau.

	Nombres de groupes observés.	Numéros des groupes.	Jours d'observation.	Jours sans tache.
Janvier........	5	Nos 1 à 5	30	0
Février.......	7	6 à 11	27	1
Mars........ ..	6	12 à 18	26	0
Avril.........	5	19 à 23	28	0
Mai.........	3	24 à 26	27	4
Juin......... ...	6	27 à 32	30	2
Juillet.......	1	33	31	8
Août........	3	34 à 36	31	6
Septembre....	2	37 à 38	30	14
Octobre......	4	39 à 42	31	5
Novembre....	2	43 à 44	30	13
Décembre....	1	45	28	23
Total...	45		349	76

Observations faites par M. Warren de la Rue, à Kew.

	Nombres de groupes observés.	Numéros des groupes (*).	Jours d'observation.	Jours sans tache.
Janvier........	7	Nos 725 à 731	11	0
Février.......	5	732 à 736	12	0
Mars........	5	737 à 741	13	0
Avril...... ..	5	742 à 746	16	0
Mai.........	4	747 à 750	23	5
Juin.........	4	751 à 754	13	1
Juillet.......	3	755 à 757	13	2
Août.........	3	758 à 760	10	0
Septembre....	2	761 à 762	14	7
Octobre......	4	763 à 766	10	2
Novembre.....	3	767 à 769	14	5
Décembre.....	0		4	4
Total...	45		153	26

(*) Les numéros des groupes de la liste de **Kew** sont la continuation du Catalogue de MM. de la **Rue, Stewart** et **Lœwy**, dans leurs *Researches on Solar physics.*

1867.

Observations faites par M. Schwabe, à Dessau.

	Nombres de groupes observés.	Numéros des groupes.		Jours d'observation.	Jours sans tache.
Janvier.......	0	Nᵒˢ	0	23	23
Février.......	0		0	26	26
Mars.........	3	1 à	3	26	15
Avril.........	1		4	24	16
Mai..........	2	5 à	6	26	16
Juin.........	1		7	30	23
Juillet.......	2	8 à	9	31	18
Août.........	3	10 à	12	31	20
Septembre....	1		13	30	17
Octobre......	3	14 à	16	28	13
Novembre....	4	17 à	20	22	5
Décembre....	5	21 à	25	15	3
Total...	25			312	195

Observations faites par M. Warren de la Rue, à Kew.

	Nombres de groupes observés.	Numéros des groupes.		Jours d'observation.	Jours sans tache.
Janvier.......	0	Nᵒˢ	0	6	6
Février.......	0		0	10	10
Mars.........	3	770 à	772	10	6
Avril.........	2	773 à	774	15	9
Mai..........	1		775	13	9
Juin.........	0		0	13	11
Juillet.......	2	776 à	777	19	14
Août.........	0		0	0	0
Septembre....	1		778	8	0
Octobre......	3	779 à	781	11	3
Novembre.....	2	782 à	783	10	3
Décembre.....	3	784 à	786	5	1
Total...	17			120	72

1868.

Observations faites par M. Schwabe, à Dessau.

	Nombres de groupes observés.	Numéros des groupes.	Jours d'observation	Jours sans tache.
Janvier........	2	Nos 1 à 2	19	10
Février........	2	3 à 4	21	2
Mars..........	8	5 à 12	27	0
Avril.........	8	13 à 20	25	0
Mai..........	7	21 à 27	31	1
Juin..........	9	28 à 36	28	2
Juillet........	8	37 à 44	31	7
Août.........	8	45 à 52	31	0
Septembre....	13	53 à 65	30	1
Octobre......	13	66 à 78	28	0
Novembre.....	11	79 à 89	19	0
Décembre.....	12	90 à 101	11	0
Total. .	101		301	23

Observations faites par M. Warren de la Rue, à Kew.

	Nombres de groupes observés.	Numéros des groupes.	Jours d'observation.	Jours sans tache
Janvier........	2	Nos 787 à 788	6	4
Février........	5	789 à 793	9	2
Mars..........	8	794 à 801	12	0
Avril.........	6	802 à 807	12	0
Mai..........	5	808 à 812	21	0
Juin..........	15	813 à 827	19	2
Juillet........	8	828 à 835	21	4
Août.........	7	836 à 842	16	0
Septembre....	13	843 à 855	12	0
Octobre......	17	856 à 872	16	0
Novembre....	8	873 à 880	7	0
Décembre.....	21	881 à 901	13	0
Total...	115		164	12

Un intéressant phénomène a été observé à Kew et à Dessau, le 7 mai 1868. La tache principale du n° 807, en arrivant au bord du Soleil, a visiblement échancré ce bord; ce qui fait incontestablement conclure que cette tache était creuse, en forme d'entonnoir.

1869.

Observations de M. Warren de la Rue.

	Nombres de groupes observés.		Numéros des groupes.			Jours d'observation.	Jours sans tache.
Janvier....	15	Nᵒˢ	902	à	916	14	0
Février.....	17		917	à	933	15	0
Mars.......	14		934	à	947	11	0
Avril......	15		948	à	962	20	0
Mai........	18		963	à	980	16	0
Juin.......	27		981	à	1007	18	0
Juillet.....	18		1008	à	1025	22	0
Août.......	25		1026	à	1050	19	0
Septembre .	21		1051	à	1071	21	0
Octobre....	17		1072	à	1088	18	0
Novembre..	15		1089	à	1103	11	0
Décembre..	22		1104	à	1125	11	0
Total..	224					195	0

Les nombres de groupes observés à Kew en ces quatre dernières années sont donc :

1866...................... 45

1867...................... 17

1868...................... 115

1869...................... 224

Les astronomes de l'observatoire de Kew, MM. de

la Rue, Stewart et Lœwy ont réuni et comparé toutes les observations de taches solaires faites à Dessau par M. Schwabe.

En comparant ces observations à celles faites par Carrington et aussi avec les dessins du Soleil pris à l'observatoire de Kew, ils ont constaté que les travaux du savant observateur allemand ont été faits avec un soin extrèmement remarquable. Ils ont pu, grâce à eux, mesurer la surface du Soleil occupée par des taches depuis 1832, et représenter chaque année le nombre et les dimensions de ces taches. La courbe tracée d'après ces éléments montre d'une manière évidente la variation décennale dont nous avons déjà parlé ici.

D'après ces recherches, les maximums et minimums des taches sont arrivés aux époques suivantes :

Minimum.....	28 novembre	1833.
Maximum.....	21 décembre	1836.
Minimum.....	21 septembre	1843.
Maximum.....	14 novembre	1847.
Minimum.....	21 avril	1856.
Maximum.....	7 octobre	1859.
Minimum.....	14 février	1867.

On voit facilement par ces dates, ce qui du reste a déjà été remarqué, que l'intervalle du minimum au maximum est toujours moindre que celui qui s'étend du maximum au minimum; les taches mettent plus de temps pour diminuer que pour augmenter. La période d'augmentation est de trois à quatre ans; celle de diminution est de huit ans environ. On peut faire à ce propos la remarque curieuse que la mer met également plus de temps à descendre qu'à monter.

Les nombres des trois séries (Schwabe, Kew, Carrington) montrent que la marche du maximum au minimum n'est pas simple, mais manifeste un maximum secondaire.

Les astronomes de l'observatoire de Kew ont comparé les variations des taches solaires aux positions des planètes, afin de reconnaître les traces de l'action possible des planètes sur le Soleil.

La table suivante montre les résultats obtenus par cette comparaison de 1832 jusqu'en 1868.

DISTANCE ANGULAIRE des planètes.		AUGMENTATION OU DIMINUTION dans le nombre des taches, suivant les positions de	
		Jupiter et Vénus.	Mars et Mercure.
Entre 0° et 30°		─ 881	+ 1675
30	60	— 60	— 139
60	90	— 452	— 1665
90	120	— 579	— 2355
120	150	— 705	— 2318
150	180	— 759	— 1604
180	210	— 893	— 481
210	240	— 752	+ 547
240	270	— 263	+ 431
270	300	+ 70	+ 228
300	330	+ 480	+ 1318
330	000	+ 1134	+ 2283

L'inspection de cette Table montre qu'il y a un excès dans l'activité solaire, lorsque, soit Jupiter et Vénus, soit Mars et Mercure sont voisins l'un de l'autre, et une diminution dans cette activité lorsqu'ils sont à l'opposite l'un de l'autre ou vers 180 degrés. Nous voyons aussi que la progression des nombres est assez régulière dans chaque cas, et analogue dans chaque colonne.

§ 2.

Valeur numérique de l'influence attractive des planètes sur le Soleil.

Il est intéressant de se demander quelle peut être la valeur attractive exacte due à ces positions, quelle influence chaque planète peut avoir sur l'immense et lourde masse solaire.

C'est le travail que vient de faire M. Hœk, directeur de l'observatoire d'Utrecht. Ce calcul est extrêmement curieux, quoiqu'il ne donne que 1 centimètre pour la marée causée à la surface du Soleil par Jupiter comme par Vénus.

Ce serait un effet d'attraction analogue à celui de la Lune et du Soleil sur l'Océan et l'atmosphère terrestre. « Dans cette recherche théorique, écrit M. Hœk à M. Warren de la Rue, mon point de départ a été l'hypothèse que le Soleil est une masse gazeuse. Je me suis dit qu'alors il était nécessaire qu'il y eût à sa surface des marées produites par l'attraction des planètes, et je me suis demandé si peut-être on y trouverait l'explication de la périodicité des taches solaires. » Voici ce travail.

Les marées dépendant de *Jupiter* et de *Vénus* seraient les principales.

Si l'on nomme **M** la masse d'une planète, *a* sa distance au centre du Soleil, les marées qu'elle produit à la surface de cet astre seront à très-peu près proportionnelles à la quantité $\dfrac{M}{a^3}$.

On trouve ainsi pour *Mercure*, *Vénus*, *la Terre*, *Mars*, *Jupiter* et *Saturne*, des nombres proportionnels à 12, 24, 10, 0, 23 et 1. Les marées qui dépendent de *Vénus* et de *Jupiter* sont donc en général prédominantes, quoiqu'il ne faille pas oublier que *Mercure*, dans son périhélie, donne 24, dans son aphélie 7.

Reste à savoir, et c'est le point capital, quelle est la hauteur absolue de ces marées.

On peut appliquer ici la formule (16) donnée par M. Roche dans ses Recherches sur les atmosphères des comètes (*Annales de l'Observatoire de Paris*, t. V).

Cette formule donne la relation entre deux rayons de l'équateur solaire, dont l'un R', dirigé sur la planète, a une longitude héliocentrique λ, et dont l'autre R'', a une longitude $\lambda + 90$.

Faisons dans cette formule $R'' = R' - \tau$, nous aurons, à des quantités du second ordre près,

$$\left(\frac{R''}{R'}\right)^3 = 1 - 3\,\frac{\tau}{R'},$$

et la formule se réduit à celle-ci :

$$\frac{\tau}{R'} = \frac{3}{5 - 2.7(\tau + \mu) + 2.\mu\left(\dfrac{a}{R'}\right)^3},$$

où les symboles dénotent :

τ la différence de niveau du flux et du reflux;

R' le rayon de l'équateur solaire;

$$\gamma = \frac{T^2}{t^2}; \quad \mu = \frac{m}{M};$$

T la durée de la révolution sidérale de la planète;

t celle de la rotation du Soleil;

m la masse du Soleil;

M celle de la planète;

a la distance de la planète au centre du Soleil.

On a donc approximativement :

<table>
<tr><td>Pour Jupiter.</td><td>Pour Vénus.</td></tr>
<tr><td>$\mu = 1000$</td><td>$\mu = 400000$</td></tr>
<tr><td>$\gamma = \dfrac{4333}{25,5} = (170)^2$</td><td>$\gamma = \dfrac{225}{25,5} = 81$</td></tr>
<tr><td>$\dfrac{a}{R'} = 570$</td><td>$\dfrac{a}{R'} = 80$</td></tr>
</table>

d'où

$$\tau = 0^m,01 \qquad\qquad 0^m,01.$$

Autrefois, M. Hoek en avait conclu que l'attraction des planètes ne pourrait nullement rendre compte de ces révolutions véhémentes qui s'accomplissent à la surface du Soleil. Aujourd'hui, il n'est plus de cet avis, et hésite à se prononcer sur ce point.

Qu'on se représente des conditions d'équilibre instable, et la moindre force suffit à le rompre et à produire des phénomènes importants. Dans le cas actuel, il n'est pas impossible de se représenter de telles circonstances. Les couches extérieures du Soleil, rayonnant leur chaleur dans l'espace, doivent par conséquent devenir plus denses. Il suffit que leur densité surpasse celle des couches situées plus près du centre pour avoir l'équilibre instable. Il viendra un moment où elles iront s'engloutir dans l'intérieur du Soleil pour être remplacées par des couches moins denses.

Il est donc possible que les marées produites par les planètes, quelque insignifiantes qu'elles soient, suffisent à fixer ce moment. « S'il en est ainsi, dit le savant astronome, je présume qu'on verrait les taches solaires naître de préférence dans ces parties de la surface qui ont leur mouvement dirigé vers le centre du Soleil et qui ont un maximum de vitesse d'oscillation.

» On trouve sans peine la position de ces parties par rapport à la planète perturbante.

» Il y a donc un maximum de vitesse près de $\psi = \pm 45°$, et l'on peut dire que les parties de la surface qui possèdent le maximum de vitesse cherché suivent la planète perturbante en longitude de 45 degrés et de 225 degrés.

» Avant de terminer, une seule remarque. La première formule que je viens d'employer ne donne que des résultats approximatifs; mais, afin de m'assurer du degré d'approximation qu'elle donne, je l'ai appliquée à un des cas où son imperfection devrait se faire sentir davantage, savoir au calcul des marées terrestres.

» En adoptant pour la Lune

$$\mu = 81, \quad \gamma = (28)^2, \quad \frac{a}{R'} = 60,$$

je trouve

$$\tau = \frac{R'}{11660000} = 0^m,55;$$

en adoptant pour le Soleil

$$\mu = \frac{1}{356000}, \quad \gamma = (365)^2, \quad \frac{a}{R'} = 24000,$$

il vient

$$\tau = \frac{R'}{26400000} = 0^m,24 \quad \text{ou } 24 \text{ centimètres,}$$

valeurs qui sont à peu près celles que l'observation a données dans l'océan Pacifique, tandis que leur rapport

$$\frac{264}{116} = 2,3$$

s'accorde très-bien avec les observations de Brest, dont la discussion a donné 2,35 pour l'influence de la Lune comparée à celle du Soleil.

§ 3.

Segmentation d'une tache solaire.

Le Soleil a présenté, au mois d'avril 1868, une recrudescence inattendue dans le nombre et surtout dans la grandeur de ses taches. Les dessins que je prends chaque jour, pendant la plus grande partie de l'année, à mon observatoire du Panthéon, montrent que, depuis la fin du mois de mars, sa surface a été constamment couverte par un ou plusieurs groupes de taches souvent fort importantes. Les plus remarquables se sont présentées aux époques suivantes : 30 mars, 8 avril, 22-25 avril, 27 avril, 8 mai, 10-22 mai, 2-9 juin, 24 juin, 5 juillet.

Nous n'étions pas cependant à une époque de maxi-

mum, le dernier maximum s'étant manifesté à la fin
de 1859, et le dernier minimum au commencement
de 1867. Nous ne devrions arriver qu'à la fin de 1871
à l'époque d'un nouveau maximum. Mais le Soleil oublie peut-être notre réglementation.

L'un des groupes les plus importants des quatre mois
mars, avril, mai, juin 1868 a été celui dont l'observation a pu suivre la marche du 30 mars au 8 avril; puis,
après une demi-rotation solaire, du 23 avril au 6 mai.
Il était formé d'abord d'une tache immense, mesurant,
à la date du 5 avril, environ 40 secondes (*), pénombre
comprise, puis d'une seconde tache moins vaste située
à $3\frac{1}{2}$ minutes de la première, et reliée à celle-ci par un
nombre considérable de petites taches disséminées
comme des grains de chapelet. Au nombre d'une soixan-
taine le 3, ces petites taches étaient réduites de moitié
le lendemain, et le 5 il ne restait plus que six groupes,
plus noirs qu'aucun de ceux de l'avant-veille. Deux
points surtout attiraient l'attention sur la tache principale : 1° la *pénombre*, loin d'offrir une teinte homogène,
était très-distinctement composée d'une multitude de
filets lumineux, séparés par des lignes ombrées, et dirigés en rayons, comme si l'ensemble de la substance
lumineuse environnant la tache descendait de toutes
parts vers l'*ombre* centrale; 2° on distinguait dans la
partie occidentale de l'ombre une région notamment
plus obscure encore. Le 7 avril au soir, allongée en
raison de sa position sur la sphère et très-rapprochée

(*) Une seconde angulaire sur la surface solaire représente 165 lieues de diamètre ou 82000 lieues carrées de
superficie.

du bord solaire, la tache flottait au milieu de vastes facules longitudinales.

Mais de toute cette période, la tache dont l'examen et la discussion peuvent être le plus utiles à la théorie de la physique solaire, celle dont les mouvements et les allures ont été le plus instructifs, c'est la tache qui, apparue le 9 mai au bord oriental du Soleil, a offert le phénomène singulier d'une segmentation incontestable, tandis qu'elle arrivait vers le centre du disque, et a disparu par suite de la rotation de l'astre, pendant la nuit du 22 au 23 mai.

L'histoire de la pérégrination de cette tache intéressera sans doute les astronomes qui se livrent à l'étude de la physique solaire.

Le 10 mai (*fig.* 7), voisine du bord, elle se composait essentiellement d'une ombre centrale entourée

Fig. 7.

Le 10.

d'une pénombre, celle-ci étant sensiblement plus large du côté du limbe solaire. La forme générale était allongée selon les lignes nécessairement déterminées par la perspective. Le 11, l'ombre se courbait un peu, tournant

en convexité vers l'intérieur du disque solaire; le 12
(*fig.* 8), une sorte d'anse se dessinait du côté de la conca-

Fig. 8.

Le 12.

Fig. 9.

Le 13.

vité; le 13 (*fig.* 9), cette anse prenait elle-même la forme
d'un bec ouvert; la pénombre était à peu près ronde.

Le 15 mai (*fig.* 10), à côté de l'ombre de la tache apparaît
une seconde ombre, plus petite, et comme rattachée au
bec décrit plus haut, moins bien caractérisé que l'avant-
veille. Or voici le point le plus important. Cette ombre

Fig. 10.

Le 15.

Fig. 11.

Le 16, à midi.

secondaire va devenir le centre et comme le foyer d'une
seconde tache, et cette région se séparera de la tache
principale, dont elle fait partie intégrante et inséparable
le 15.

Que voit-on, en effet, le 16 mai (*fig.* 11), sur cet objet

singulier ? La section de la grande tache où s'est formée une ombre secondaire se sépare petit à petit, se détache, emportant avec elle une partie de la pénombre. A midi, elle n'est pas entièrement détachée, mais tient à la tache principale par une sorte de charnière.

Singulier phénomène ! La segmentation ne se continue pas : elle s'arrête, et bientôt la partie séparée se trouve de nouveau réunie à la tache; la pénombre n'a plus de solution de continuité. C'est ce qui a lieu à 6 heures (*fig.* 12). L'observation qui précède, et qui nous a montré la segmentation, serait-elle une erreur d'optique?

<table>
<tr><td>Fig. 12.</td><td>Fig. 13.</td></tr>
</table>

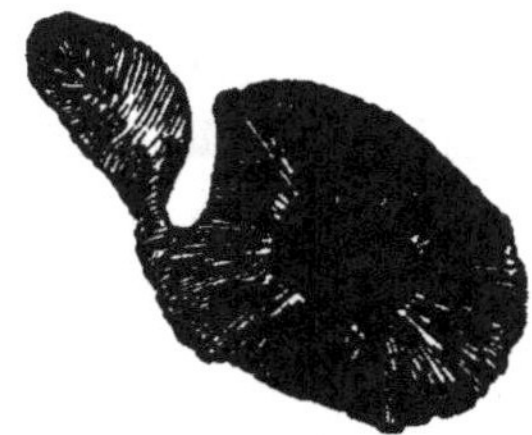

<table>
<tr><td>Le 16, à 6 h. du soir.</td><td>Le 17.</td></tr>
</table>

Non, car le lendemain (*fig.* 13) elle s'est de nouveau séparée. Elle reste rattachée par le même point que la veille pendant toute cette journée. Mais le 18 au matin (*fig.* 14), elle s'est décidément isolée ; dès lors, ce sont deux taches ayant chacune son existence propre. L'intervalle qui sépare les deux pénombres est coupé presque en ligne droite par la substance blanche de l'astre.

Ce n'est pas tout. La section s'est définitivement séparée ; mais elle offre à son tour des variations curieuses.

Le 19 (*fig.* 15), deux ombres se distinguent dans son sein
au lieu d'une. Elle est le siége de mouvements intérieurs
gigantesques sans doute, et dont nous n'observons ici
que de pâles aspects. Cette branche ne s'est séparée

Fig. 14.   Fig. 15.

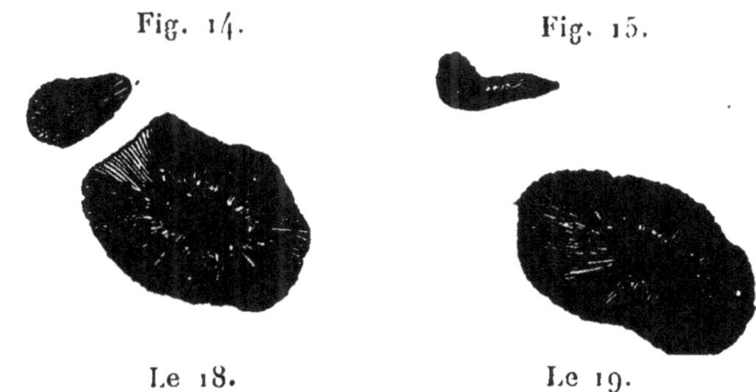

Le 18.   Le 19.

de sa mère que pour en souffrir. Elle est destinée à périr
bientôt, tandis que le foyer principal continuera de régner
sur le disque solaire. Le 20 mai (*fig.* 16), c'est-à-dire

Fig. 16.   Fig. 17.

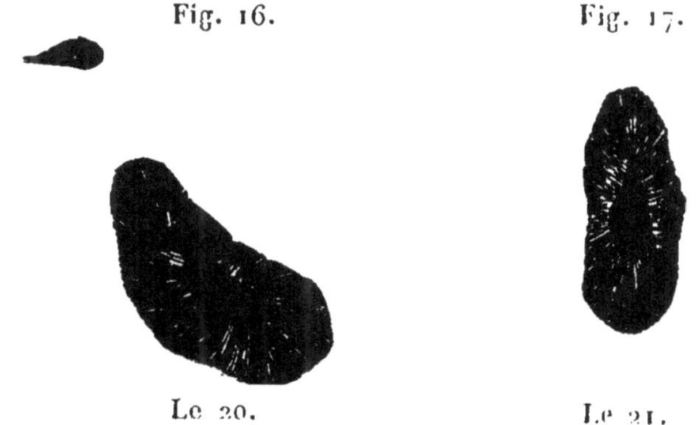

Le 20.   Le 21.

deux jours après la séparation, la petite tache s'éloigne
de plus en plus de la grande, puis se fond dans la sub-

stance lumineuse. Il reste à peine un vestige de la vaste segmentation du 18. Ce n'est plus qu'une ombre à peine sensible, environnée d'une pénombre légère qui s'évanouit.

Il ne restait plus aucune trace le 21 mai (*fig.* 17) de la tache secondaire. La principale demeurait intègre et revêtait de nouveau la forme allongée due à son éloignement sur la sphère; on continuait de distinguer les filets lumineux tracés en rayonnement de l'intérieur à l'extérieur de la pénombre, et qui, dès le 16, au moment de la première segmentation, se comportèrent sur l'une et l'autre tache comme appartenant à deux centres distincts.

Le 21 mai, la tache approchant du bord reprenait sensiblement un aspect analogue à celui qu'elle avait revêtu le 11. De longues traînées de facules lumineuses flottaient

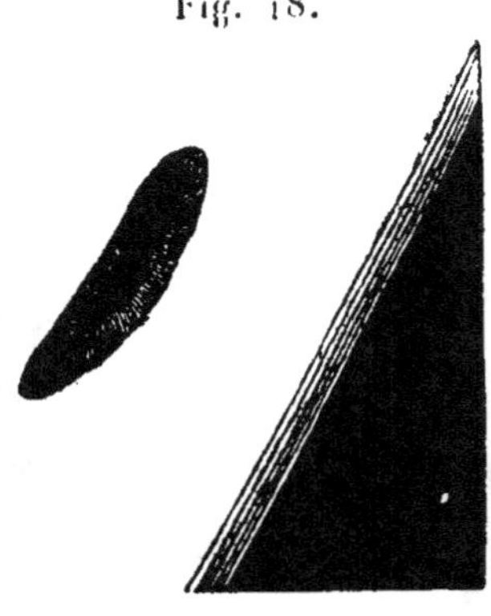

Fig. 18.

Le 22.

autour d'elle. Le 22 (*fig.* 18), elle se dessinait tout au bord, environnée de facules. Sa longueur était restée la même, sa largeur dimiuuait de plus en plus. A $7^h 30^m$, au moment du coucher du Soleil, elle touchait presque le bord comme une mince ellipse noircie à son centre.

On peut suivre exactement l'histoire de cette tache sur les petits dessins qui l'accompagnent. Ils sont ré‑ duits à midi.

L'étendue moyenne de cette tache a été de 5o se‑ condes, ce qui correspond à un diamètre presque trois fois plus grand que celui de la Terre.

On voit que, si l'observation a été complète, cela est dû à plusieurs circonstances fortuitement réunies : d'une part, la segmentation s'est opérée lentement et a eu lieu dans la région de la sphère solaire où l'obser‑ vateur terrestre pouvait la saisir sans déformations ; d'autre part, l'atmosphère de Paris est restée pure pen‑ dant cette période.

Un phénomène analogue de segmentation s'est pro‑ duit lentement, et, après une longue hésitation, les 26, 27, 28 juin suivants, sur une tache qui s'est définitive‑ ment dédoublée le 4 juillet.

J'avais déjà observé de semblables faits, mais les circonstances ne m'avaient pas permis de les constater d'une manière définitive. Quelles conséquences faut-il en tirer sur la mystérieuse nature des taches solaires? C'est, je crois, ce que nous ne sommes pas autorisés à faire encore.

Ces observations ont été faites simultanément à l'aide d'une lunette astronomique et d'un télescope Foucault. Pendant que j'observais à ma lunette, j'ai prié un de mes amis, M. Barnout, dont l'observatoire est dans un autre quartier de Paris (place Saint-Georges), de prendre en même temps les mêmes dessins, afin de les confirmer l'un par l'autre. J'ai toujours pensé qu'une observation faite simultanément par plusieurs observateurs est la meilleure condition pour nous mettre en garde contre toute erreur d'optique ou d'appréciation (*).

Une des taches les plus larges que j'aie observée est celle du 15 août 1868, dont j'ai dit alors quelques mots dans les journaux et dont plusieurs ont reproduit la description sous le titre : *Un point noir*.

Cette tache gigantesque se déployait vers le méridien central de l'astre lumineux. Elle mesurait 1 $\frac{1}{2}$ minute, c'est-à-dire qu'elle était plus de 5 *fois plus large que la Terre*. C'est une dimension fort respectable, et suffisante pour être aperçue dans une simple lorgnette de spectacle, devant l'oculaire de laquelle il faut avoir soin de placer un verre de couleur assez foncé pour éteindre l'éclat des rayons lumineux. On peut même placer simplement entre l'œil et la lorgnette, contre celle-ci, un verre noirci à la fumée.

On pouvait presque la voir à l'œil nu. Ceux qui avaient une lunette à leur disposition ont été récompensés de la diriger sur le disque de l'astre radieux. Ils avaient sous les yeux une image digne du plus haut intérêt, composée essentiellement d'une région centrale noire, et d'une pénombre de forme elliptique planant sur la mer solaire incandescente et agitée. Lorsqu'on songe que si la Terre entière passait ainsi à la surface

(*) Extrait des *Comptes rendus des séances de l'Académie des Sciences* (séance du 13 juillet 1868).

du Soleil on ne saurait l'apercevoir à la distance où
nous sommes de cet astre, même avec une lunette
moyenne, on sent mieux que jamais combien la nature
immense nous surpasse et nous anéantit dans ses phénomènes ; on éprouve un nouveau bonheur intellectuel
à s'occuper de ces études si incomparablement supérieures aux petites choses terrestres.

Dans leur Mémoire qui a pour titre *Recherches sur
la physique solaire*, les savants anglais MM. de la Rue,
Balfourt Stewart et Lœvy exposent qu'il y a une relation évidente entre l'activité solaire et la longitude
écliptique des planètes. Leur première conclusion est
d'établir une connexion entre la manière d'être des taches solaires et les *longitudes de Vénus et de Jupiter*.

On sait que M. Carrington a donné dans son remarquable ouvrage sur le Soleil un diagramme montrant
la distribution des taches solaires en latitude héliogra-
phique. Or, si Vénus et Jupiter ont une influence sur
l'activité solaire, on peut raisonnablement conjecturer
que lorsque ces planètes croisent l'équateur solaire,
l'activité dont nous parlons doit être plus confinée aux
régions équatoriales du Soleil, et que lorsque ces planètes s'éloignent de l'équateur solaire cette activité doit
s'étendre du côté des deux pôles.

Les trois observateurs que nous venons de nommer
ont remarqué dans le diagramme de Carrington la probabilité d'une action de ce genre due à chacune de ces
planètes.

De ces mesures on a pu fournir de nouvelles preuves
à l'appui de la théorie que la position, le nombre, la
grandeur des taches dépendent de la position, et de

la distance des différentes planètes, mais surtout de Vénus et de Jupiter. En poursuivant leurs observations méthodiquement, les auteurs ont d'abord constaté que la grandeur moyenne d'une tache varie avec la longitude *écliptique*, et ensuite que le même état des choses revient *périodiquement*. On sait que M. Wolf, de Zurich, raisonnant d'après l'existence de *périodes* pour les taches solaires, admettait une influence probable de la part des planètes ; M. Wolf partait du nombre des taches. La méthode d'observation des auteurs que nous suivons est différente ; ils considèrent non-seulement le nombre, mais les phénomènes des taches, leurs grandeurs, leurs positions, et la position des planètes qui les influencent. Les auteurs reconnaissaient un retour périodique de 19 à 20 mois dans l'état des taches, c'est-à-dire que les taches se comportent de la même manière de 19 à 20 mois ; et ce qui doit être noté, c'est que le progrès vers le maximum des phénomènes est de gauche à droite, non pas de droite à gauche. La période de 20 mois permet de déterminer laquelle des planètes inférieures exerce le plus d'influence sur les taches solaires. C'est évidemment la planète Vénus dont la période synodique est de 583 jours, entre 19 et 20 mois. On trouve que les positions respectives de Jupiter et de Vénus augmentent ou diminuent l'effet produit par cette dernière planète. Laissant pour une autre fois la théorie de Jupiter à cet égard, les auteurs arrivent, pour Vénus, à la conclusion que voici : « Il paraît que les taches sont le plus près de l'équateur solaire quand la latitude héliocentrique de Vénus est = o", et que les taches sont le plus éloignées de l'équa-

teur solaire lorsque la planète Vénus atteint sa latitude
la plus grande. »

*Comment les planètes influencent-elles la surface du
Soleil?* — La réponse à cette question forme la dernière
partie du Mémoire de MM. Warren de la Rue, Balfour
Stewart et Lœwy. Est-il possible qu'une planète, aussi
éloignée que l'est Vénus ou Jupiter, puisse exercer sur
le Soleil une influence aussi considérable que celle à
laquelle est due la production des taches de vastes dimensions? La chose n'est pas seulement possible, mais
fort probable. Il est constaté que les propriétés d'un
corps, surtout quand il s'agit de lumière et de chaleur,
peuvent être influencées par le voisinage d'un grand
corps. Sur le Soleil, d'après nos auteurs, une telle influence doit être considérable à cause de sa température
élevée, car une barre de fer froide plongée dans un four
fortement chauffé est plus troublée que si on l'intro-
duisait dans un four qui n'est guère plus chaud que la
barre elle-même. Ensuite, l'équivalent mécanique de
l'énergie manifestée par les taches solaires n'est pas
plus dérivé de la planète que ne l'est l'énergie d'une
balle de fusil de la force du doigt qui tire la détente.
Cependant M. Balfour Stewart se demande s'il n'est pas
possible que la planète perde, dans ces circonstances,
une certaine quantité de *mouvement*.

L'état moléculaire du Soleil, comme celui de la poudre
à canon ou de la poudre pulvérisante, paraît être très-
sensible aux impressions extérieures. De plus, d'après
les expériences de Cagniard de Latour, nous savons que,
pour les très-hautes températures et sous de fortes
pressions, la chaleur latente de vaporisation est très-

faible, de sorte qu'un très-petit surcroît de chaleur ferait prendre l'état gazeux à une grande masse du liquide incandescent, et réciproquement. De même une très-petite perte de chaleur occasionnerait à la surface du Soleil une très-grande condensation. Quoique notre Terre ne puisse pas, à cet égard, être aussi sensible que le Soleil, les auteurs se demandent si la Lune n'exerce pas quelque action semblable à la surface de la Terre. L'observation répondrait peut-être affirmativement à cette question.

Notre ancien collègue de l'Observatoire de Paris, M. Chacornac, qui depuis bien des années avait appelé l'attention sur le rapport qui paraît exister entre la période de onze ans des taches solaires et la révolution de Jupiter, et avait également cherché l'influence des planètes sur le Soleil, admet que les taches sont formées par des jets vaporeux lancés de cratères volcaniques de la masse solaire. Il a cherché surtout à discerner quelle analogie peut exister entre le phénomène de dilatation des queues de comètes et celui de l'expansion de certains points de l'atmosphère solaire. Voici le résumé de ces considérations :

« Depuis la grande comète de 1811, on sait que les noyaux cométaires, en se rapprochant suffisamment du Soleil, se dilatent en atmosphères vaporeuses qui s'étendent, jusqu'à une certaine limite, uniformément autour du noyau; puis, passé ces limites, ces vapeurs sont obligées, par une force inconnue, à s'écouler en surface de niveau, dans le prolongement du rayon vecteur, avec une vitesse presque égale à celle de la lumière.

» En expliquant ce phénomène à l'aide des lois phy-

siques, on arrive à ces conséquences : si aucune force
de répulsion émanant du Soleil ne s'opposait à la dilatation de ces atmosphères, elles s'étendraient en tous
sens au moins aussi loin du noyau que l'extrémité de la
queue, puisque la dilatation des gaz dans le vide paraît
être indéfinie.

» L'aigrette de la comète de 1862 se produisait sur
une étendue quatre fois plus grande que le diamètre
de la Terre, dans un temps inappréciable, puisque la
première trace de ce jet vaporeux se montrait faible,
déliée, mais sur toute son étendue, à l'instant où l'on
pouvait l'apercevoir. Ce fait indique que la force d'expansion des gaz est assez considérable pour produire
des effets analogues à ceux d'une force de répulsion
sous l'influence d'une élévation de température, et l'on
est conduit à concevoir des phénomènes semblables
dans la photosphère solaire.

» En examinant ce qui se passe à la limite de l'atmosphère extérieure, où la force d'expansion l'emporte
sur l'attraction solaire, on remarque que ce doit être
un écoulement dans le vide de gaz violemment échauffés
par la photosphère. La distance de cette atmosphère
est, du reste, en accord avec la conséquence des agents
physiques en jeu dans la constitution du Soleil. Ainsi,
au-dessus de la zone pourprée qui apparaît contiguë à
la photosphère pendant les éclipses totales, on observe
qu'il y existe constamment une zone atmosphérique
très-dense réfléchissant une très-vive lumière confon-
due souvent avec la réapparition du disque de l'astre.
C'est de la surface de cette atmosphère que partent, en
divergeant, les rayons de l'auréole solaire, dont la con-

figuration accuse certainement une force d'expansion des gaz dans les espaces planétaires.

» Si l'on calcule avec quelle vitesse d'écoulement se précipite un gaz quelconque dans le vide, on trouve que, sous une simple pression atmosphérique, cette vitesse est supérieure à celle d'un boulet de canon pour une température zéro, et l'on démontre que cette vitesse est dépendante de la densité des gaz, la pression étant insignifiante puisque l'écoulement est d'autant plus rapide que la densité est moindre. Si l'on rapproche ces considérations de celles que l'on donne sur la limite de l'atmosphère des planètes, on verra que, s'il est possible qu'à la température des espaces planétaires il y ait équilibre entre le poids de la dernière couche et l'élasticité de celles qui sont au-dessous, il ne peut en être de même pour une atmosphère vaporeuse exposée à une température de plusieurs milliers de degrés. Du reste, pour qu'une couche limitée pèse, il faut concevoir qu'elle ne puisse plus se dilater dans le vide des espaces, c'est-à-dire qu'elle soit plus dense que celle placée au-dessous ; cette dernière considération a même conduit à envisager mathématiquement cette dernière couche comme étant cristallisée, pour qu'il soit compréhensible que l'atmosphère terrestre, par exemple, soit limitée. Mais à la surface du Soleil cette hypothèse ne peut être admissible ; du phénomène de réincandescence qui produit la photosphère doit évidemment résulter une force d'expansion des vapeurs violemment dilatées suivant des lois inconnues. Par d'aussi énormes températures, nous ne connaissons pas quel coefficient de dilatation ces gaz acquièrent spontanément, mais il

est incontestable que la configuration rayonnée de l'auréole solaire accuse une force de projection dirigée vers
les espaces célestes en s'élançant comme une innombrable
quantité d'aigrettes cométaires.

» Il est probable que cette force d'expansion dirige
les queues des comètes à l'opposé du Soleil, et s'étend à
de grandes distances de l'astre à cause de l'énorme température et de la faible densité des gaz, malgré la masse
supérieure du Soleil. »

En effet, s'il suffit à un noyau cométaire de subir
une température à peu près égale à celle que reçoit la
Terre pour émettre des jets gazeux lançant des particules cométaires à 12000 lieues de distance, les gaz de
la photosphère soumis à une température bien plus
élevée doivent être poussés dans le vide par une énorme
force d'expansion.

Quant à la formation même des taches et des facules,
l'ancien astronome de Paris pense que, dans la formation des taches, les altérations lumineuses des nuages
de la photosphère ont lieu par le contact de fluide émanant des couches centrales de l'astre, tandis que dans
la formation des facules les accroissements lumineux
proviennent des régions supérieures à la photosphère
solaire :

« On pourrait concevoir, par analogie avec ce qui se
passe dans notre atmosphère, que la formation des
nuages lumineux est due à la condensation des gaz qui
forment probablement la majeure partie de l'atmosphère extérieure du Soleil, condensation qui acquer-
rait, comme nuage lumineux, son maximum d'éclat dans
les couches les plus extérieures de la surface resplen-

dissante de l'astre. Enfin, le phénomène des taches indiquerait que ces condensations continuent de s'effectuer jusque dans les profondeurs des cavités, puisque ces nuages, continuant à se rapprocher du corps central, montreraient que leur densité va en croissant, mais qu'alors ils perdent leur éclat à mesure qu'ils pénètrent davantage dans les couches plus profondes.

» Je retrouve, dans un Mémoire publié récemment en Angleterre, la série des faits que j'ai exposés dans diverses Notes adressées à l'Académie :

» 1° La constatation que les nuages de la photosphère sont soudés entre eux ;

» 2° Que, sur 205 groupes de taches observées, j'en ai remarqué 190 entourés de facules dont la bordure de la pénombre était principalement entourée par des zones concentriques ;

» 3° Que les facules se précipitent dans la cavité des taches, s'y engloutissent avec une vitesse de 410 mètres par seconde, par un mouvement mécanique indépendant des phénomènes de condensation de la matière photosphérique ;

» 4° Que les groupes de taches sont allongés dans le sens des parallèles, et que la tache qui précède toutes les autres est ordinairement la plus sombre et celle qui se rapproche le plus de la forme circulaire ;

» 5° Que les émissions des gaz qui produisent les taches ont lieu par périodes intermittentes, entre lesquelles la photosphère tend à se reconstituer par voie de condensation de la matière lumineuse ;

» 6° Que la pénombre de la première tache est généralement circulaire du côté du premier bord de l'as-

tre, étroite et nettement définie, tandis que du côté
opposé elle s'étend en traînées, en filets déliés ou en
fissures, le long desquelles sont distribuées les autres
taches du groupe.

» En outre, la structure des pénombres récemment
formées est différente de celle des pénombres rayonnées
qui paraissent se constituer ainsi par l'effet de la pesanteur, tandis que, lorsqu'elles se forment, elles présentent l'apparence d'une écume floconneuse. »

Dans une lettre plus récente, le même astronome
nous fait part de nouvelles remarques, que nous croyons
utile de porter à la connaissance de nos lecteurs :

« Je prends la liberté, dit-il, de vous renseigner sur
deux faits nouveaux; l'un est prévu, il est vrai, par ma
Note autographiée que j'ai eu l'honneur de vous adresser : il s'agit d'expliquer et de prévoir la cause de l'apparition du minimum des taches solaires. Je crois avoir
montré que l'influence attractive de Jupiter dans son
périhélie suffisait à expliquer les phases de ce curieux
phénomène. Cette idée d'une perturbation des fluides
de l'atmosphère solaire par les attractions planétaires
date de l'année 1856, époque à laquelle je communiquai
à notre ami M. Liais, que la durée de 11 $\frac{3}{4}$ ans d'un
retour à deux minima de taches solaires devait être
rattachée à une relation quelconque avec la révolution
de Jupiter, la plus grosse masse planétaire, attendu que
précisément la révolution de cette planète est d'environ
12 ans. Je suis revenu sur cette cause à plusieurs reprises, et lorsque M. Wolff, de l'Observatoire de Zurich,
eut découvert une relation entre les ascensions droites
des diverses planètes et le nombre des taches que pré-

sente le Soleil, je ne pus obtenir de notre ancien directeur de l'Observatoire de faire insérer mon Mémoire dans le *Bulletin*. Nous avions cependant calculé les masses des planètes troublantes, et nous avions vu que Vénus fait $\frac{1}{8}$ de la masse de Jupiter. M. Liais opinait pour une force diamagnétique de la planète, je soutenais que c'était une force attractive : seulement à cette époque je pensais que l'approche de cette grosse masse planétaire agit sur le noyau obscur du Soleil, et cause le phénomène volcanique qui produit les taches. C'est l'explication de ce phénomène, antérieure à celle de M. Warren de la Rue, que je vous ai adressée dans diverses Notes, particulièrement après la publication du premier volume de vos *Études et Lectures sur l'Astronomie*.

» Je ne crois pas que l'attraction des planètes provoque, ainsi que le pense le docteur Phipson, un développement de lumière, mais leur action peut établir, par les marées atmosphériques qu'elles déterminent, un équilibre de rayonnement que la force centrifuge détruise dans la région équatoriale du Soleil par suite de son mouvement de rotation.

» L'autre fait est le résultat capital qui ressort de l'investigation à laquelle je me suis livré durant la dernière éclipse de Soleil du 6 mars 1867. Dans mes études sélénographiques, j'ai reconnu qu'il y a eu sur la Lune un déluge postérieur à la précipitation des fluides de l'atmosphère lunaire, et par conséquent que les gaz qui ont dû faire éruption dans le vide ont produit une atmosphère à notre satellite en se répandant autour. Cependant, malgré l'étude spectroscopique faite à l'aide d'un télescope de 40 centimètres d'ouverture, j'ai acquis la certitude que les raies telluriques du spectre ne changent pas quand la lumière du Soleil traverse cette atmosphère lunaire dans le sens du bord où se trouve la plus grande épaisseur par rapport à la Terre. »

A propos d'hypothèse sur ces points importants de la physique de l'univers, nous ajouterons à la communication de l'astronome de Villeurbanne un extrait d'une lettre de M. André, de Saint-Étienne, nous présentant quelques considérations curieuses sur la lumière et la chaleur solaires.

« Passionné pour l'astronomie, nous écrit-il, je me suis récemment livré à des recherches relatives à divers problèmes, et je viens vous soumettre quelques conjectures sur la constitution physique du Soleil. Je vois dans vos ouvrages que l'hypothèse de la fluidité incandescente gagne de plus en plus; j'ai adopté *à priori* cette hypothèse comme étant beaucoup plus simple et rendant beaucoup mieux compte de l'immense quantité de chaleur et de lumière du Soleil. En effet, l'hypothèse de la photosphère et des différentes enveloppes, tout en étant très-compliquée et basée sur des propriétés de la matière dont rien ne nous offre l'exemple dans ce qui nous entoure, ne donne pas une base solide à la durée que nous aimons à attribuer à notre étoile. En réfléchissant sur ce sujet, j'ai trouvé un raisonnement qui me paraît concluant en faveur de l'hypothèse de la fluidité : si la Terre est fluide à quelques lieues de sa surface, le Soleil doit l'être actuellement, et le sera longtemps encore dans sa totalité. En effet, en admettant une température initiale égale pour le Soleil et pour la Terre, le Soleil, étant 1400000 fois plus gros que notre planète, doit mettre 1900 billions de fois plus de temps pour arriver à la température de celle-ci, et par conséquent il est fluide pour longtemps encore.

» Quant à l'explication des taches par les scories, qui ne me paraît pas douteuse, ne pourrait-on pas rendre compte de la pénombre, en conciliant les deux hypothèses des scories et des nuages? Ceux-ci se formant au-dessus des scories, par suite du refroidissement qu'elles produisent, déborderaient naturellement de toutes, en formant ainsi la pénombre. L'apparence d'excavation tient peut-être à ce que les couches de l'atmosphère situées au-dessus des taches, renvoyant peu de lumière, ne sont pas visibles, tandis que tout autour elles deviendraient un peu lumineuses. »

A ces différents aspects, l'auteur ajoute son opinion sur l'alimentation du Soleil par la chute des corpuscules météoriques :

« Si des corps tombent dans le Soleil, dit-il, c'est après avoir parcouru des cercles se resserrant de plus en plus et dont le dernier se confond avec l'équateur de l'astre. Or, arrivés là, les corps, suivant le mouvement de rotation du Soleil, ne perdent pas leur mouvement et, par suite, ne le transforment pas en chaleur. Au surplus, il tombe aussi des corpuscules à la surface de la Terre : produisent-ils cette chaleur qu'on leur attribue? Il ne semble pas. (On ne peut contester néanmoins que la chute des aérolithes ne développe une certaine somme de chaleur.) En admettant la fluidité ignée du Soleil, on n'est pas obligé d'avoir recours à toutes ces petites hypothèses pour expliquer sa chaleur. »

En terminant sa lettre, M. André nous assure qu'il viendra un jour où la surface du Soleil se solidifiera comme celle de la Terre, et que, sans doute, toutes les étoiles subiront le même sort, plus ou moins vite, selon leur grosseur. Il y aurait alors une nuit universelle, ou bien tous ces corps réduits de nouveau en vapeurs, recommenceraient à se condenser et à former d'autres planètes et d'autres Soleils!

Ceci devant se passer dans un lointain bien nébuleux, nous ne permettrons pas à nos esprits de s'égarer jusque-là.

Un dernier mot sur l'observation du Soleil.

Nos lecteurs savent que notre regretté Léon Foucault avait imaginé un nouveau procédé pour affaiblir les rayons du Soleil au foyer des lunettes. Ce procédé consiste à argenter d'une mince couche la surface extérieure de l'objectif. Il n'y a rien de changé aux oculaires, et le micromètre reste en place avec les fils. Par ce moyen fort simple (mais qui sacrifie momentanément les lunettes aux seules observations solaires), l'instrument est protégé contre l'ardeur des rayons, qui vont presque totalement se réfléchir vers le ciel, tandis qu'une faible partie de lumière bleuâtre traverse la couche de métal, se réfracte à la manière ordinaire, et va former au foyer une image calme et pure, que l'on peut observer sans danger pour la vue. L'observateur n'est plus exposé à voir (comme cela nous est arrivé plusieurs fois) le verre échauffé de l'oculaire se briser soudain, et exposer l'œil à l'action directe des rayons solaires.

Il était intéressant de constater si l'expérience, répétée sur un grand instrument, donnerait les résultats que semblait promettre un premier essai. C'est ce qui a été fait avec un soin attentif.

L'Observatoire possède un équatorial dont la lunette admet un objectif de 25 centimètres. D'un autre côté, M. Secretan a également en chantier un objectif du même diamètre, qui, sans être complétement terminé, est déjà arrivé à un certain degré de perfection. C'était une excellente occasion pour faire un second essai sans entraver le courant des observations. La surface extérieure du crown a été argentée sous l'épaisseur voulue, et, mettant le Soleil à l'épreuve, on a pu constater que son image est débarrassée de presque toute la chaleur et de l'excès de lumière qui en rendaient l'observation difficile et dangereuse. L'interposition de la couche d'argent ne paraît aucunement altérer les propriétés optiques de l'objectif; elle diminue seulement l'intensité de la lumière transmise, sans troubler la marche des rayons, et sans produire de diffusion sensible. On a pu appliquer un grossissement de 300. On distingue alors dans les taches solaires ces nombreux détails qui ont été décrits et figurés par les observateurs les plus expérimentés. La surface entière de l'astre se montre parsemée d'un pointillé irrégulier, dont les éléments peuvent se classer en différentes grandeurs et se groupent en constellations diversement configurées. A mesure que l'image s'améliore, on échappe à l'illusion d'une structure régulière, comme celle qui re-

sulterait de l'agglomération d'éléments identiques juxta-
posés ou enchevêtrés les uns avec les autres. Il y a de
ces instants de netteté fugitive qui amènent la résolution des parties ombrées, et qui font souhaiter de recourir à l'emploi d'instruments de plus en plus puis-
sants.

Tous les éléments du spectre visible figurent, à peu
de chose près, dans la lumière transmise ; on peut compter qu'aucun détail de coloration ne passera inaperçu.

La découverte de Foucault nous permettra peut-être
enfin de sonder cet astre à la fois si brillant et si mystérieux. Nous avouons cependant que si l'objectif argenté sauvegarde la rétine des astronomes, il jette un
véritable voile à la face de l'astre observé. Ces deux
caractères sont inévitablement opposés. Si le Soleil est
puissant, les successeurs de l'ingénieux physicien s'ef-
forceront de l'être assez pour amener la couche d'argent
au juste milieu où la transparence et l'efficacité se don-
neront la main.

III

CONJONCTION DES PLANÈTES MERCURE, VÉNUS ET JUPITER EN FÉVRIER 1868.

Pendant les dernières semaines de janvier 1868, on remarquait deux brillantes étoiles étincelant dans le ciel occidental après le coucher du Soleil. Ces deux astres éclatants se sont successivement rapprochés presque au point de paraître se toucher en réunissant leur rayonnante lumière ; puis ils se sont séparés avec lenteur, et pendant les premiers soirs de février, se sont éloignés à vue d'œil l'un de l'autre, avec une vitesse de plus en plus grande. Radieux comme des étoiles de première grandeur, ces deux astres n'étaient pourtant pas, à parler exactement, des *étoiles*. C'étaient deux *planètes*, deux mondes sans lumière propre, reflétant celle qu'ils reçoivent du Soleil, appartenant au système solaire, dont la Terre est l'un des mondes les plus modestes, et qui, dans leur parcours à travers l'espace, sont venus se rencontrer fortuitement sur une même ligne visuelle. Les mouvements particuliers qui emportent chacune des planètes se dessinent sur la voûte céleste, aux yeux de l'habitant de la Terre, suivant des courbes variées, résultant des perspectives changeantes que forme la combinaison du mouvement annuel de la Terre avec chacun d'eux. Il en résulte par conséquent que les positions relatives des planètes entre elles ne restent jamais les mêmes. Parfois il arrive que deux d'entre elles viennent, en raison de leur vitesse différente, se projeter accidentellement sur un même point de notre ciel. C'est le fait qui s'est produit en 1868, qui a été visible non-seulement à Paris, mais sur toute la France, dans toute l'Europe et sur la Terre entière, et qui, en attirant les regards des hommes, a réveillé leur attention et leur curiosité sur les deux mondes errants qui semblaient ainsi se reconnaître au milieu de leur route obscure et silencieuse. Ainsi, pour les habitants de Mars, la Terre, semblable à notre Vénus, se croise parfois avec Jupiter dans les sentiers du ciel, et le soir, au milieu de leurs causeries, ces hommes inconnus se demandent sans doute (comme nous nous le demandons nous-mêmes pour Vénus) si cette terre lointaine est habitée par des êtres intelligents qui cultivent l'astronomie, les sciences exactes, les arts, et vivent en paix au sein d'une nature luxuriante et maternelle.

Remarquons à ce propos que la planète que nous habitons, et dans laquelle nous sommes portés à voir le centre privilégié de l'Univers, est tout à fait invisible, et par conséquent inconnue pour *toutes les étoiles* du ciel. Parmi les planètes, il en est quatre qui connaissent l'existence de cette Terre : ce sont Mercure, Vénus, Mars et Jupiter. Pour celui-ci même, le fait est douteux, attendu que notre Terre n'est, dans ses meilleures situations, dans ses plus longues élongations du Soleil, qu'une pâle étoile cachée encore dans le voisinage de l'astre radieux, et offrant dans leurs lunettes (s'ils ont des lunettes) l'aspect d'une petite lune dans son premier et dernier quartier ; encore ce petit astre ne devient-il visible que quelques minutes avant leur lever de Soleil ou quelques minutes après le coucher, suivant les pé-

III.

riodes. La raison de ces apparences provient de ce que, pour les habitants de Jupiter, qui voyagent à plus de 198 millions de lieues du Soleil, la Terre, qui gravite à 37 millions de lieues de ce même astre, se trouve réduite, par la perspective, à ne paraître osciller que dans le voisinage immédiat de cet astre. Ainsi il est fort douteux que les habitants de Jupiter connaissent l'existence de notre globe, et il est beaucoup plus douteux encore qu'ils puissent s'imaginer un seul instant que ce petit globe, si voisin du Soleil et 1400 fois plus petit que le leur, soit habité par des gens raisonnables. Les critiques de l'endroit répondent sans doute à cette supposition que si cette petite maison est occupée, ce ne peut être que par des cerveaux brûlés. Enfin, pour Saturne, situé à 364 millions de lieues du Soleil, la Terre n'est plus qu'une petite tache noire, imperceptible, traversant de temps en temps le disque de l'astre lumineux qui, par parenthèse, est cent fois plus petit pour eux que pour nous et ne leur donne que cent fois moins de lumière. La meilleure réputation que nous puissions avoir chez les Saturniens est donc le titre de petite tache noire, petite saleté, petite scorie du Soleil, et encore ce titre ne peut-il être décerné qu'à notre globe entier, et non pas à nous-mêmes dont l'existence ne peut être soupçonnée par ces êtres auxquels nous sommes si complétement étrangers. Quant à Uranus et à Neptune, notre Terre en reste éternellement ignorée et n'existe en aucune façon pour leurs habitants. — Ce simple coup d'œil nous montre que nous ne sommes pas aussi importants que nous croyons l'être.

Pour en revenir à nos deux planètes, Jupiter et Vénus,

qui viennent de passer l'une près de l'autre dans notre ciel et d'attirer nos regards et nos pensées vers l'explication de leurs mouvements, nous dirons d'abord que Jupiter emploie douze ans à faire le tour du ciel ; il ne paraît donc marcher qu'avec une extrême lenteur, et semble occuper la même région du ciel pendant toute une saison. Sorti en 1867 de la constellation zodiacale du Capricorne, il habite en 1868 dans celle du Verseau, qu'il doit occuper jusqu'à la fin de l'année.

Vénus, au contraire, dont le cours complet s'effectue en deux cent vingt-quatre jours, s'avance parmi les constellations avec une rapidité sensible à l'œil nu d'une soirée à l'autre. On sait qu'elle ne s'éloigne jamais beaucoup du Soleil, puisque son orbite est, avec celle de Mercure, renfermée dans l'orbite de la Terre. Au 1er janvier, elle se couchait à 6^{h}9^m du soir, le Soleil se couchant à 4^{h}11^m. Le 20, elle se couchait à 7^{h}9^m, le Soleil se couchant à 4^{h}36^m. Le 1er février, elle s'est couchée à 7^{h}41^m, le coucher du Soleil ayant lieu à 4^{h}55^m. Le 20 février, Vénus se couchait à 8^{h}36^m, et le Soleil à 5^{h}26^m. De plus, sa marche était très-rapide dans le ciel. Elle était le 1er janvier dans le Capricorne, à l'est de β. Le 1er février, elle était au milieu de la constellation du Verseau. Le 1er mars, elle traversait les Poissons. Le 1er avril, elle sortait du Bélier pour entrer dans le Taureau au-dessous des Pléiades. On voit combien sa marche est rapide. Or c'est en traversant le Verseau, où semblait stationner tranquillement Jupiter, qu'elle s'est approchée de ce vaste monde presque au point de se projeter sur lui et de l'éclipser.

Ce rapprochement est extrêmement rare et n'arrive

pas une fois tous les siècles. L'histoire de l'astronomie n'a mentionné jusqu'à présent aucun passage exact de Vénus sur Jupiter. Un fait analogue seulement s'est présenté le 3 octobre 1590, à 5 heures du matin : Vénus se rapprocha de Mars au point de passer juste sur cette planète et de l'éclipser totalement.

C'est dans la belle soirée du 31 janvier que l'on a le mieux remarqué, à Paris, le rapprochement curieux des

Fig 19.

deux plus brillantes planètes de notre système. Voici quelle position Vénus et Jupiter (*fig.* 19) occupaient dans le ciel occidental ce même jour, à 7 heures du soir.

Une heure après le coucher du Soleil, on admirait dans le ciel du soir ces deux astres éclatants, éclipsant leurs voisins par leur pure lumière. Vénus, qui, la veille était à droite de Jupiter, brillait alors à sa gauche avec un éclat supérieur et unique. La Lune, à la veille de son premier quartier, répandait sa blanche lumière à une distance orientale qui sauvait l'éclat individuel des deux planètes : elle trônait pacifiquement à cette heure dans la constellation du Bélier. On distinguait au nord des deux planètes le carré de Pégase, à l'ouest de l'Aigle gardant les rives de la voie lactée; au sud, Fomalhaut; à l'est, au delà de la Lune, les Pléiades, Aldébaran, Orion et Sirius. Cette soirée fut l'une des très-rares que le ciel de Paris accorde à ses observateurs, car la meilleure moitié des soirées de l'année est interdite aux observations par les voiles atmosphériques, et les amateurs de spectacles célestes qui ont eu la bonne inspiration de profiter de ces heures de ciel pur auront ainsi choisi en même temps le moment le plus favorable pour l'étude du rare phénomène.

En examinant la route réciproque des deux planètes, on reconnaît qu'en raison du mouvement plus rapide de Vénus, le minimum de la distance des deux astres a eu lieu le 3o janvier à minuit. Pour mieux apprécier les deux routes, nous avons tracé la petite carte suivante (*fig.* 20), qui donne, de six heures en six heures, la marche de Vénus et de Jupiter à l'époque dont nous nous occupons, c'est-à-dire du 3o janvier au 1er février.

La distance angulaire de Vénus à Jupiter a été réduite à 20′ le 3o à minuit. Le 31 à 6 heures du soir, au moment représenté par notre première carte, la

Fig. 20.

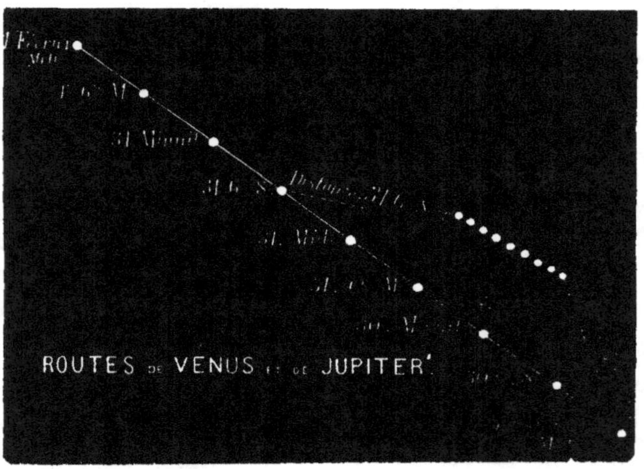

distance était de 47′. Le diamètre moyen du Soleil étant de 32′, on voit que, malgré le rapprochement apparent, on aurait encore pu facilement placer cet astre entre les deux planètes. Nos lecteurs savent qu'il s'agit ici de mesures angulaires prises de la Terre, c'est-à-dire de perspectives dues à la position fortuite de Vénus près du rayon visuel mené de l'œil d'un observateur ter-restre à Jupiter, et qu'en réalité ces deux planètes ne se sont pas rapprochées dans leur cours. Le 31 janvier, Vénus était à 27 697 600 lieues du Soleil, et Jupiter à 190 156 000. Le même jour, Vénus était à 52 375 000 lieues de la Terre, et Jupiter à 221 783 700 lieues de notre planète. On voit par ces distances réelles que le rapprochement apparent des deux mondes relativement à l'observateur situé sur la Terre est tout à fait étranger aux distances absolues qui ont toujours placé entre eux un désert de plus de 160 000 000 lieues.

Voici du reste la position respective de Vénus et de Jupiter sur leurs orbites réciproques (*fig.* 21). On voit facilement par cette figure que leur voisinage apparent

Fig. 21.

dans la constellation zodiacale du Verseau est un simple effet de perspective, dû à la situation de Vénus sur la ligne menée de l'œil de l'observateur terrestre à Jupiter.

Quoiqu'elle ne fût pas dans sa période de plus grande proximité de la Terre, car sa conjonction inférieure n'arriva que le 16 juillet, Vénus était néanmoins assez brillante pour être visible à l'œil nu immédiatement après le coucher du Soleil, alors que la lumière diffuse répandue dans l'atmosphère était encore assez intense pour lire et écrire facilement. Aux périodes de sa conjonction inférieure, on la distingue souvent en plein jour. Varron rapporte qu'Énée, dans son voyage de Troie en Italie, apercevait constamment cette planète malgré la présence du Soleil au-dessus de l'horizon. Si le fait était historique, connaissant l'année probable de ce voyage, on pourrait reconnaître par le calcul le mois dans lequel il s'est accompli. Pour descendre d'un héros antique à un conquérant plus moderne et dont le nom, sans doute ne vivra pas moins longtemps, l'astronome Bouvard a raconté à Arago qu'un jour Napoléon (alors simplement général Bonaparte), se rendant au palais du Luxembourg où le Directoire devait lui donner une fête, fut très-surpris de voir la foule réunie dans la rue de Tournon, porter ses regards attentifs vers le ciel plutôt que sur sa personne. De brillants satellites tournoyaient cependant autour du nouvel astre, et l'or et la broderie des costumes officiels ont toujours eu le privilége de s'attacher l'œil du vulgaire. Bonaparte questionna un aide de camp, et apprit que les curieux voyaient avec étonnement, quoique ce fût en plein midi, une étoile qu'ils prenaient pour celle du vainqueur de l'Italie, — allusion à laquelle le grand capitaine ne sembla pas indifférent, lorsque lui-même de ses yeux perçants eut remarqué l'étoile de Vénus, car c'était simplement elle.

L'une des observations les plus intéressantes du 30 et du 31 janvier a été de profiter de la réunion des deux astres dans le champ d'une lunette pour comparer leur éclat réciproque (*fig.* 21). Je ne puis donner de cette comparaison une image plus frappante qu'en disant que la lumière de Vénus, à côté de Jupiter, faisait absolument l'effet d'une lumière électrique à côté d'un bec de gaz. Vénus était blanche et limpide comme un diamant lumineux ; Jupiter était, à côté, jaunâtre et presque rouge. Cependant le disque de cette planète était presque trois fois plus large que celui de Vénus. Le petit disque de Vénus était d'une blancheur presque uniforme ; mais on distinguait nettement sur Jupiter les bandes nuageuses tropicales qui, sillonnant cette planète de chaque côté de son équateur, offraient l'image représentée plus loin.

Vénus présentait un disque circulaire, comme celui de Jupiter, car elle était dans cette partie de sa période que l'on peut comparer au jour qui suit la pleine Lune. Son diamètre était alors de 12″, et celui de Jupiter de 34″ et demie.

Pendant que j'observais Jupiter, le premier satellite, ou la première Lune de ce monde lointain, se rapprochant jusque contre les bords du disque de la planète, a disparu derrière ce disque. Le 3ᵉ et le 4ᵉ satellites, étant également à droite de la planète (image renversée), s'en éloignaient. Le second, placé à gauche, s'en rapprochait.

Pour nous résumer en terminant, ajoutons que cette

rencontre apparente de Vénus et de Jupiter, due à la perspective, cette conjonction des planètes de l'étain et de l'airain dans le Verseau, constellation « légère, chaude et humide, » aurait été interprétée, sous le règne de l'astrologie, comme un signe céleste destiné à servir d'avertissement aux habitants de la Terre, et à servir aussi plus ou moins la politique des rois de ce monde. Aujourd'hui nous reconnaissons simplement là une conséquence naturelle de la marche des planètes, dénuée de toute influence comme de toute signification. Son résultat le plus direct, et le plus intéressant sans doute, aura été d'appeler notre attention sur ces deux mondes, dont l'un est égal à la Terre par son volume, par son poids, par ses jours et ses saisons, par son rôle dans le système ; dont l'autre est bien supérieur à notre séjour par son importance astronomique, par l'harmonie constante de ses climats et la durée de ses années, par l'étendue de sa surface, par le nombre de ses satellites, etc. Ce spectacle accidentel aura servi à quelque chose, s'il nous a donné l'occasion d'apprendre que la Terre où nous sommes a des sœurs voguant avec elle dans l'étendue, et qu'il y a dans le ciel d'autres terres... où d'autres êtres songent comme nous à la nature de la création et à la destinée des mondes et des hommes.

Voilà donc une première conjonction effectuée le 31 janvier.

La distance angulaire des deux astres au point minimum a été réduite à 20 minutes (aux deux tiers du diamètre apparent du Soleil).

De soir en soir Vénus s'éloigna davantage de Jupiter,

celui-ci s'abaissant chaque soir de meilleure heure vers l'horizon, celle-là marchant vers le haut du ciel et vers l'est.

Mais bientôt une nouvelle planète se dégagea à son tour des rayons du Soleil couchant et s'éleva comme Vénus vers le point du zodiaque occupé par Jupiter.

C'était la planète Mercure, voisine du Soleil, la plus difficile à observer de toutes les planètes visibles à l'œil nu, celle qui fit le désespoir de tant d'astronomes, et qui, toujours éclipsée dans le rayonnement de l'astre du jour ne se montre qu'à de rares intervalles aux habitants de la Terre. Le rénovateur du système du monde, Copernic, disait, sur son lit de mort, qu'il allait « descendre dans la tombe avant d'avoir jamais découvert la planète. » Et pourtant, c'est par sa discussion sur le mouvement de Mercure qu'il avait inauguré ses recherches et ses convictions sur l'état réel du système du monde.

Le 10 février, Mercure arriva, par l'ouest, à une distance égale à celle où Vénus se trouvait à l'est, relativement à la position de Jupiter. Il y eut donc ce jour-là, selon l'expression des astrologues, une conjonction des trois planètes dans la même région du ciel. Voici, en effet, quelle était la position des trois mondes sous l'écliptique dans la soirée du 10 février (*fig.* 22).

Fig. 22.

POISSONS.	*Écliptique.*	VERSEAU.
♀	♃	☿
Vénus.	Jupiter.	Mercure.

Positions respectives de Vénus, Jupiter et Mercure
le 10 février 1858.

La distance angulaire de l'une à l'autre était de 9 degrés. A cette date Mercure n'était pas encore visible. Cinq jours plus tard, le 15, on pouvait espérer le distinguer immédiatement après le Soleil couchant, car il ne descendait sous l'horizon qu'à 6^{h}49^m, c'est-à-dire 1½ heure après le coucher du Soleil. Mais les nuages dont l'atmosphère de Paris, si peu bienveillante pour les astronomes, fut constamment couverte, déjouèrent l'attente. Il en fut de même de la soirée du 16; vaine espérance! Enfin, le 17, connaissant la position de Mercure, j'ai pu, à 6 heures, braquer ma lunette sur le point du ciel qu'il devait occuper, et je ne tardai pas à rencontrer, non sans émotion, la planète capricieuse, planant comme une étincelle rougeâtre dans l'atmosphère encore lumineuse du crépuscule. Des personnes qui étaient avec moi partagèrent mon attente, et, en récompense, mon émotion.

Une nouvelle faveur nous attendait. La planète passait alors tout près de Jupiter, et nous avons eu le

Fig. 23.

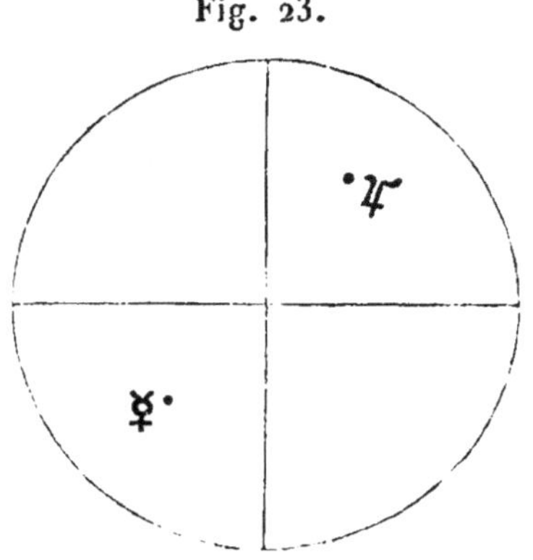

plaisir de les avoir toutes deux dans le champ, non de notre lunette, mais du chercheur. Nous représentons (*fig.* 23) le champ du chercheur au moment de cette observation.

L'image y est renversée, comme dans toutes les lunettes astronomiques. L'étoile du haut, Jupiter, se trouvait en réalité en bas, et Mercure en haut.

Cette soirée du lundi 17 février donne le moment où Mercure fut à sa plus grande proximité de Jupiter. Sous la forme d'une petite étoile rougeâtre, il brillait à un degré et demi (3 fois la largeur du Soleil) au-dessus de Jupiter encore éclatant comme une étoile de première grandeur.

Vénus, parvenue alors à une plus grande hauteur, étincelait d'un éclat sans pareil, qu'elle a conservé pendant les semaines suivantes en continuant de trôner dans notre ciel du soir. Coïncidence curieuse, cet astre splendide marquait précisément, cette soirée du 17, le point où l'écliptique coupe l'équateur, l'équinoxe du printemps, où le Soleil est arrivé le 20 mars à $7^h 53^m$ du matin.

Alors, Jupiter et Mercure brillaient à côté l'un de l'autre à l'horizon occidental, et Vénus étincelait beaucoup plus haut, au sud-ouest.

A $6^h 52^m$, Jupiter descendit le premier sous l'horizon. Deux minutes après, Mercure disparaissait lui-même.

Le 18, quoique l'éclat du ciel permît, pendant l'après-midi, d'observer le Soleil, et de dessiner deux immenses groupes de taches fort curieuses, les nuages qui s'amoncelèrent après le coucher du Soleil interdirent une nouvelle observation de Mercure. Ainsi, la seule soirée qui nous ait été favorable fut heureusement celle de la conjonction de Mercure avec Jupiter. C'est ainsi que les

Fig. 24.

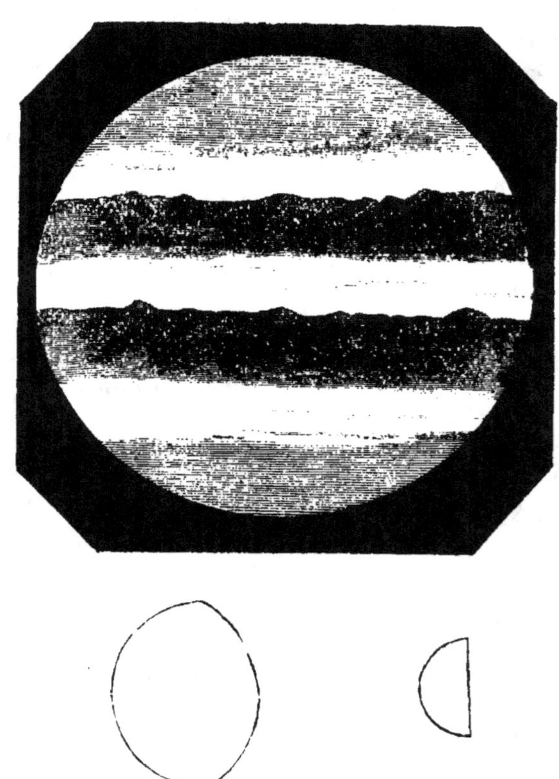

Disques comparés de Jupiter, Vénus et Mercure.

astronomes qui ont résolu de suivre les phénomènes célestes doivent être sans cesse à la piste des rares heures de transparence atmosphérique.

Quelques observations purent être faites pendant les soirées suivantes ; mais les deux planètes descendaient de plus en plus rapidement sous l'horizon, se voilant dans la clarté du crépuscule et dans la brume des régions inférieures.

On put comparer en même temps Vénus et Sirius, et constater la grande supériorité de l'éclat de Vénus.

Examinées au télescope, les trois planètes, Jupiter, Vénus et Mercure, se sont présentées sous les aspects dessinés à la *fig.* 24. Jupiter offrait un disque circulaire de 33″8 de diamètre, traversé par les bandes nuageuses tropicales ; Vénus, un disque échancré, comme la Lune trois jours après la pleine Lune et mesurant 13″ ; Mercure, un demi-disque, comme la Lune à son dernier quartier et mesurant 7″. Cette différence de figure des trois planètes n'était pas la moins curieuse observation.

Nous avons expliqué, à différentes reprises, les mouvements apparents des planètes. En appliquant ces explications à la planète Mercure, on reconnaîtra que lorsque Mercure se dégage le soir des rayons du Soleil, lorsqu'il se couche peu de temps après cet astre, son mouvement est dirigé de l'occident à l'orient par rapport aux étoiles. Lorsque sa distance apparente au Soleil a atteint une valeur qui, au maximum, peut s'élever jusqu'à environ 29 degrés, qui, au minimum, s'abaisse à peu près à 16 degrés, et qui d'ordinaire n'est guère que de 23 degrés, la planète paraît se rapprocher du Soleil ; on dit alors que la planète est située dans sa plus grande *élongation*. Son mouvement devient ensuite rétrograde, ou dirigé de l'orient à l'occident par rapport aux étoiles.

Ce mouvement se continue, et Mercure se replonge dans la lumière crépusculaire où il disparaît, du moins pour un observateur dépourvu de lunette.

Si, quelques jours après, on porte le matin ses regards vers le point de l'horizon où le Soleil doit se lever, on aperçoit un astre ayant un mouvement rétrograde ou dirigé de l'orient à l'occident, qui de jour en jour s'éloigne davantage du Soleil jusqu'au moment où il en est distant de 23 degrés ; alors le mouvement, relativement aux étoiles, s'arrête ; après une courte station, l'astre reprend une marche dirigée de l'occident à l'orient, et disparaît quelque temps après dans la clarté qui constitue l'aurore.

La durée d'une oscillation apparente complète de Mercure par rapport au Soleil, dit Arago, c'est-à-dire le temps qu'il emploie pour aller de sa plus grande digression orientale à sa plus grande digression occidentale et revenir ensuite à sa première position, varie de cent six à cent trente jours.

Lorsque Mercure est au-delà du Soleil relativement à la Terre, et que de plus il passe au méridien à peu près à la même époque que lui, on dit qu'il est en *conjonction supérieure*. Il se trouve en *conjonction inférieure* quand il est situé entre le Soleil et la Terre, ces trois corps étant contenus dans un même plan perpendiculaire au plan de l'écliptique ; il est évident que pendant la conjonction inférieure Mercure passe aussi au méridien en même temps que le Soleil.

« Il a fallu sans doute, dit Laplace, une longue suite

d'observations pour reconnaître l'identité de deux astres que l'on voyait alternativement, le matin et le soir, s'éloigner et se rapprocher alternativement du Soleil ; mais comme l'un ne se montrait jamais que l'autre n'eût disparu, on jugea enfin que c'était la même planète qui oscillait de chaque côté du Soleil. »

Le plan de l'orbite de Mercure forme avec le plan de l'écliptique un angle de 7°0′5″. En raison de cette inclinaison, Mercure est loin de passer devant le disque du Soleil à chacune de ses conjonctions inférieures, et les séries de dates sont fort irrégulières en apparence.

Le premier astronome qui ait incontestablement aperçu Mercure sur le Soleil est notre compatriote Gassendi, professeur au Collége de France et chanoine de l'église paroissiale de Digne.

Le 7 novembre 1631, ce savant, étant à Paris, observa Mercure sur l'image solaire projetée sur une feuille de papier blanc dans une chambre obscure, suivant le procédé mis en usage par Scheiner pour suivre les taches du Soleil.

Plein d'enthousiasme d'avoir enfin réussi dans une pareille observation, il s'écria, en faisant allusion à la pierre philosophale : « J'ai vu ce que les alchimistes cherchent avec tant d'ardeur, j'ai vu Mercure dans le Soleil. »

La seconde observation de ce curieux phénomène fut faite, en 1651, par Skakerlacus, qui s'était rendu tout exprès à Surate pour en être témoin

Hévélius, en 1661, observa le troisième passage de la planète arrivé depuis l'invention des lunettes ; mais, comme Gassendi, l'astronome de Dantzig ne visait pas directement à l'astre ; il se contentait d'examiner l'image agrandie du Soleil dans une chambre obscure.

Enfin, en 1677, Halley vit à Sainte-Hélène un passage complet, c'est-à-dire l'entrée et la sortie de la planète sur le disque solaire. C'est la première fois que le phénomène a été observé pendant toute sa durée.

En 1725, on observa en Chine la conjonction de Mars, Jupiter, Vénus et Mercure dans la même partie du ciel. Pour faire leur cour au prince, les Chinois ont même marqué à ce propos une conjonction des sept planètes.

Mercure, comme on l'a vu, ne s'éloigne jamais beaucoup de l'astre radieux autour duquel il fait sa révolution ; il se couche peu de temps après lui ; l'intervalle qui s'écoule entre les levers est également limité. Il ne peut donc être observé à l'œil nu que dans la lumière crépusculaire et près de l'horizon.

Les phases de Mercure sont si difficiles à apprécier, à cause du petit diamètre de cette planète et de la vivacité de sa lumière, que Galilée, avec les instruments imparfaits dont il faisait usage, ainsi qu'on le voit par le troisième *Dialogue*, ne put pas en constater l'existence.

La distance moyenne de Mercure au Soleil étant 0,387, celle de la Terre étant 1, on trouve 14 706 000 lieues pour cette distance, exprimée en lieues de 4 kilomètres.

La plus grande distance et la plus petite sont respectivement de 51 000 000 et de 18 000 000 lieues.

La question de savoir si Mercure est doué d'un mouvement de rotation a justement appelé l'attention des astronomes.

On remarque, en quelques circonstances, que l'une

des cornes du croissant, la méridionale, s'émousse sensiblement, qu'elle présente une véritable troncature. Pour rendre compte de ce fait, on a admis que, près de cette corne méridionale, il existe une montagne très-élevée qui arrête la lumière du Soleil et l'empêche d'aller jusqu'au point que la corne aiguë aurait occupé sans cela.

La comparaison des moments où la troncature se manifeste a conduit à la conséquence que Mercure tourne sur lui-même en vingt-quatre heures cinq minutes de temps moyen.

Pendant le passage de Mercure de 1799, Schrœter et Harding à Lilienthal, Kœhler à Dresde, virent sur son disque obscur un petit point lumineux, d'où l'on a conclu qu'il y a dans cette planète des volcans actuellement en ignition.

Le déplacement de ce point, relativement au bord apparent de Mercure, servit, sinon à mesurer, du moins à constater le mouvement de rotation de la planète sur son centre.

L'intensité de la lumière solaire variant en raison inverse du carré des distances, la portion de cette lumière que Mercure arrête est, à la portion d'une partie équivalente que la surface terrestre reçoit, dans le rapport inverse des carrés des nombres 0,387 et 1, ou dans le rapport de 6,67 à 1. Ainsi, on peut conjecturer que la chaleur dont les rayons solaires sont l'origine est beaucoup plus grande sur Mercure que sur la Terre. Nous nous contentons d'indiquer la supériorité de température de Mercure en termes généraux. Pour donner une évaluation numérique relative à une portion solide de cette planète, il serait nécessaire de connaître la constitution de son atmosphère, surtout sous le rapport de la diaphanéité.

Nous terminerons cette notice en rappelant que, dans l'astrologie, Mercure, Jupiter et Vénus avaient chacun leurs propriétés spéciales, le premier protégeant le commerce, le second la noblesse et la troisième les mariages. Les astronomes du xviie siècle ont eux-mêmes partagé ces idées. Ainsi, par exemple t quoique Képler affecte, dans son ouvrage *De Stella nova in pede Serpentarii*, de mépriser l'astrologie, après avoir réfuté longuement les critiques de Pic de la Mirandole, il y maintient la réalité de l'influence des planètes sur la Terre lorsqu'elles sont disposées les unes relativement aux autres de certaines manières. On y voit entre autres, avec étonnement, que Mercure a beaucoup de pouvoir pour amener les tempêtes.

La conjonction de ces trois planètes n'eût pas manqué d'être interprétée dans un sens politique au siècle dernier. Mercure désigne l'Angleterre, la nation du grand commerce et des voyages. Vénus désigne toujours l'Autriche, attendu que la maison d'Autriche est réputée grandir, non par les armes, mais plutôt par les mariages, comme l'expriment ces vers, que me rappela M. Faye, quelques jours après cette conjonction :

> Arma gerant alii, tu, felix Austria nube,
> Nam quæ Mars aliis dat tibi regna Venus.

Jupiter représente notre pays de France. Ainsi la réunion des trois planètes en 1868, réunion qui ne se représentera pas avant plusieurs siècles, annoncerait, astrologiquement, une triple alliance de la France, l'Autriche et l'Angleterre.

Mais aujourd'hui nous savons que planètes et étoiles s'occupent fort peu de nous. A coup sûr, les habitants de Jupiter, de Vénus et de Mercure ne se doutent guère qu'ils viennent de se placer fortuitement les uns près des autres dans l'immense champ des perspectives célestes, et qu'ils ont éveillé pour un instant l'attention des habitants de la Terre.

IV.

OBSERVATION DE LA PLANÈTE VÉNUS PENDANT LE PRINTEMPS DE 1868.

Nous venons de voir que depuis le commencement de cette année, la blanche planète de Vénus, que l'on salue depuis bien des siècles sous le nom sympathique *d'étoile du berger* et *d'étoile du soir*, régnait sur notre ciel de France et dominait par sa rayonnante clarté toutes ses sœurs du firmament. La période qu'elle traversait a été des plus favorables aux observations, et, grâce aux transparentes soirées dont nous avons joui pendant le dernier mois, nous avons pu suivre avec facilité les changements de phases qui la caractérisent et consacrer des heures fécondes à l'étude physique de la nature de ce monde voisin du nôtre.

Aux mois de mai et juin, de semaine en semaine, nos observations ont suivi l'éclatante planète jusqu'au moment où, disparue complétement sous les brumes crépusculaires, elle s'est échappée pour longtemps aux

Fig. 25.

regards peut-être indiscrets de la Terre. Elle s'est approchée, en effet, de plus en plus du Soleil, près duquel elle passa le 16 juillet, et chaque jour elle avançait davantage dans la lumière du Soleil couchant. Notre dernière observation a été du 29 juin. Nous avons pu la dessiner et la mesurer encore exactement sous l'aspect de son croissant mince et effilé, semblable à celui de la Lune le premier jour de son apparition. Nous reproduisons cet aspect dans la *fig.* 25.

Telle l'étoile consacrée à Vénus nous est alors apparue dans la dernière période de sa visibilité. Non lumineuse par elle-même, sa clarté, comme celle que reçoit la Terre, est purement et simplement empruntée au Soleil. Cet astre se trouvait déjà presque derrière la planète, de sorte que l'hémisphère éclairé de celle-ci était presque entièrement opposé à la Terre. La planète, en un mot, arrivait entre le Soleil et la Terre. Quinze jours après, le mince croissant qui la distinguait encore fut entièrement évanoui, et lors même qu'on aurait pu écarter la lumière solaire pour chercher la planète dans le voisinage de l'astre central, on n'aurait pu la trouver, puisqu'elle devient complétement invisible pendant une dizaine de jours.

Lorsqu'elle eut effectué son passage entre la Terre et le Soleil, le croissant commença à se reformer de l'autre côté, et grandit ensuite de plus en plus jusqu'au 25 septembre, époque de la quadrature. C'est le matin que la planète apparut dès lors au-dessus de l'aurore et à l'Orient, précédant le lever du Soleil. Quant à notre ciel du soir, il ne la possédait plus.

L'orbite intérieure à celle de la Terre que la planète Vénus décrit en sa rapide année nous donne ainsi cette succession d'aspects. Il en est de même de notre propre rôle pour les habitants de Mars. Circulant dans une orbite intérieure à la leur, en une année près de moitié plus courte que la leur, nous offrons à ces êtres, qui nous contemplent tour à tour dans leur ciel du soir et du matin, une succession d'aspects absolument semblable à celle que l'étoile du Berger nous présente, devenant également invisibles quand nous passons entre le Soleil et Mars.

A la date du 29 juin, le disque de Vénus, ou la distance des deux extrémités du croissant, mesurait 5o secondes. A cette échelle, si l'on représentait le Soleil par un cercle de 1 mètre de diamètre, Vénus serait représentée par un croissant de 26 millimètres de diamètre. La distance de cette planète à la Terre était alors de 0,332 (celle de la Terre au Soleil étant représentée par 1), autrement dit, de 12540000 lieues. C'est sa distance minimum pour l'observation.

Le croissant s'effilant de plus en plus, ce n'est pas en ces derniers jours que l'observation fut la plus avantageuse, mais bien quelques semaines auparavant, alors que la surface visible du disque était un peu plus importante. Circonstance singulière et qui ne manque pas d'être toujours surprenante, l'époque où Vénus jette le plus de feux est précisément l'époque où elle est la plus mince : ce fait provient de ce que sa taille grandit à mesure qu'elle s'approche de nous et que son croissant s'effile.

A la date du 5 mai, époque de sa quadrature, de sa

Fig. 26.

plus grande élongation, qui eut lieu le 7, notre observation, notre dessin et nos mesures donnent la *fig.* 26.

Son diamètre était alors de 22 secondes, c'est-à-dire 87 fois plus petit que le diamètre du Soleil. En représentant celui-ci, comme tout à l'heure, par un cercle de 1 mètre, le quartier de Vénus serait représenté par un demi-cercle de 11 millimètres.

Sa distance à la Terre était de 0,729, c'est-à-dire de 27 740 000 lieues. C'est à peu près la distance moyenne de cette planète à la nôtre.

Vénus n'a offert un disque parfait qu'à la fin de septembre 1867; sa conjonction supérieure, son passage de l'autre côté du Soleil eut lieu le 25 de ce mois. Alors elle offrait à la lunette un petit disque circulaire de 9″6 de diamètre, mesurant 5 millimètres à l'échelle précédente.

Fig. 27.

Sa distance à la Terre était exprimée par le nombre 1,722, qui correspond à un éloignement de 65 600 000 lieues.

Elle emploie 584 jours à accomplir une oscillation entière; mais la durée de cette périodicité, relative à la position de la Terre et du Soleil, n'est pas celle de la révolution annuelle de la planète : elle se compose des combinaisons de cette révolution avec celle de la Terre. L'année de Vénus n'est que de 224ʲ 16ʰ 49ᵐ 7ˢ.

Les habitants de Vénus ont donc des années égales à sept de nos mois, plus 15 jours environ. Le temps passe plus vite encore là-haut qu'ici. Que doit-ce être?

Ajoutons que les saisons y sont plus diversifiées encore que sur notre globe, et que la différence entre l'été et l'hiver y est beaucoup plus sensible. Il est probable qu'il y fait plus chaud qu'ici en moyenne, car elle reçoit du Soleil deux fois plus de lumière et de chaleur. Mais la composition de l'atmosphère joue un grand rôle dans la température. Les journées sont de $23^h 21^m 7^s$; c'est 35 minutes de moins qu'ici. Le volume, le poids et la densité de la planète sont peu différents de ceux de la Terre. De hautes montagnes hérissent sa surface ; une atmosphère l'environne d'une couche gazeuse. L'habitation des planètes étant un fait irrécusable, comme nous l'avons démontré ailleurs, il reste à penser que les habitants de Vénus doivent peu différer de ceux de la Terre.

Les auteurs qui ont écrit sur le monde de Vénus ont généralement supposé qu'il était décoré d'une nature éclatante et délicieuse, que ses paysages étaient luxuriants et parfumés, et que les êtres qui le peuplent ne pouvaient être que des jeunes gens d'une beauté et d'une jeunesse éternelles. Bernardin de Saint-Pierre va même jusqu'à décrire cette habitation charmante, semblable, selon lui, à celle des îles Canaries. Qui sait? Vénus, si belle de loin, est peut-être fort laide de près, et ses habitants sont peut-être encore dans cet état de barbarie où nous sommes ici-bas, nous qui n'avons pas encore eu l'intelligence ni l'énergie d'anéantir parmi nous l'abominable fléau de la guerre.

Et ce qui laisse supposer que Vénus peut fort bien être assez laide de près, c'est que notre planète terrestre, telle qu'elle est, est d'une clarté angélique vue à bord de la planète Mars. Oui, les habitants de Mars nous admirent le soir dans leur ciel comme nous admirons Vénus ; notre terre présente à leurs télescopes (s'ils ont des télescopes) tantôt un mince croissant, tantôt un quartier, tantôt un petit disque blanc ; quelques-uns d'entre eux se demandent sans doute, comme nous le faisons pour Vénus, par quels êtres la planète Terre doit être habitée, et sans doute aussi que, nous jugeant sur les apparences, ils nous admirent et nous contemplent avec amour : ne sommes-nous pas leur étoile du soir ?

Il serait à souhaiter, pour le progrès de la connaissance populaire de la nature, que les habitants de la Terre, surtout les hommes civilisés de l'Europe, et en particulier les Français, prissent l'habitude de suivre les phénomènes célestes et d'observer les grands spectacles qui nous apprennent à connaître notre véritable rang et notre destinée dans l'univers. Mais quels sont ceux qui donnent leurs soirées à l'étude des étoiles? Ce sont d'autres étoiles que celles du ciel qui captivent encore aujourd'hui les hommes, et l'on peut toujours dire, même des savants, ce qu'un élégant personnage disait un soir à une blonde étoile de la cour de Versailles :

> Près de vous, oubliant les cieux,
> L'Astronome étonné se trouble;...
> Et dans l'éclat de vos beaux yeux
> Il observe une étoile double.

Si ce n'est pas la Vénus céleste qui inspira ce madrigal, c'est du moins la Vénus mythologique. Nous ne nous sommes donc pas éloigné de notre sujet en laissant à cette réminiscence le soin de clore notre causerie.

A cette étude, j'ajouterai maintenant une notification qui m'est fournie par les *Monthly Notices* de la Société astronomique de Londres :

Pendant cette belle période de visibilité, M. John Browning a pu observer et dessiner plusieurs taches permanentes parfaitement visibles sur la planète, en esquissant la *Géographie de Vénus*. — Le soir du 14 mars, cet astronome avait observé quelques taches du Soleil avec un réflecteur de 10 $\frac{1}{4}$ pouces en verre argenté. Le Soleil étant caché par des arbres, vers les 5 heures, il dirigea l'instrument sur Vénus et trouva qu'elle était terminée plus nettement que de coutume. Connaissant ainsi de cette façon la position exacte où la planète devait paraître, il s'aperçut alors qu'elle était visible à l'œil nu. Il revint à la lunette et aperçut une longue dégradation de lumière partant de la limite de la surface éclairée, et l'extrême bord paraissait dissymétrique. Regardant la planète avec plus d'attention, il constata que sa surface était légèrement ondulée à l'intérieur de la limite d'éclairement sur une étendue de plus d'un tiers de la partie visible du disque. Ces inégalités donnaient à la planète un aspect semblable à celui de la Lune, vue avec un faible grossissement et une petite ouverture à travers un nuage.

La corne septentrionale de la planète est un peu bombée près de la limite, et émoussée tout à l'extrémité. Ce fait a été vérifié depuis.

On remarque sur le dessin pris par M. Browning une tache blanche près du bord du disque opposé à la limite d'éclairement. Cette tache est probablement produite par un nuage, comme on en voit souvent sur Mars où ces nuages rivalisent de blancheur avec les calottes de glaces lorsqu'ils sont près du bord du disque.

Une autre fois, observant Vénus avec un réflecteur de 12 ¼ pouces en verre argenté par un air plus stable que le soir précédent, le même observateur avait une image nette et fixe avec toute l'ouverture et un grossissement de 400 fois ; cependant il n'a pu apercevoir aucune tache sur le disque, d'où il conclut que la visibilité des taches dépend d'un état particulier de l'atmosphère de la planète. Il ajoute qu'on voit mieux Vénus avec un bon réflecteur qu'avec une lunette ; ce qui résulterait aussi du témoignage de MM. de la Rue, Le Sueur et With, qui se servent de réflecteurs, et de M. Dawes qui se sert de lunettes.

Un réflecteur de grande ouverture avec un seul oculaire à réflexion donne, dit-il, l'image la plus nette qu'on puisse obtenir aujourd'hui de cette planète si difficile à bien voir.

Vénus porte-t-elle ombre ? C'est une question qui paraît résolue dans le sens affirmatif depuis la belle période de visibilité dont nous venons de nous occuper. Parmi plusieurs communications faites également à la Société astronomique sur ce sujet, je choisirai la suivante, de M. C. H. Weston :

Sir John Herschel, dans ses « Outlines of Astronomy » (art. 467), fait remarquer que Vénus paraît quelquefois à l'occident après le coucher du Soleil, avec un éclat éblouissant, et que dans des circonstances favorables on peut observer qu'elle projette une ombre assez forte ; et il ajoute en note que « cette ombre doit être projetée sur un fond blanc.

Le 15 mars 1868, le ciel était très-clair, mais il y avait quelques nuages par place. Sirius, Orion et Vénus brillaient d'un vif éclat, car l'humidité de l'atmosphère, partout où celle-ci était transparente, était nécessairement très-favorable à la transmission de la lumière des astres. « Vers 8 heures du soir, lorsque Vénus était dans la partie nord-ouest du ciel, comme je passais avec quelques personnes, dit l'auteur, le long d'un mur situé en face de la planète, nous avons été frappés de voir les ombres de toutes les figures projetées sur le mur par la vive lumière dont Vénus brillait en ce moment. Je dirigeai surtout mon attention sur ce fait qui ne se produit pas souvent ; et il était d'autant plus digne de remarque, que la surface du mur n'était ni blanche ni unie. Il était construit de pierres brutes contenant beaucoup de fer, et une longue exposition leur avait donné une couleur d'un brun ferrugineux bien prononcé ; sa surface était aussi très-inégale. Comme les piliers de la porte cochère étaient en pierres de taille de Bath avec des surfaces unies, j'ai voulu projeter sur eux les ombres avec plus d'attention, et ici j'ai pu reconnaître l'ombre de ma canne, quoique les pierres de taille aient passé au blanc bleuâtre par l'influence de l'atmosphère. »

Naturellement dans le cas actuel les positions relatives du mur et de la planète étaient très-favorables à la formation des ombres. Si les rayons de la planète

avaient fait avec le mur un angle considérable, les
ombres délicates auraient été portées trop loin des
figures pour attirer l'attention, et les contours de ces
ombres auraient été bien moins marqués. Le mur et les
piliers de la porte étaient dans une atmosphère püre, à
une élévation de 740 pieds environ (226 mètres) au-
dessus du niveau de la mer. Ce qu'il y a de plus remarquable, c'est que Vénus n'était pas encore, en mars,
arrivée à sa période de plus grand éclat. Combien ces
ombres auraient donc été plus marquées (dans de pareilles circonstances favorables), si elles avaient été
formées par Vénus dans son plus grand éclat, à son
élongation orientale (9 juin) sur un mur blanchi et uni
comme l'indique sir John Herschel!

Une dernière question encore à ce propos :

Les phases de Vénus sont-elles visibles à l'œil nu?

M. l'abbé André, au château de Crillon (Oise), écrit
aux *Mondes* (juin 1868) qu'il y est bien positivement
parvenu. « Il est possible, il est même facile de connaître les phases de Vénus à l'œil nu. Et ce qui m'étonne,
dit-il, ou plutôt ce que je ne puis croire, c'est que
cette planète si belle, qui attire naturellement le regard,
ait été observée pendant tant de siècles sans que ce
phénomène ait même été observé ou plutôt soupçonné,
et qu'il ait fallu attendre l'invention des lunettes pour
le découvrir! Surtout, comment Copernic n'a-t-il pas
étudié cet astre de manière à saisir quelque chose de
ses phases, qu'il affirmait, qu'il prophétisait presque,
et qui devaient donner un si solide appui à sa théorie
astronomique! Quoi qu'il en soit, tout observateur un
peu sérieux et suffisamment exercé peut, dès mainte-

nant, constater le phénomène. Vénus, en effet, se trouve encore en un point de sa révolution où elle le présente à merveille. Mais il ne faut pas attendre, pour observer, que la nuit soit tout à fait venue. Le meilleur moment est celui où le crépuscule, suffisamment éteint, laisse Vénus paraître déjà un très-bel astre, mais ne lui permet pas encore de lancer tous ses feux. Alors, par une atmosphère favorable, en s'y prenant bien, une bonne vue ordinaire saisira parfaitement le croissant mince et effilé de la planète. Afin de m'assurer que je n'étais pas sous l'illusion d'une image préconçue, j'ai prié, à différentes reprises, plusieurs personnes qui assurément ne se doutaient de rien, de regarder attentivement Vénus; et elles ont vu, non sans étonnement, ce que je voyais dès le 15 mai, alors que la moitié du disque, à peu près, se trouvait encore éclairée; on pressentait déjà, par l'absence de rayons dans la partie obscure, que la planète présentait cette forme. Mais le phénomène ne devient clairement visible que quand la concavité du croissant est très-fortement accusée. »

Si ce n'est pas là une illusion d'optique, on se demande, en effet, comment personne n'a indiqué ces phases avant l'invention des lunettes, et comment même, sous le ciel d'Italie, Galilée n'a pas constaté ce fait au lieu de cacher sa découverte sous un anagramme mystérieux avant de le vérifier.

V.

LES ÉCLIPSES DANS JUPITER.

(Octobre 1868.)

L'astre magnifique qui resplendit sur notre ciel du soir, et dont les feux brillent avec tant d'éclat, le majestueux Jupiter, n'est, comme on sait, qu'une planète opaque comme celle que nous habitons, dépourvue par elle-même de toute lumière, et éclairée seulement par le Soleil auquel notre Terre elle-même emprunte sa clarté. Ce monde, quatorze cents fois plus volumineux que le nôtre et cinq fois plus éloigné du Soleil que la Terre, roule sur son orbite immense à la distance de près de 200 millions de lieues, en une année douze fois plus longue que la nôtre, quoique ses jours soient de moitié plus courts et ne durent que neuf heures cinquante-cinq minutes. Sa densité est plus faible que celle du globe terrestre et sa pesanteur est deux fois et demie plus forte à sa surface qu'ici. La lumière étincelante qu'il nous envoie, et qui non-seulement le ferait prendre pour une étoile brillant par elle-même, mais encore surpasse en éclat toute l'armée du ciel, n'est donc qu'une lumière réfléchie. Si elle nous paraît si radieuse, c'est uniquement parce que nous la voyons d'assez loin pour que la surface entière éclairée se réduise pour nous à la faible dimension d'un point possédant toute la clarté éparse sur la planète. En grossissant ce disque ou en nous en rapprochant, nous voyons cette clarté s'affaiblir, et les détails de son aspect planétaire s'accentuer de mieux en mieux dans la tonalité jaunâtre de l'ensemble.

Il en est de même pour la Lune et pour la Terre. A la surface de notre planète, nous jouissons d'une douce lumière tempérée, mais, vue de la Lune, elle paraît déjà comme une lune blanche gigantesque, et *vue de Vénus et de Mars, elle est aussi brillante que l'est pour nous Jupiter le soir.* Il y a plus, Jupiter ne reçoit même du Soleil que vingt-sept fois moins de lumière et de chaleur que nous en recevons ; donc, si nous nous trouvions transportés à sa surface avec nos yeux terrestres, nous n'y verrions en plein midi que tout juste ce qu'il nous faudrait pour nous conduire, et à peu près comme ici après le coucher du Soleil.

Ainsi la lumière que nous recevons de cette planète, après 200 millions de lieues de marche en moyenne (quelquefois 230, quelquefois 152) qu'elle a à parcourir pour nous revenir, cette lumière ne prend pour nous l'apparence de celle d'une étoile que parce que le vaste disque de Jupiter est réduit pour nous à l'aspect d'un simple point. Hâtons-nous d'ajouter que, malgré la différence de lumière solaire distribuée à Jupiter avec celle dont nous sommes gratifiés ici, les habitants de Jupiter voient chez eux tout aussi clair que nous ici, et ne pourraient sans doute vivre ici, pour cause d'éblouissement chronique, attendu que leurs yeux sont construits justement en harmonie avec le degré de lumière au milieu duquel doit s'écouler leur existence (*).

(*) *Voir* notre ouvrage *les Mondes imaginaires et les Mondes réels,* 10ᵉ édition, p. 58.

Le fait particulier sur lequel nous voulons appeler l'attention pendant cette période du règne de Jupiter sur nos soirées d'automne, c'est celui des éclipses de Soleil sur cette planète, éclipses qui sont absolument du même ordre que les éclipses de Soleil produites sur la Terre par la Lune, mais dont nous pouvons observer d'ici la marche et apprécier exactement la nature bien plus facilement que nous pouvons le faire pour les nôtres.

En effet, pour observer sur la Terre une éclipse de Soleil, il nous faut, ou bien attendre de longues années qui les amènent dans le pays que nous habitons, ou bien entreprendre des expéditions lointaines en Chine, à la presqu'île de Malacca, en Océanie, aux antipodes, expéditions qui nécessitent un budget spécial, et qui trop souvent encore sont rendues stériles par un malheureux nuage qui vient justement se placer devant le Soleil au moment du phénomène.

Eh bien ! pendant que Jupiter se place en des conditions d'observation qui semblent choisies tout exprès pour solliciter nos études, on peut, sans se déranger beaucoup, sans attente, sans fatigues, avec une simple lunette astronomique supportant un grossissement de cent fois, se donner le plaisir d'observer sur cette terre lointaine le mécanisme des éclipses d'une manière bien autrement instructive qu'en subissant ici une éclipse de Soleil causée par notre Lune.

Les éclipses de Soleil sur Jupiter sont très-fréquentes, attendu qu'il possède à lui seul quatre lunes, tournant toutes les quatre autour de lui beaucoup plus rapidement que la nôtre autour de notre globe.

Il ne se passe presque pas de jour où l'on ne puisse

en observer, tant sont courtes les révolutions de ces satellites, lesquelles sont de quarante-deux heures et demie pour le premier, de trois jours et demi environ pour le second, de sept jours trois heures pour le troisième, et de seize jours seize heures pour le quatrième. Il suffit souvent pour cela de quelques heures d'attention. Ainsi, dans le seul mois d'octobre, et pour une heure déterminée (11 heures du soir), la *Connaissance des temps* en signale trois, une le 1er, une le 17, et une le 31. Mais, à l'aide des tableaux configuratifs que publie ce Recueil, il est facile de trouver soi-même toutes les autres.

Dans ces éclipses, on voit d'une manière très-distincte la marche de la pointe du cône d'ombre d'un satellite sur la planète, marche lente et très-facile à suivre de l'œil, et dont on se rend un compte immédiat, puisque, en même temps qu'on voit l'ombre s'avancer, on aperçoit en avant, à peu de distance de la planète, et quelquefois devant elle, sous l'aspect d'un point plus brillant que son disque, le petit satellite qui, en se promenant, cache le Soleil aux habitants situés sur son parcours.

Ce fait d'une éclipse de Soleil produite sur un autre monde nous intéresse d'autant mieux que c'est absolument le même fait qui se produit sur le nôtre, qui a eu lieu le 18 août dernier sur une zone terrestre bien éloignée de la France, fait que l'on s'attache toujours à observer avec le plus grand soin, dont on prédit l'arrivée à moins d'une seconde près, et qui constitue l'un des éléments les plus importants du système des mouvements célestes.

Tandis que Jupiter plane ainsi sur nos têtes, on sera donc bien récompensé de l'attention qu'on pourra porter à cette belle planète, non-seulement par le spectacle de ce globe immense suspendu dans le vide éternel au milieu des quatre satellites qui l'accompagnent, — image de la position de la Terre! — mais encore par l'examen facile qu'on pourra faire directement du mouvement des corps célestes et de la production des éclipses.

Qui sait? nous parlons tranquillement ici de ce phénomène céleste, et nous le regardons s'accomplir dans le silence d'une nuit étoilée, sans songer que peut-être il est là-bas l'objet de révolutions immenses dans l'esprit des habitants de Jupiter. Peut-être des généraux d'armée comme Nicias et Epaminondas voient-ils avec terreur le courage abandonner leurs soldats et le désespoir désunir leurs camps à l'aspect de ce cataclysme apparent du ciel. Peut-être des populations entières tombent-elles à genoux devant le pâle Soleil qui s'éteint, implorant le grand dragon invisible dont la voracité s'attaque à l'astre du jour. Peut-être un souverain s'en sert-il pour abdiquer ou pour ravir un trône. Peut-être un grand prêtre y ordonne-t-il des prières pour apaiser la colère du ciel dont l'éclipse est un signe manifeste. Et nous, observateurs indifférents, nous ne voyons dans cette marche de l'ombre lunaire qu'un témoignage instructif du mouvement d'un petit système de corps célestes!

Mais au contraire, sans doute, les habitants de Jupiter, plus avancés que nous dans le monde intellectuel, n'ont plus ni armées, ni superstitions, ni tyrannies, ni esclavages. Jouissant d'un printemps perpétuel, d'une vaste et opulente surface planétaire, d'années longues et laborieuses, et d'un spectacle astronomique permanent qui a dû rapidement amener en eux la connaissance du véritable système du monde physique et moral, ces êtres fortunés seraient bien surpris si on leur apprenait que sur une petite planète presque invisible pour eux (semblable à un point noir sur leur soleil), il y a des êtres animés qui se sont décernés le titre de raisonnables, mais qui, en réalité, plus raisonneurs que raisonnables, depuis une vingtaine de mille ans qu'ils sont là, n'ont pas encore appris à penser. Ils s'étonneraient singulièrement si on leur disait qu'en religion le devoir est d'anéantir sa raison ; qu'en morale le comble de la vertu est de s'isoler du monde et de passer sa vie à pleurer ; qu'en politique l'acte le plus éminent est de se livrer corps et biens à un maître ; que dans la science, la littérature et les arts, la confraternité cache presque partout une inquiète jalousie ; que la vérité est exilée de l'histoire, que l'on passe sa vie à gratter le sol pour amasser des trésors que l'on n'emportera pas, et que c'est là l'état du peuple le plus spirituel de la Terre.

Si jamais on faisait cette révélation aux habitants de Jupiter, ils auraient beau examiner la situation de notre petite planète contre le Soleil et en conclure qu'il n'y a rien de surprenant à ce que ce soient des cerveaux brûlés qui habitent là ; néanmoins ils n'oseraient jamais consentir à admettre que les quatre-vingt-dix-neuf centièmes des habitants de la Terre ont abdiqué leur faculté de penser, et chargé le centième restant de penser pour eux. Mais ce qui leur causerait sans doute un rire inextinguible, ce rire colossal que le vieil Homère nous représente comme étant un privilége spécial des dieux olympiques, ce serait de leur assurer que les pontifes de la Terre ont enseigné sous peine du feu éternel et du bûcher, et enseignent encore avec conviction, que la Terre est le but de la création divine, que l'univers entier, visible et invisible, a été construit pour l'homme terrestre, que la création du monde et la fin du monde sont liées à l'histoire de la race d'Adam, et que tout ce qui existe, a existé et existera se rapporte à l'*humanimal* terrestre.

Les éclipses de Soleil sur Jupiter nous amènent à parler un instant de ses éclipses de Lune. Les quatre satellites de cette planète peuvent, en effet, nous suggérer des réflexions analogues à celles que nous venons de faire, lorsque, passant derrière la planète et devenant obscurs, ils disparaissent tout à coup aux yeux de ses habitants au moment même où, comme notre Lune, ils sont dans leur plein et brillent par conséquent de leur plus vif éclat.

Ces éclipses des satellites de Jupiter ne sont pas moins fréquentes sur cette planète que les éclipses de Soleil, et la *Connaissance des temps* les signale au nombre de quatre pendant ce même mois d'octobre (les 2, 6, 24 et 25), toujours pour une seule heure (11 heures du soir). Au surplus, elles ont joué en astronomie un des plus grands rôles, puisque c'est à leur observation que l'on doit la découverte de la vitesse de la lumière.

On sait en effet que la lumière emploie huit minutes treize secondes à venir du Soleil jusqu'à nous. Or, le système de Jupiter étant situé à cinq fois environ la distance de la Terre au Soleil, la lumière met quarante et une minutes environ à traverser cette étendue. Donc, quand la Terre et Jupiter se trouvent sur une même ligne, du même côté du Soleil, la Terre étant située entre les deux, la lumière réfléchie par Jupiter nous arrive après quarante et une *moins* huit minutes, c'est-à-dire après trente-trois minutes seulement. Au contraire, quand Jupiter est pour nous de l'autre côté du Soleil, sa lumière nous arrive après quarante et une *plus* huit minutes, c'est-à-dire après quarante-neuf minutes. Il en résulte que, selon la distance variable de la Terre à Jupiter, nous voyons les éclipses de ses satellites s'effectuer *après* qu'elles ont eu lieu, et qu'elles ont pour nous trente-trois minutes de retard à la distance minimum et quarante-neuf minutes à la distance maximum.

Comme les premières tables de ces éclipses avaient été construites indépendamment de cette correction, alors inconnue, il arriva qu'au lieu d'observer ces éclipses à l'heure indiquée par la théorie, on leur trouva tantôt huit minutes d'avance sur l'heure moyenne, tantôt huit minutes de retard. Il était impossible d'expliquer de telles anomalies. Comme elles étaient liées à la distance de Jupiter à la Terre, l'astronome Roëmer, à la fin du XVIIe siècle, leur assigna pour cause probable le trajet des rayons lumineux, qui mettraient plus de temps à franchir une étendue plus grande qu'une plus petite. Ce fut là l'origine de la découverte de la *vitesse de la lumière*. Jusqu'alors on l'avait crue instantanée. Voilà comment nous savons aujourd'hui que la lumière emploie seize minutes vingt-six secondes à traverser l'orbite terrestre, trois ans et huit mois à

nous venir de l'étoile la plus rapprochée, cinq millions
d'années à nous venir de certaines nébuleuses! Il peut
se faire qu'il y ait des étoiles ayant existé longtemps
avant la formation du globe terrestre, qui se soient
éteintes à l'époque de cette formation, avant l'apparition
de l'homme ici-bas, qui *n'existent plus* depuis cette
époque, et que cependant *nous voyons encore,* et que
nous observons même avec le plus grand soin pour en
connaître la nature!!!

VI.

DISPARITION DES QUATRE SATELLITES DE JUPITER LE 21 AOUT 1867.

Les satellites de Jupiter ne peuvent pas être éclipsés
tous en même temps, à cause de la loi singulière qui
règle le mouvement des trois premiers. Voici cette règle:
« Si, à la vitesse angulaire moyenne du Ier satellite,
on ajoute deux fois celle du IIIe, la somme est égale à
trois fois la vitesse du IIe. » Il suit encore de là que si,
à la longitude moyenne du Ier, on ajoute deux fois celle
du IIIe, et que de la somme on retranche le triple de
celle du IIe, le reste est une constante égale à 180°.
Si donc le IIe et le IIIe sont dans la même direction
que le centre, le Ier se trouve à la partie opposée, et
par conséquent il n'est pas possible qu'ils soient éclipsés tous les trois simultanément.

Mais si les satellites ne peuvent être éclipsés tous à
la fois, il arrive néanmoins, bien que rarement, que
tous peuvent être éclipsés, occultés, ou projetés sur le

disque de la planète, et dans ce cas la planète, observée avec de faibles grossissements, apparaît comme si elle était sans satellites.

Plusieurs combinaisons de cette sorte sont rapportées dans l'histoire de l'astronomie. Molyneux a observé le phénomène le 2 novembre 1681; W. Herschel, le 23 mai 1802; Wallis, le 15 avril 1826; et Greisbach, le 27 septembre 1843.

En prenant pour unité le *rayon équatorial de la Terre*, on obtient :

	Rayons de la Terre.
Distance moyenne de Jupiter au Soleil.	12040,00
Distance du Soleil à la Terre.........	23072,00
Demi-diamètre du Soleil............	107,40
Demi-diamètre équatorial de Jupiter..	11,06
Demi-diamètre polaire de Jupiter.. ..	10,41
Demi-diamètre équatorial de la Terre.	1,00

Jupiter répand derrière son disque un cône d'ombre, limité géométriquement par les rayons lumineux émanés des bords du Soleil et rasant ceux de la planète. Connaissant les dimensions respectives de Jupiter et du Soleil et la distance *moyenne* des deux astres, on peut tracer le cône d'ombre et obtenir son sommet, qui se trouve à la distance de 13 780 diamètres terrestres derrière Jupiter.

La longueur de l'ombre varie avec la distance de la planète au Soleil : le 21 août, la longueur du cône d'ombre répandu derrière Jupiter devait être seulement de 13 264.

Il s'en faut toutefois que les limites du cône d'ombre

soit nettement tranchées et qu'on passe subitement de la nuit complète à tout l'éclat de la lumière donnée par le Soleil ; comme dans le cas de l'ombre terrestre, il y a une pénombre qui commence à la limite de l'ombre pure et qui, allant en diminuant, passe insensiblement de l'obscurité à la lumière. L'immense atmosphère de Jupiter doit enfin infléchir ceux des rayons de lumière qui la traversent, les rejeter de l'intérieur du cône d'ombre et en diminuer la largeur et l'étendue.

Les quatre satellites se meuvent autour de Jupiter dans le sens des révolutions de tous les corps célestes, c'est-à-dire *d'occident en orient*. On les voit se diriger *de gauche à droite*, relativement à la planète, quand ils parcourent la partie *inférieure* de leurs orbites, c'est-à-dire celle qui est située entre la Terre et Jupiter. Ils se meuvent de *droite à gauche* dans la partie *supérieure* située au delà de Jupiter. Nous parlons des mouvements réels tels qu'on les voit dans les lunettes qui ne renversent pas les objets. Quand la lunette renverse, toutes les apparences changent de sens.

Une règle simple permet de se reconnaître facilement à cet égard, quelle que soit la nature de l'instrument, lunette ou télescope. La planète étant amenée dans le champ optique, on laissera l'instrument immobile, et *l'on examinera dans quel sens Jupiter paraîtra se mouvoir ; on connaîtra ainsi le sens d'orient en occident. C'est dans ce même sens apparent que les satellites parcourent la partie inférieure de leur orbite ; ils décrivent la partie supérieure en sens contraire.*

Rappelons maintenant les distances rapportées au

demi-diamètre équatorial de Jupiter pris pour unité, et les durées des révolutions sidérales :

	Distances.	Durée des révolutions.
Jupiter, demi-diamètre équatorial.	1,000	Jours.
Ier satellite. Distance moyenne...	6,049	1,769
IIe satellite. » ...	9,623	3,551
IIIe satellite. » ...	15,350	7,155
IVe satellite. » ...	26,998	16,689
Longueur du cône d'ombre......	1246	

Un satellite peut devenir invisible de trois manières : 1° en décrivant la partie supérieure de son orbite, il peut se plonger dans l'ombre portée par Jupiter ; 2° il peut se cacher derrière le disque même de la planète ; 3° en décrivant la partie inférieure, il peut passer devant le disque et sembler invisible, parce que son éclat se confond avec celui de Jupiter.

Aucune de ces trois circonstances ne saurait se produire à la fois pour les trois premiers satellites, puisque nous avons vu qu'ils ne peuvent se trouver simultanément sur une même droite partant de Jupiter.

1° *Éclipses.* — La longueur du cône d'ombre étant 46 fois plus grande que la distance 27 du dernier satellite, les éclipses des quatre satellites sont possibles ; elles seraient même inévitables à chaque révolution si Jupiter et ses satellites se mouvaient rigoureusement dans l'écliptique. Comme il n'en est pas tout à fait ainsi, le quatrième satellite s'éclipse bien à chaque révolution pendant quatre ans ; mais ensuite, pendant deux ans, il passe au-dessus ou au-dessous de Jupiter sans être éclipsé.

Avant l'opposition de Jupiter, c'est-à-dire tant qu'il

passe au méridien après minuit, l'ombre portée est située à l'occident de la planète; les *immersions* des satellites dans l'ombre et leurs *émersions* ont lieu de ce côté. C'est le cas du 21 août. Après l'opposition, quand Jupiter passe au méridien avant minuit, les *immersions* et les *émersions* ont lieu à l'orient de la planète.

Comme une partie de l'ombre est toujours située pour nous derrière le disque de Jupiter, il peut arriver qu'à l'occident on ne voie que l'immersion d'un satellite, l'émersion de l'ombre s'effectuant derrière la planète; à l'orient, c'est le contraire, l'immersion peut s'effectuer derrière le disque de Jupiter, et alors l'émersion seule est observable.

La disparition d'un satellite dans l'ombre n'est pas un phénomène instantané. Ces petits astres ont un diamètre sensible, et ils n'entrent dans l'ombre que peu à peu; en outre, ils perdent leur lumière progressivement, à mesure qu'ils traversent les parties de plus en plus obscures de la pénombre. Il suit de là que l'instant de la disparition varie d'un observateur à l'autre, suivant la puissance de la lunette et la pénétration de la vue. Avec une lunette de 6 pouces, un satellite disparaît quand il ne brille plus que comme une étoile de onzième grandeur, tandis qu'on le voit encore dans une lunette de 9 ou de 12 pouces d'ouverture.

2° *Occultations derrière la planète.* — Il est assez difficile d'en constater l'instant précis. Le satellite, doué d'un éclat intrinsèque égal à celui du disque, s'en approche peu à peu; on l'en distingue d'autant plus longtemps qu'on dispose d'un grossissement optique plus considérable, dans les limites où la puissance de l'instrument et l'état de l'atmosphère forcent à se tenir. Lors de la réapparition, on ne peut la constater que lorsque le satellite est déjà sorti.

3° *Passages sur le disque de Jupiter.* — L'entrée et la sortie offrent les mêmes difficultés d'observation que le commencement et la fin des occultations.

Il arrive quelquefois que le satellite est visible sur le disque, lorsqu'il vient à se projeter sur les parties les plus obscures des bandes sombres qui traversent le globe de Jupiter. Inversement, on peut quelquefois le distinguer comme une tache grise, quand il se projette sur les parties plus claires du disque ; mais, comme cela n'arrive pas toujours ainsi, on en a conclu qu'il y a sur la surface des satellites des parties plus obscures les unes que les autres, et qui nous sont successivement présentées par l'effet des rotations. De la loi du retour des parties obscures on a même cru pouvoir déduire que les satellites tournent sur eux-mêmes dans le même temps qu'ils effectuent leurs révolutions autour de la planète. Cette dernière conséquence aurait besoin d'être discutée attentivement.

Voici maintenant les phénomènes du 21 août 1867, dans l'ordre où ils se sont produits, en temps moyen de Paris. Un seul des satellites, le second, passait dans l'ombre et derrière le disque ; les trois autres passaient devant le disque de Jupiter.

21. $7^h 14^m$.   Lever de Jupiter.
$8^h 23^m$.   Le IIIe satellite entre sur le disque de Jupiter.
$9^h 19^m$.   Le IIe entre dans l'ombre.
$9^h 37^m$.   Le IVe entre sur le disque.

10^h 13^m.   Le Ier entre sur le disque.
                Les quatre satellites sont invisibles.
11^h 58^m.   Le IIIe quitte le disque de Jupiter.
22. minuit 22^m. Le IIe sort de dessous le disque, derrière
                lequel s'était effectuée son immersion de
                l'ombre.
minuit 32^m.   Le Ier quitte le disque.
2^h 3^m.   Le IVe quitte le disque.
                Les quatre satellites sont visibles.

A l'Observatoire de Greenwich, dix observateurs ont
suivi ces phases si rares. Ils s'accordent à dire que
Jupiter présentait cinq belles bandes équatoriales, et
que les satellites et leurs ombres, tranchant sur ces
bandes, faisaient l'effet de notes de musique. Un observateur de Worcester donne des détails photométriques
extrêmement curieux. Pour lui, les satellites étaient
de couleur dorée ou cannelle, les ombres noires et les
bandes joviennes rose pâle, comme nos nuages crépusculaires. A quoi faut-il attribuer ces particularités?
A une plus grande sérénité de l'atmosphère ou à des
illusions d'optique; car aucun autre observateur n'en
fait mention. Il y aurait lieu à une intéressante source
d'observations.

Pendant le passage des satellites de Jupiter sur le
disque de la planète, M. Weston a constaté des ombres
doubles; il y avait, par conséquent, au-dessous du premier satellite, un second petit point noir, dont la position semblait changer par rapport au premier. Pound
a déjà fait une observation analogue en 1719, et il dit
que l'un des points noirs était le satellite, l'autre son
ombre.

A l'Observatoire de Palerme, on a observé ce singulier cas de la planète avec un excellent télescope de Merz. Les satellites, invisibles avec de faibles grossissements, se voyaient admirablement au grand télescope ; de sorte que pendant un bon espace de temps on aperçut clairement six petits corps semblables à de petits globes qui passaient sur la face de la planète, savoir : les trois satellites dans leur passage et trois autres provenant des ombres projetées par les premiers sur le disque de la planète et qui présentaient l'apparence des trois autres corps noirs.

Les temps de l'éclipse et des passages des satellites, notés par le professeur Tacchini, sont les suivants :

IIIe. 1er contact......	9^h	7^m	25^s
2e »	9	13	54
Disparition du IIe....	10	3	29
IVe. 1er contact......	10	18	45
2e »	10	2	57
Ier. 1er »	10	56	18
2e »	10	0	48

Temps moyen de Palerme le 21 août 1867.

Dans le passage des trois satellites, on a observé la diminution habituelle d'éclat à mesure qu'ils s'approchaient du centre de la planète, où ils prenaient une teinte cendrée, dense et non uniforme. Mais le Ier satellite s'est montré bien plus lumineux que le IIIe et le IVe; près du bord, il était très-brillant et d'une teinte uniforme. Comme nous l'avons dit, cette disposition des satellites de Jupiter est très-rare.

VII.

PASSAGE DE MERCURE SUR LE SOLEIL
LE 5 NOVEMBRE 1868.

D'après les calculs astronomiques, le monde de Mercure devait passer entre le Soleil et nous, à 14 millions de lieues du Soleil et à 23 millions de lieues de la Terre, le jeudi 5 novembre 1868, au lever de l'astre du jour. C'était là un spectacle fort intéressant et assez rare ; aussi les astronomes étaient-ils à leurs télescopes au moment calculé pour l'apparition du phénomène.

J'ai pu observer et dessiner avec exactitude ce petit événement astronomique.

Ce fait, assez rare en lui-même, puisqu'il ne se reproduira, d'ici à la fin du siècle, qu'en 1878, 1881, 1891 et 1894, et ne sera pas visible chaque fois à Paris, mérite d'arrêter un instant notre attention, en ce qu'il nous éclaire mieux que toute explication théorique sur la double combinaison du mouvement de la Terre et du mouvement de Mercure autour du Soleil.

Nos lecteurs connaissent la nature de ces mouvements. Le point essentiel sur lequel il est toujours bon d'insister, c'est que le Soleil, 324479 fois plus lourd et 1300000 fois plus gros que la Terre, occupe le centre du système planétaire auquel appartient le monde que nous habitons.

La Terre circule en un an autour de lui, sur une orbite presque circulaire mesurant 232 millions de lieues d'étendue, et éloignée par conséquent à 37 millions de lieues environ du centre solaire. En dedans de l'orbite terrestre, plus rapprochés du Soleil, et circulant sur des orbites moins vastes, inférieures à l'orbite. terrestre, gravitent Mercure et Vénus : Mercure circule à la distance de 14 780 000 lieues du Soleil, en une année de 88 jours; Vénus, à la distance de 27 618 000, en une année de 224 jours. De la combinaison de ces mouvements avec celui de la Terre autour du Soleil, il résulte que ces deux planètes passent de temps en temps entre le Soleil et la Terre et produisent pour nous une véritable petite éclipse de Soleil.

Comme le plan de l'orbite de Mercure, aussi bien que celui de l'orbite de Vénus, ne coïncide pas avec le plan de l'orbite terrestre, ces deux planètes ne se projettent pas précisément sur le Soleil toutes les fois que leurs mouvements les amènent entre lui et la Terre; elles passent ordinairement soit au-dessus, soit au-dessous, et alors on ne les voit pas, puisque leur hémisphère éclairé par le Soleil est naturellement du côté de cet astre et leur hémisphère obscur de notre côté. Ce n'est qu'à de rares intervalles que les balancements respectifs des plans des orbites amènent l'une ou l'autre de ces planètes justement sur la face solaire. Ainsi, les derniers passages de Vénus ont eu lieu en 1761 et 1769, et les prochains auront lieu en 1874 et 1882. Les derniers passages de Mercure, avant celui de novembre 1868, ont eu lieu en 1848 et 1861.

La planète Mercure a répondu à l'appel du Bureau des longitudes de France. Le matin du 5 novembre, elle était à son poste à l'heure fixée, et se dessinait sur le Soleil sous la forme d'une petite tache ronde, absolument noire, nettement définie.

L'atmosphère parisienne, cependant, était loin d'être propice à l'observation. Entré pendant la nuit à 5^{h}34^m du matin sur le Soleil, Mercure avait déjà accompli près de la moitié de sa course au lever de l'astre radieux. Astre radieux! c'est une pure métaphore en ce temps de brumaire. Des nuages épais étendaient dans l'atmosphère leur voile lugubre et impénétrable. L'œil le plus attentif ne pouvait découvrir la moindre éclaircie dans le ciel entier.

Pendant plus d'une heure et demie l'atmosphère garda son épais rideau désespérant, qui flottait sous le souffle d'un humide vent d'ouest. Pour comble de malheur, ce n'était pas seulement une simple couche de nuages qui pesait ainsi sur la tête inquiète de l'observateur, mais deux couches immenses : la plus haute, formée de cirrus blancs disséminés en forme de larges balayures; la plus basse formée de cumuli-strati sombres et à peine éclairés par le lointain Soleil.

Arago avait bien raison de dire, dans sa Notice sur Sylvain Bailly, que l'Astronomie est un dur métier, et que nos connaissances actuelles ne sont dues qu'à une série étonnante d'efforts persévérants et d'infatigable patience, et j'ai pu constater une fois de plus pour ma part que l'attente en plein air des conditions de l'observation d'un phénomène céleste est un peu plus rude que la description de ce même phénomène devant la cheminée d'un salon. Mais, il faut tout dire, on est si heureux au moment où l'on a le privilége de contempler ces merveilles que soudain, toute fatigue oubliée, les murmures sur notre triste Terre (si peu faite pour l'astronomie) cessent comme par enchantement. Ainsi, le voyageur arrivé au sommet des Alpes oublie tout à coup, dans l'admiration du spectacle, les durs sentiers et les précipices de l'ascension.

Fig. 28.

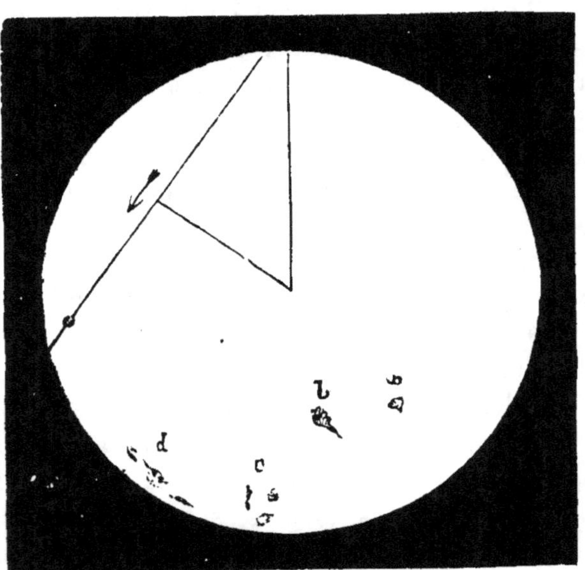

Route de Mercure sur le disque solaire, le 5 novembre.

Ce n'est qu'après sept grands quarts d'heure d'une attente constante, devant laquelle l'œil perplexe épie, de seconde en seconde, sans pouvoir percer les nuages mobiles, que le Soleil fit enfin son apparition dans une belle éclaircie. La planète était là, se détachant en noir non loin du bord occidental vers lequel elle approchait lentement.

A première vue, on pouvait facilement prendre pour Mercure une tache presque ronde (*a*) qui planait dans la

Fig. 29.

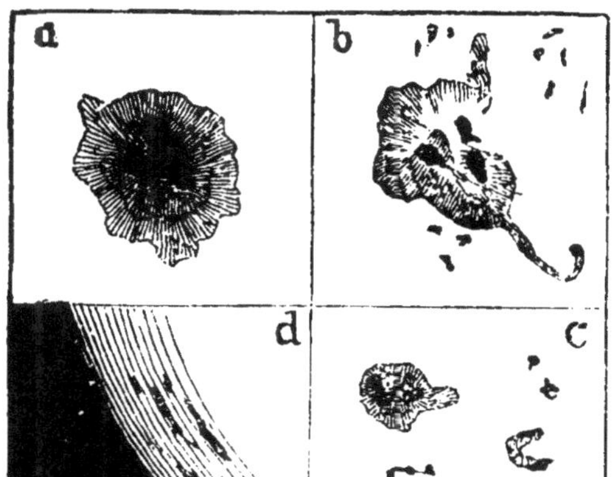

Détails de la figure précédente.

région opposée du disque. Cette tache était, en effet, de dimension égale à la projection de la planète ; mais, en l'examinant attentivement, on ne tardait pas à découvrir autour d'elle une pénombre, et dans son noyau des formes irrégulières.

La planète Mercure était exactement ronde, et je n'ai pu reconnaître aucune trace d'aplatissement à ses pôles, même en employant de forts grossissements. Elle était sensiblement plus noire que les taches solaires.

A partir de 8ʰ45ᵐ, le ciel, rapidement éclairci, garda toute sa pureté jusqu'au delà de la fin du phénomène.

Fig. 3o.

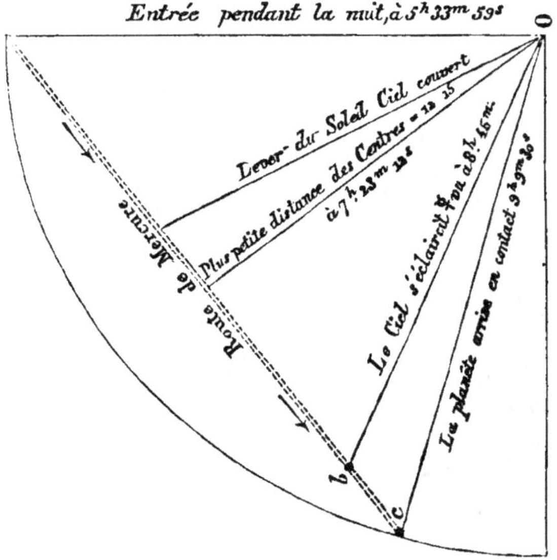

Quart nord-ouest du disque solaire montrant les détails du passage de Mercure.

Indépendamment de la tache précédente, trois groupes de taches occupaient la partie inférieure (image renversée) du disque solaire. L'un de ces groupes, le plus rapproché du centre, changea d'aspect en moins d'une heure que j'ai employée à le dessiner.

Le demi-diamètre du Soleil étant, ce jour-là, de 16′10″, et celui de Mercure de 5″, on voit que les deux disques sont entre eux dans le rapport de 970 à 5, ou de 194 à 1. Pour notre figure, si nous pouvions donner au Soleil un diamètre de 194 millimètres, Mercure serait représenté par un petit cercle noir de 1 millimètre. La justification de la page nous oblige à ne donner au disque solaire que 55 millimètres de rayon; Mercure offrirait à la même échelle $0^{mm},57$ seulement de diamètre : un peu plus de la moitié de 1 millimètre. Tel est le rapport exact de la planète et du disque sur lequel elle passe.

C'est vers $9^h 9^m 30^s$ que la planète arriva en contact interne avec le limbe lumineux du Soleil et commença sa sortie. Nous ne donnons pas cet instant comme rigoureusement déterminé, et surtout nous nous gardons bien d'inscrire des dixièmes de seconde, car l'observation soigneuse de ce phénomène de même que celle du contact externe nous a convaincu qu'il est absolument impossible d'être sûr de l'instant précis de l'un ou de l'autre contact, à moins de *plusieurs secondes* près. L'esprit hésite pendant longtemps avant d'être bien assuré que le disque solaire est entamé ou que l'échancrure persiste encore.

C'est vers $9^h 11^m 50^s$ que la planète cessa d'échancrer le limbe solaire et parut tout à fait sortie.

Ces heures sont corrigées de la réfraction et de l'effet de la parallaxe pour Paris.

Nous avons tracé, comme une corde traversant la région nord-ouest du disque solaire, la route suivie par Mercure pendant son passage, avec les circonstances principales de l'observation. L'image est renversée, comme dans toutes les observations faites à la lunette astronomique. Le prochain passage aura lieu dans dix ans. Nous nous ferons un plaisir d'en avertir nos lecteurs.

Tandis que Mercure sortait du disque brillant du Soleil, pendant 2 minutes et 20 secondes le bord solaire parut échancré comme par une balle. L'échancrure devint bientôt demi-circulaire, puis diminua de

Fig. 31.

Mercure sortant du disque solaire.

plus en plus. La *fig.* 31 montre exactement l'échancrure produite par la planète sur le bord du disque solaire.

Les passages de Mercure ont été peu et difficilement observés jusqu'à ce jour, non-seulement à cause de leur rareté, mais encore à cause de l'époque de l'année où ils se produisent. Ils ne peuvent se produire, en effet, qu'au commencement de novembre, et parfois, plus rarement, au commencement de mai. Or, les beaux jours sont rares en novembre, et peu s'en est fallu que ce passage-ci n'ait été, comme celui de 1861, invisible pour Paris.

Le spectacle que Mercure vient de nous offrir, nous l'offrons de temps en temps nous-mêmes aux habitants de Jupiter, qui sont plus instruits que nous à notre propre égard : car ils savent que la Terre est un astre du ciel. Il y a beaucoup de Terriens, d'Européens et de Français qui ne s'en doutent pas.

Le premier qui ait incontestablement aperçu Mercure sur le Soleil est notre compatriote Gassendi, professeur au Collége de France et chanoine de Digne; c'était le 7 novembre 1631. Il reconnut la petite tache ronde formée par la planète en projetant l'image solaire sur une feuille de papier blanc dans une chambre obscure.

La planète Mercure est environnée d'une atmosphère dans le sein de laquelle se forment des nuages et des mouvements météoriques comme sur la Terre que nous habitons. Son diamètre représente environ le tiers de celui de la Terre. Des saisons beaucoup plus disparates que les nôtres coupent son année en quatre parties distinctes de vingt-deux jours chacune. Ses habitants voient le Soleil sept fois plus gros que nous ne le voyons, et en reçoivent sept fois plus de lumière et de chaleur. Mais, soit que l'atmosphère tempère cette chaleur et s'oppose moins que la nôtre au rayonnement nocturne, soit qu'en effet cette chaleur soit beaucoup plus intense que celle que nous recevons, nous devons être assurés que les habitants de Mercure n'ont pas été construits pour vivre sur la Terre et sont chez eux dans leur milieu naturel. Pour eux, la Terre que nous habitons est semblable à une étoile de première grandeur, comme Jupiter l'est pour nous. Se doutent-ils qu'il y a ici des gens qui parlent d'eux?

C'est ainsi que toutes les planètes gravitent simultanément dans le ciel, et que leurs habitants contemplent sans se connaître et sans se voir leurs séjours célestes réciproques. Ces vérités modifient sensiblement les croyances fondées sur la prétendue dualité du Ciel et de la Terre. Il n'est pas tout à fait indifférent à la philosophie de savoir que nous sommes actuellement dans le Ciel, oui, actuellement, tout aussi complétement que chacun de nous pourrait y être dans un siècle, par exemple, après avoir quitté la Terre, et tout aussi bien que les êtres qui habitent Jupiter, Sirius ou les systèmes stellaires de la Voie lactée.

VIII.

SUR LE CARACTÈRE LUNAIRE PRÉSENTÉ PAR LE TRIMESTRE JANVIER, FÉVRIER ET MARS 1866.

On fait parfois courir des bruits astronomiques et météorologiques fort singuliers. En 1866, je reçus une lettre du professeur Zantedeschi, le savant et laborieux météorologiste de l'Université de Padoue, qui appelait mon attention sur une particularité assez curieuse présentée par le mois de février 1866, particularité qui, disait-on, ne devait se reproduire que tous les 25 000 siècles! savoir, que ledit mois de février s'est passé sans pleine lune. Je répondis *a priori*, que loin d'être aussi singulièrement rare ce fait devait, comme les éclipses, se reproduire à peu près tous les 19 ans; mais je n'eus pas le loisir de faire immédiatement la vérification par le calcul. Dans une brochure publiée à Venise en 1867, M. Zantedeschi donne à sa question la réponse du calcul. Cette particularité peut avoir un intérêt plus grand au point de vue de la météorologie que sous le rapport astronomique. Nous traduirons donc le chapitre qui la concerne.

Les mois de janvier et mars ont offert deux pleines lunes, tandis que le mois de février en fut totalement privé. Ce phénomène lunaire, dit l'auteur, a causé l'étonnement des journalistes politiques et littéraires. Le *Soleil* (il *Sole*), de Milan, entre autres, dans son numéro du 20 mars 1866, a publié, sous le titre de *Phase lunaire extraordinaire*, les lignes suivantes :

« Le mois de février 1866 fut un mois unique dans l'histoire du monde de l'astronomie : il n'y eut pas de pleine lune; janvier en eut deux, mars en aura deux. Cette disposition des temps, de laquelle résulte que la Lune a rendu visible son disque entier pendant quelques heures avant le commencement et quelques heures après la fin du mois, est un événement très-rare dans la nature. Et, pour démontrer sa rareté, nous remarquerons qu'elle ne s'est jamais produite depuis l'époque de la création du monde selon la Genèse; et, ce qu'il y a de plus curieux, c'est que le phénomène ne se reproduira pas (au dire des astronomes les plus célèbres) avant 2 millions et demi d'années. »

Cet article fut reproduit dans les principaux journaux d'Italie sans commentaire, ni analyse, ni explication. C'est pourquoi j'écrivis à plusieurs savants astronomes, pour qu'ils voulussent bien éclairer le public; entre autres, je nommerai en particulier le célèbre directeur de l'Observatoire astronomique de Brera, à Milan.

Sans doute, leurs travaux plus importants les ont empêchés de s'occuper immédiatement de ce détail, et je n'ai pas eu lieu d'insister, car M. G. V. Schiaparelli, ayant eu l'occasion de m'écrire en ce moment, m'a donné la réponse, laquelle fut suivie de près par un second écrit publié dans le journal la *Lombardia,* de Milan.

« Plusieurs journaux, dit cet article, ont appelé l'attention publique sur un phénomène arrivé au mois de février 1866, pendant lequel il n'y a pas eu de pleine lune. On voulait faire croire que c'était un événement extraordinaire et nouveau dans les fastes astronomiques. On citait des calculs d'après lesquels un fait semblable n'aurait pu avoir lieu plus d'une fois en deux millions et demi d'années. Ceci constituerait un privilége d'un nouveau genre pour ceux qui ont eu le bonheur d'exister pendant le mois de février de l'an de grâce 1866. Mais, avec le plus grand respect pour ceux qui pourraient trouver très-flatteuse cette notable distinction, nous devons déclarer qu'un mois de février sans pleine lune n'est pas un fait aussi rare qu'on le suppose, pour qu'un homme d'une médiocre longévité ne puisse l'avoir remarqué trois ou quatre fois dans sa vie. Comment ceux qui ont poussé leur regard de lynx à pénétrer les faits de millions d'années passés et futurs ne se sont-ils pas aperçus que dans l'année 1847, de non lointaine mémoire, il est arrivé précisément la même chose? En effet, les quatre premières pleines lunes de cette année 1847 portent les dates suivantes, tirées des éphémérides astronomiques et rapportées au méridien de Milan :

1ᵉʳ janvier	3 heures	19 minutes	soir.
31 »	9 »	6 »	matin.
2 mars	3 »	45 »	»
31 »	9 »	54 »	soir.

» En remontant dans la série des temps, nous retrouvons que la seconde pleine lune de l'année 1828 eut lieu le 1ᵉʳ février, à $1^h 40^m$ du matin, temps moyen de Milan. Mais au même instant, à Washington (ville placée à 86 degrés de longitude à l'ouest de Milan, et qui, par conséquent, a ses horloges en retard de 5 heures et 45 minutes sur celles de Milan), on comptait $7^h 55^m$ du soir du 31 janvier; de telle sorte que les habitants de cette ville eurent deux pleines lunes en janvier et aucune en février. Les temps des quatre premières pleines lunes de l'année 1828 furent, selon les horloges de Washington :

2 janvier	0 heures	47 minutes	du matin.
31 »	7 »	55 »	soir.
1ᵉʳ mars	1 »	43 »	»
31 »	5 »	11 »	matin.

» Toute l'Amérique a joui de la bonne fortune d'un mois de février sans pleine lune dont, pour cette fois, les habitants de l'ancien continent se sont trouvés privés; et cette fortune a été d'autant plus rare que, en 1828, février a eu 29 jours!

» On voit donc qu'il n'est pas besoin de millions d'années pour qu'il se produise un événement dont on a à tort exagéré la rareté.

» Même en tenant compte de l'intercalation grégorienne et des grandes irrégularités de la marche de la Lune, on peut bien par un calcul assez simple démontrer que, en 10000 ans grégoriens, on a, pour un lieu donné, 433 mois de février sans pleine lune, dont 43 à peu près appartiennent aux années bisextiles, et comptent par conséquent 29 jours.

» En deux millions et demi d'années, ce fait devrait se reproduire, non une, mais 108230 fois, s'il était possible de calculer le mouvement de notre satellite pour des intervalles de temps si énormes. Mais la marche de la Lune est encore si imparfaitement connue que, lorsqu'il est question de pénétrer des millions d'années dans le passé et l'avenir, il est impossible, je ne dirai pas de déterminer la position exacte de la Lune pour ces époques si lointaines, mais d'indiquer même avec quelque probabilité le signe du zodiaque dans lequel elle se retrouvera à un moment donné. »

Les calculs de l'habile directeur de l'Observatoire de Milan, qui s'est illustré depuis par sa découverte sur la relation qui existe entre les orbites des comètes et celles des étoiles filantes, sont exacts; nous les avons nous-même collationnés d'après les éphémérides. La période lunaire de 19 ans, le cycle de Méton, invitait dès le premier abord à repousser l'exagération des deux millions et demi d'années et à confronter les phases lunaires de février avec cette période. Peut-être cette absence de pleine lune en février a-t-elle une influence inconnue sur les marées de l'atmosphère ; mais, avant de l'avoir vérifiée, nous laisserons cette influence dans l'ombre des systèmes, où l'on garde en réserve les faits isolés qui peuvent, à un moment donné, servir à l'éclairer de nouvelles théories.

Tel est le document de l'excellent abbé Zantedeschi. Il ne se passe guère d'année qu'on ne fasse courir des bruits astronomiques aussi imaginaires que cette prétendue rareté d'un mois de février sans pleine lune.

IX.

COMÈTES OBSERVÉES EN 1867 ET 1868.

L'année 1867 a fourni l'observation de trois comètes nouvelles. La première, découverte le 22 janvier à l'Observatoire de Marseille, fut prise d'abord pour une nébuleuse non portée sur les cartes célestes. Le ciel se couvrit sans que l'observation pût être continuée et resta dans cet état jusqu'au 24, où, durant une éclaircie, on la retrouva assez loin de sa première position.

Le 25 enfin, M. Stephan put l'examiner à loisir et en déterminer les éléments. Il la trouva assez brillante, d'une apparence générale ronde, avec un noyau très-marqué. Elle lui parut toutefois plus condensée d'un côté, de manière à laisser soupçonner une queue en éventail. « Bien que l'état du ciel ait été très-différent pendant les diverses observations, faisait remarquer l'observateur, j'ai une tendance à croire que l'éclat de la comète augmente. »

Peu après celle-ci, une seconde comète a été découverte. Elle est restée visible au ciel pendant un temps assez long, et l'Observatoire de Paris a pu en déterminer les diverses positions, du 26 avril au 1ᵉʳ juin.

Ces deux comètes ne suivant pas des courbes fermées peuvent être considérées comme non avenues, et sont restées sans importance.

Comète III, 1867. — M. Hoek a trouvé que la dernière comète de cette année appartient au système déjà signalé par lui, qui se compose des comètes III et V de 1857. Les éléments de ces deux derniers astres se ressemblent d'une manière frappante, et ils passaient au périhélie à deux mois et demi d'intervalle seulement. Il se trouve aujourd'hui que les plans de leurs orbites et de celle de la comète III de 1867 se coupent suivant une même ligne d'intersection (le nœud est par 72° 46′ de longitude et 51° 26′ de latitude australe à très-peu près). Cette ligne est nécessairement parallèle à la direction du mouvement initial commun aux trois astres, au moment où ils entraient dans la sphère d'attraction du Soleil. Les aphélies sont situés à une distance assez considérable (15 à 20 degrés) du point d'intersection au point de rayonnement des orbites; mais ce qui est remarquable, c'est qu'ils se trouvent du même côté. En suivant les orbites dans la direction du mouvement rétrograde des trois comètes, on rencontre le point de rayonnement avant d'arriver aux aphélies. La même chose a lieu pour les comètes de 1677 et 1683, qui aussi avaient un mouvement rétrograde; le contraire pour celles de 1860 et 1863, formant un système à mouvement direct; on y rencontre les aphélies avant d'arriver au point de rayonnement. Serait-ce une loi générale?

Telles sont les trois comètes observées en 1867. L'année 1868 a fourni la découverte d'une comète nouvelle, par M. Winnecke, de l'Observatoire de Poulkowa, et l'observation de deux comètes périodiques : celle d'Encke, dont la période est de 3 ans 3 mois, et qui passa au périhélie le 16 septembre 1868; celle de Brorsen, dont la période est de 5 ans 6 mois, et qui passa au périhélie le 17 avril 1868. Occupons-nous d'abord de la découverte nouvelle.

En voici les éléments :

Comète *Winnecke*, 1868.

Passage au périhélie. 1868. Novembre 7,05516 Berlin.
Longitude du périhélie. 213° 0′36″ ⎫
Longitude du nœud....   64.45. 7 ⎪
Inclinaison...........   96.14.37 ⎬ Équin. moy. 1867,0.
Log. dist. périhélie.....   9,522790 ⎭

Ces éléments rappellent ceux de la seconde comète de 1785, calculés, par le président Saron, comme il suit :

Comète *II*, 1785.

Passage au périhélie. 1785. Avril. 8,478 Paris.
Longitude du périhélie............. 297°34′30″
Longitude du nœud.................   64.44.40
Inclinaison.......................   92.53. 0
Log. dist. périhélie...............   9,631024

La différence n'est sensible que dans la position du périhélie. La comète avait peu d'éclat. On a pu l'observer après son passage au périhélie, dans l'hémisphère sud.

L'état de la comète s'accrut sensiblement du 13 juin, date de sa découverte, jusqu'au mois d'août. On put la voir à l'œil nu, comme un astre de cinquième grandeur. La queue pouvait être suivie dans le chercheur, jusqu'à 2 degrés du noyau.

La comète d'Encke est la première des comètes à courte période dont on ait observé le retour et qui ait subsisté pendant un certain nombre d'apparitions. La comète de Biéla s'est partagée en deux parties au moins, et elle s'est peut-être dissipée. La comète d'Encke elle-même pourrait inspirer des inquiétudes : son retour en 1868 offrait donc un intérêt particulier.

Elle a été retrouvée le 20 juillet, à Copenhague, par M. d'Arrest, directeur de l'Observatoire de cette ville. Elle parcourait cette année, presque rigoureusement et sous des conditions presque identiques, la même route apparente qu'en 1825 ; il était donc d'un haut intérêt, après treize révolutions accomplies, de comparer entre elles, jour par jour, le développement successif et les apparences ultérieures de la comète dans ces deux apparitions.

En 1825, la comète, aux mêmes distances du Soleil et de la Terre, fut retrouvée à Göttingue précisément le même matin, et à Nîmes le lendemain.

La comète de Brorsen ayant passé au périhélie le 17 avril, celle d'Encke le 16 septembre et celle de Winnecke le 7 novembre, il s'ensuit que, quant au tribut cométaire de l'année, la première doit porter le n° I, la deuxième le n° II, et la troisième le n° III.

La réapparition de la comète de Brorsen a donné le moyen, malgré sa petitesse, d'en examiner le spectre. Dans les soirées des 23, 24 et 25 avril, la comète se présentait comme un petit noyau nébuleux, ayant l'éclat d'une étoile de septième ou huitième grandeur, vue avec un petit grossissement dans le chercheur et environnée d'une lumière diffuse d'une ou deux minutes.

Le spectre de la comète observé à Rome par le P. Secchi était discontinu et formé de zones lumineuses assez vives, sur un fond légèrement lumineux. La principale et la plus vive de ces zones était dans le vert près du magnésium (b), entre cette raie et la raie f du Soleil. Elle était assez vive pour qu'on pût la voir en même temps que l'image directe de la comète ; elle était aussi large que le noyau ou un peu plus, et quelquefois scintillante, mais vaporeuse. Une autre zone se voyait dans le bleu au delà de la raie E, mais beaucoup plus faible et plus vaporeuse. Enfin, il y en avait deux autres dans le rouge et le jaune, la première à peine perceptible.

Le coucher de la comète peu après la fin du crépuscule, le brouillard dans lequel elle se plongeait, et ensuite la Lune, ont empêché de continuer les observations et de s'assurer si ces zones sont constantes.

Mais il résulte de ces observations une conséquence très-importante, savoir, que toute lumière des comètes n'est pas simplement de la lumière réfléchie du Soleil, ce qui confirme la remarque déjà faite au tome II de ces *Études*, p. 256. Si c'était de la lumière réfléchie, elle devrait donner le spectre solaire et, à cause de sa faiblesse, elle serait à peine perceptible, comme le serait celle d'une étoile jaune de moyenne grandeur. La lumière des comètes est donc une lumière propre, au moins en grande partie. La lumière réfléchie ou diffuse provenant du Soleil d'une manière quelconque ne peut y entrer que pour une très-petite part. Cette lumière est analogue, pour la couleur, à celle des nébuleuses proprement dites, mais non absolument identique.

Nous connaissons déjà les ingénieux résultats des travaux de M. Huggins sur le spectre des comètes. Lorsque, au mois de juin 1868, une nouvelle comète fut découverte par M. Winnecke, M. Huggins saisit avec empressement cette occasion de continuer ses recherches sur la constitution physique des astres errants.

Examinée au moyen du spectroscope, la lumière de cette nouvelle comète, comme celle de Brorsen, se résolvait en trois raies brillantes; mais les raies produites par la comète de Winnecke étaient plus larges et n'occupaient pas la même position. La largeur et l'éclat de ces bandes n'étaient pas uniformes; la plus brillante se trouvait au milieu. Dans ce cas, comme la comète de Brorsen, la partie la moins brillante de la queue produisait un spectre continu, et ce spectre était si peu visible, que M. Huggins ne peut même en affirmer positivement l'existence.

Il n'y avait rien de nouveau dans ces résultats. Mais c'est ici le moment de dire que M. Huggins, ayant étudié en 1864 les spectres des divers éléments terrestres, avait remarqué que plusieurs de ces spectres paraissaient formés de raies brillantes. En recherchant

les diagrammes qu'il en avait faits à cette époque,
M. Huggins en trouva un qui lui sembla présenter une
grande analogie avec le spectre de la comète de
Winnecke. C'était le spectre du carbone, qui, comme
tous les physiciens le savent, est entièrement dépourvu
de raies brillantes. M. Huggins voulut alors vérifier,
par la comparaison directe, si la comète était formée
en tout ou en partie de carbone volatilisé.

Pour faire cette vérification, M. Huggins s'adjoignit
un chimiste, M. Miller, qui avait déjà partagé ses travaux en maintes circonstances. L'expérience fut disposée de façon que le spectre du carbone vînt se produire dans le spectroscope immédiatement au-dessus
de celui de la comète. Les deux observateurs purent
alors constater qu'il n'y avait pas de différence sensible
entre ces deux spectres. Les raies avaient la même position et le même éclat relatif. L'expérience, répétée
plusieurs fois, donna toujours les mêmes résultats.

Il faut nécessairement conclure de là que la comète
de Winnecke est entièrement ou presque entièrement
formée de charbon volatilisé ou de *vapeurs de carbone,*
comme on le dit en chimie. Conclusion étrange et dont
l'explication nous échappe : comment peut-il se faire
que le carbone, substance éminemment fixe de sa nature,
du moins avec les moyens de production de chaleur
dont nous jouissons dans nos laboratoires, se volatilise dans les espaces interplanétaires dont la température est glaciale? C'est là un mystère qu'il ne nous est
pas encore donné d'approfondir. Pour le moment nous
ne pouvons que constater le fait révélé par l'observation. Évidemment, la cause du phénomène ne réside

pas dans la chaleur solaire en une région aussi éloignée du Soleil que la Terre. L'avenir seul pourra fournir l'explication de ce phénomène étrange.

Il n'est pas impossible que le carbone puisse exister dans un état allotropique dans lequel il serait capable de se vaporiser à une température comparativement peu élevée; mais, en admettant cette hypothèse, il n'en resterait pas moins une objection tirée de ce que non-seulement la vapeur à l'état non lumineux est incapable d'émettre des rayons de lumière de même réfrangibilité que si elle était lumineuse, mais elle ne pourrait pas non plus transmettre ces mêmes rayons par réflexion.

Passons maintenant en revue les principaux phénomènes qui se présentent habituellement lorsqu'une comète s'approche du Soleil :

1° Le noyau, sous l'influence de la chaleur solaire, émet des jets lumineux qui présentent souvent l'apparence d'enveloppes lumineuses autour du noyau;

2° Ces enveloppes ou jets lumineux surgissent en premier lieu du côté du Soleil;

3° Les enveloppes sont souvent séparées les unes des autres et de la tête de la comète par des espaces invisibles;

4° Les enveloppes, à la limite de la tête, se comportent comme si elles étaient soumises à l'action d'une force intense de répulsion de la part du Soleil;

5° La matière des enveloppes paraît être repoussée par le Soleil sur tout le pourtour de la tête, de manière à former une queue creuse de forme conique.

Quoique la faible lumière des comètes soumises jusqu'à ce jour à l'analyse spectrale n'ait pas permis des observations rigoureusement exactes, on a pu cependant constater que la matière émise par le noyau, et qui est caractérisée par une teinte bleue, fournit une lumière que le prisme montre identique avec celle émise par la vapeur de carbone. Il reste donc démontré que la lumière bleue n'est pas due à la réflexion d'un nuage dont les particules seraient trop subtiles pour réfléchir les ondes plus allongées des couleurs moins réfrangibles. Il n'est pas impossible que les espaces invisibles remarqués entre les enveloppes puissent correspondre à un état de la vapeur dans lequel celle-ci ne serait pas assez condensée pour la réfléchir.

Les portions extérieures de la chevelure et de la queue qu'on a remarquées être polarisées suivant un certain plan, indiquant ainsi la présence de la lumière solaire, peuvent être regardées comme composées de la vapeur du noyau condensée en très-petites particules répandues sur un vaste espace.

La rapidité extraordinaire avec laquelle la queue de la comète s'étend à une distance énorme, dans une direction opposée au Soleil, reste jusqu'ici sans explication. Serait-il permis de supposer que l'instant où la matière caudale devient soumise à une action de répulsion de la part du Soleil soit aussi celui où la vapeur se trouve être condensée en particules distinctes, et que les deux phénomènes dépendent ainsi, sous certains rapports, l'un de l'autre?

Quoi qu'il en soit, une comète formée de vapeurs de charbon, c'est là un bien singulier résultat de l'analyse spectrale!

X.

PETITES PLANÈTES DÉCOUVERTES EN 1867 ET 1868.

Les vigies du ciel, qui passent leurs nuits à observer minutieusement les plus petites lumières du zodiaque, étaient arrivées au chiffre 91 au commencement de l'année 1867. L'année illustrée par l'Exposition universelle où les canons Krupp reçurent la médaille d'or a ajouté quatre petites planètes à la collection, et l'année 1868 en a ajouté dix nouvelles.

La 92ᵉ petite planète a été trouvée le 7 juillet 1867 à New-York, par M. Peters, directeur de l'Observatoire d'Hamilton-College; elle ressemble à une étoile de 10ᵉ grandeur, et a reçu le nom d'*Undine*.

La 93ᵉ et la 94ᵉ ont été observées pour la première fois par M. Watson, directeur de l'Observatoire d'Ann-Arbor. La découverte de la première remonte au 24 août, celle de la seconde au 6 septembre. Leur apparence est celle d'une étoile de 11ᵉ grandeur. La première a reçu le nom de *Minerve*, la seconde celui d'*Aurore*.

La 95ᵉ planète a été découverte par M. Robert Luther, le 23 novembre, à Düsseldorf. Le professeur Galle et le Dʳ Sunther, astronome de l'Observatoire de Breslau, ont donné à la nouvelle planète découverte par M. Luther le nom d'*Arethusa*. Cette planète est de 10ᵉ à 11ᵉ grandeur.

plus que de réalités, et si l'on envisage l'histoire de l'Astronomie en particulier, on remarque avec un certain étonnement qu'au lieu de s'appliquer à la connaissance exacte des mouvements célestes, on s'est pendant longtemps contenté d'accorder l'observation vulgaire avec les grands mots écrits en lettres d'or sur les tablettes de l'école.

On croyait, par exemple, de par l'autorité des philosophes de l'ancienne Grèce, que le cercle était la figure parfaite par excellence, et que les corps célestes, doués eux-mêmes d'un caractère divin, ne pouvaient être emportés dans l'espace que par un mouvement circulaire uniforme. C'était là un principe *évident* comme un axiome, que l'on ne songeait même pas à contredire ou à démontrer, tant la conviction était inébranlable. Or, comme en réalité les corps célestes ne décrivent pas de circonférences parfaites, et que, soit qu'on prenne le Soleil ou la Terre pour centre, leur cours s'écarte très-sensiblement de cette figure, les anciens astronomes, comme le remarque judicieusement M. Bertrand, « s'attachant bien plus à accorder les mots qu'à rester conséquents à leur faux principe, disaient que chaque planète est mobile sur un cercle; mais ils admettaient aussitôt que le centre de ce cercle, nommé *épicycle*, est entraîné à son tour uniformément sur la circonférence d'un autre cercle, appelé le déférent, en emportant la planète qui le parcourt. Celle-ci se trouve ainsi soumise à deux mouvements qui l'attirent mutuellement par leur composition; elle ne peut, quoi qu'on fasse, décrire qu'une seule courbe, qui n'est pas un cercle, mais qui est produite par la combinaison de deux mouvements circulaires, et, par cette finesse de discours, ils prétendaient tout concilier. »

Pour rien au monde on n'aurait effacé des manuscrits péripatéticiens ces mots, dont l'importance avait grandi en traversant les âges, comme les objets lointains qui revêtent des formes colossales lorsque la brume des distances les

III.   12

sépare de l'observateur. Il était écrit que ces mouvements étaient parfaits et circulaires; il fallait qu'ils le fussent. Copernic ne put s'affranchir de cette idée; Tycho-Brahé lui sacrifia; Kepler lui-même ne put transformer les orbites circulaires en ellipses qu'après trente ans de tâtonnements et de recherches infructueuses. Et cependant à quelles complications n'en était-on pas arrivé dans cette obstination à garder inviolables les paroles du maître ?

Dès Eudoxe et Aristote, on était arrivé par la succession des suppositions au nombre déjà respectable de trente-six sphères emboîtées pour ne pas retrancher le mot *cercle* de l'arrangement des corps célestes. Au XIIIe siècle, au temps d'Alphonse X, on en comptait déjà soixante-six. Au commencement du siècle de Copernic, les observations ayant sans cesse suscité de nouveaux embarras, Fracastor fut obligé d'admettre un emboîtement général de soixante-dix-neuf sphères douées chacune d'un mouvement propre (*).

Une telle nécessité, si diamétralement opposée au caractère de la nature, aurait dû mettre en garde les esprits contre la valeur de cette prétendue perfection; la complication toujours croissante du mécanisme devait montrer que ce mécanisme n'était autre chose que l'œuvre de la fabrication humaine, car tandis que nous employons si souvent des moyens très-compliqués pour arriver à de médiocres résultats, la nature, au contraire, opère les œuvres les plus accomplies par les voies les plus directes et les modes les plus simples.

Néanmoins, si l'on remarque que la force d'inertie existe non-seulement dans le monde des corps, mais aussi dans le monde des esprits, on saura qu'il fallut à Copernic une grande indépendance d'esprit pour faire main basse sur ce système de cristal, consacré par une vénération séculaire, et qui était devenu la charpente de la Métaphysique elle-même.

(*) *Voyez* notre ouvrage *Copernic et le Système du Monde.*

La 96ᵉ petite planète a été aperçue dans la soirée du 17 février, par M. Coggia, de l'Observatoire de Marseille. Elle paraissait comme une étoile de 11ᵉ grandeur. On l'a baptisée du nom d'*Églé*.

La 97ᵉ a été trouvée le même jour, également à Marseille, par un astronome indépendant de l'Observatoire, M. Tempel. Elle a reçu le nom de *Clotho*.

Le 18 mai, découverte de la 98ᵉ petite planète par M. Peters, directeur de l'Observatoire d'Hamilton-College, à Cinton (États-Unis d'Amérique) : 12ᵉ grandeur. Elle est décorée du nom d'*Ianthe*.

Le 28 mai, 99ᵉ, par M. Borelli, de l'Observatoire de Marseille. Elle a reçu le nom de *Diké*.

Le 100ᵉ astéroïde a été découvert par trois chercheurs à la fois : en Amérique, à Ann-Arbor, par M. Watson, le 11 juillet; à New-York (Clinton), par M. Peters, le 14 juillet; et à Marseille, le 18 du même mois, par M. Coggia. On lui a donné le nom de la noire déesse des enfers : *Hécate*.

Mais les chercheurs de planètes télescopiques ne devaient pas s'arrêter à la centaine.

Le 101ᵉ astéroïde fut découvert, le 15 août, par M. James Watson, directeur de l'Observatoire d'Ann-Arbor : 10ᵉ grandeur. Cette planète se nomme *Hélène*.

Le 22 août, 102ᵉ, par M. Peters : de 11ᵉ à 12ᵉ grandeur. On l'a nommée *Miriam*.

Le 7 septembre et le 13 du même mois, 103ᵉ et 104ᵉ, par M. Watson. La première est de 10ᵉ grandeur et a été nommée *Héra,* la seconde de 11-12ᵉ grandeur et a reçu le nom de *Clymène*.

Enfin le 16 septembre, la 105ᵉ petite planète fut découverte par le même infatigable chercheur. Elle était de 11ᵉ à 12ᵉ grandeur, et a reçu le nom d'*Artémise*.

La zone des petites planètes se présente désormais à nous sous l'aspect suivant :

	Distances au Soleil.	Distances en lieues.	Révol. Jours.
Mars	1,523691	56376570	687
Premier astéroïde (Flore)	2,201727	81463900	1193
Milieu de la zone (Terpsichore)	2,853321	105572880	1760
Dernier astéroïde (Sylvie)	3,494109	139282000	2386
Jupiter	5,202798	192503530	4332

Quelles sont les dimensions des petites planètes ?

Dans le premier tome de ces *Études,* nous avons donné (Notes, p. 259) un calcul que notre savant collègue M. Lespiault nous avait adressé sur le volume probable des petites planètes, déterminé par une méthode géométrique fort simple. Voici une autre solution du même problème.

Dans le supplément du *Nautical Almanach* pour l'année 1868, on trouve les grandeurs de 71 astéroïdes correspondant à leur apparition moyenne. Un grand nombre d'entre eux ont été l'objet des calculs de M. Pogson et méritent la plus grande confiance. Si nous supposons que les surfaces des astéroïdes ont une puissance réflective égale, nous pouvons, d'après les grandeurs aux époques de l'apparition et le demi-grand axe des orbites, déterminer les dimensions relatives de la surface réfléchissante moyenne de ces petits corps. C'est ce que vient de faire M. E.-J. Stone, de la Société royale astronomique. Les diamètres relatifs ainsi calculés sont donnés dans la Table suivante. Pour réduire ces résultats en milles, l'auteur a adopté les diamètres de Cérès et de Pallas, tirés des mesures directes de W. Herschel et de Lamont. Depuis la fin de ces calculs, l'auteur a trouvé que les dimensions des 39 premiers ont été calculées à différentes dates par M. Bruhns, *De Planetis minoribus*. Nous traduisons les milles en lieues.

Noms.	Diamètre en lieues.	Noms.	Diamètre en lieues.
1. Cérès	78	25. Phocéa	14
2. Pallas	68	26. Proserpine	17
3. Junon	49	27. Euterpe	20
4. Vesta	85	28. Bellone	26
5. Astrée	23	29. Amphitrite	33
6. Hébé	36	30. Uranie	17
7. Iris	35	31. Euphrosine	18
8. Flore	24	32. Pomone	17
9. Métis	30	33. Polymnie	14
10. Hygée	41	34. Circé	11
11. Parthénope	25	35. Leucothée	12
12. Victoria	20	36. Atalante	8
13. Égérie	24	37. Fides	19
14. Irène	26	38. Léda	16
15. Eunomia	37	39. Lætitia	36
16. Psyché	30	40. Harmonia	24
17. Thétis	20	41. Daphné	24
18. Melpomène	20	42. Isis	16
19. Fortuna	22	43. Ariane	13
20. Massalia	26	44. Nysa	17
21. Lutetia	16	45. Eugénie	18
22. Calliope	31	46. Hestia	10
23. Thalie	18	47. Aglaé	17
24. Thémis	10	48. Doris	23

Noms.	Diamètre en lieues.	Noms.	Diamètre en lieues.
49. Palès	24	61. Danaé	15
50. Virginia	10	62. Erato	16
51. Nemausa	15	63. Ausonia	20
52. Europe	29	64. Angelina	18
53. Calypso	12	65. Maximiliana	25
54. Alexandra	16	66. Maja	7
55. Pandore	18	67. Asia	9
56. Melete	12	68. Leto	24
57. Mnémosyne	25	69. Hespérie	12
58. Concordia	12	70. Panope	14
59. Olympia	14	71. Niobé	19
60. Echo	7		

On comparera avec intérêt ce tableau à celui que M. Lespiault a dressé d'après les formules d'Argelander. Ces déductions paraissent plus faciles à obtenir et plus sûres que les résultats directement cherchés par Schrœter, Herschel, Lamont et Mædler. Mais la propriété réfléchissante de la surface reste toujours l'inconnue, et peut être la source d'erreurs inévitables.

REVUE BIBLIOGRAPHIQUE

DES

DERNIERS OUVRAGES PUBLIÉS SUR L'ASTRONOMIE.

REVUE BIBLIOGRAPHIQUE

DES

DERNIERS OUVRAGES PUBLIÉS SUR L'ASTRONOMIE.

I.

ARAGO. — Notices scientifiques et biographiques.

La popularité toujours durable du célèbre directeur de l'Observatoire de Paris s'est fondée lentement sur ces études diverses publiées par l'*Annuaire du Bureau des Longitudes*, qui resteront longtemps comme une mine féconde de renseignements utiles. Nous ouvrirons cette Revue bibliographique générale en revoyant un instant l'ensemble de ces Notices, réimprimées aujourd'hui dans un ordre systématique qui en fait une collection homogène, et dans cet examen nous saisirons surtout les faits qui nous feront apprécier à la fois le *savant* et l'*homme*.

L'*Histoire de sa jeunesse*, qu'il raconte avec une modeste franchise à l'ouverture de sa Notice, et qui accompagne dignement l'introduction dont Alexandre de Humboldt a enrichi le premier volume, nous montre François Arago dès les premiers pas de sa carrière scientifique si laborieuse. Les faits dont ce récit est émaillé confirment la parole même de l'astronome, lorsque, dans sa Notice sur J.-S. Bailly, il disait que « les prémices des jeunes savants sont loin d'être semées de roses. » Le caractère loyal et ferme d'Arago sut vaincre toutes les difficultés et surmonter tous les obstacles, sans qu'une seule marque de faiblesse affaiblisse aujourd'hui l'éclat de son nom.

Ce sont souvent les premiers pas qui nous intéressent dans le cours de la vie d'un grand homme. Ainsi nous aimons à voir qu'à l'âge de quinze ans, livré à ses seules ressources, il se met à déchiffrer d'arides traités d'Algèbre et de Mécanique, et, du fond de la province, à étudier le programme d'admission à l'École Polytechnique; nous aimons à le voir, servi par sa curiosité, le jour où, décollant une vieille armoire et enlevant le papier qui la recouvrait, il lut ce conseil de d'Alembert : « Allez, Monsieur, allez, et la foi vous viendra, » et se mit à continuer son Algèbre en passant par-dessus les propositions qu'il ne comprenait pas. Nous aimons l'entendre répondre à son premier examinateur et raconter lui-même la mémorable séance que voici :

« Lorsque arriva l'époque de l'examen, je me rendis à Toulouse, en compagnie d'un candidat qui avait étudié au collége communal. C'était la première fois que des élèves, venant de Perpignan, se présentaient au concours.

Mon camarade. intimidé, échoua complétement. Lorsque après lui je me rendis au tableau, il s'établit entre M. Monge, l'examinateur, et moi, la conversation la plus étrange :

« Si vous devez répondre comme votre camarade, il est inutile que je vous interroge.

— Monsieur, mon camarade en sait beaucoup plus qu'il ne l'a montré; j'espère être plus heureux que lui; mais ce que vous venez de dire pourrait bien m'intimider et me priver de tous mes moyens.

— La timidité est toujours l'excuse des ignorants; c'est pour vous éviter la honte d'un échec que je vous fais la proposition de ne pas vous examiner.

— Je ne connais pas de honte plus grande que celle

que vous m'infligez en ce moment. Veuillez m'interroger : c'est votre devoir.

— Vous le prenez de bien haut, Monsieur! nous allons voir tout à l'heure si cette fierté est légitime.

— Allez, Monsieur, je vous attends! »

M. Monge m'adressa alors une question de Géométrie à laquelle je répondis de manière à affaiblir ses préventions. De là il passa à une question d'Algèbre, à la résolution d'une équation numérique. Je savais l'ouvrage de Lagrange sur le bout du doigt; j'analysai toutes les méthodes connues en en développant les avantages et les défauts : méthode de Newton, méthode des séries récurrentes, méthode des cascades, méthode des fractions continues, tout fut passé en revue; la réponse avait duré une heure entière. Monge, revenu alors à des sentiments d'une grande bienveillance, me dit : « Je pourrais, dès ce moment, considérer l'examen comme terminé : je veux cependant, pour mon plaisir, vous adresser encore deux questions. Quelles sont les relations d'une ligne courbe et de la ligne droite qui lui est tangente? » Je regardai la question comme un cas particulier de la théorie des osculations que j'avais étudiée dans le *Traité des fonctions analytiques* de Lagrange. « Enfin, me dit l'examinateur, comment déterminez-vous la tension des divers cordons dont se compose une machine funiculaire? » Je traitai ce problème suivant la méthode exposée dans la *Mécanique analytique*. On voit que Lagrange avait fait tous les frais de mon examen.

J'étais depuis deux heures et quart au tableau; M. Monge, passant d'un extrème à l'autre, se leva, vint m'embrasser, et déclara solennellement que j'occuperais le premier rang sur sa liste. Le dirai-je? pendant l'examen de mon camarade, j'avais entendu les candidats toulousains débiter des sarcasmes très-peu aimables pour les élèves de Perpignan : c'est surtout à titre de réparation pour ma ville natale que

la démarche de M. Monge et sa déclaration me transpor-
tèrent de joie. »

Les professeurs de l'École Polytechnique étaient savants
et sévères. Arago ne s'en plaint pas. Au contraire, il raconte
d'une façon fort pittoresque un incident qui montre la
nécessité pour tout professeur de garder aux yeux des élèves
son rang et sa considération :

Un élève, M. Leboullenger, rencontra un soir dans le
monde le professeur Hassenfratz, et eut avec lui une discussion. En rentrant le matin à l'École, il nous fit part de cette
circonstance. « Tenez-vous sur vos gardes, lui dit l'un de
nos camarades, vous serez interrogé ce soir; jouez serré,
car le professeur a certainement préparé quelques grosses
difficultés, afin de faire rire à vos dépens. »

Nos prévisions ne furent pas trompées. A peine les élèves
étaient-ils arrivés à l'amphithéâtre, que Hassenfratz appela
M. Leboullenger, qui se rendit au tableau.

« Monsieur Leboullenger, lui dit le professeur, vous avez
vu la Lune? — Non, monsieur. — Comment, monsieur, vous
dites que vous n'avez jamais vu la Lune? — Je ne puis que
répéter ma réponse : non, monsieur. » Hors de lui, et voyant
sa proie lui échapper à cause de cette réponse inattendue,
Hassenfratz s'adressa à l'inspecteur chargé ce jour-là de la
police, et lui dit : « Monsieur, voilà M. Leboullenger qui
prétend n'avoir jamais vu la Lune. — Que voulez-vous que
j'y fasse? » répondit stoïquement Lebrun. Repoussé de
ce côté, le professeur se retourna encore une fois vers
M. Leboullenger, qui restait calme et sérieux au milieu de
la gaieté indicible de tout l'amphithéâtre, et il s'écria, avec
une colère non déguisée : « Vous persistez à soutenir que
vous n'avez jamais vu la Lune? — Monsieur, repartit l'élève,
je vous tromperais si je vous disais que je n'en ai jamais
entendu parler, mais je ne l'ai jamais vue. — Monsieur,
retournez à votre place. »

Après cette scène, Hassenfratz n'était plus professeur que de nom; son enseignement ne pouvait plus avoir aucune utilité.

Arago raconte fort agréablement les passions politiques de l'École en 1804, le refus de quelques élèves de prêter le serment d'obéissance, et la difficulté qu'il eut d'empêcher Brissot d'assassiner l'Empereur. Tous ces petits événements nous paraissent grands aujourd'hui. Son voyage en Espagne est tout un roman, véridique et non inférieur aux voyages de Jacques Arago. Son excellente mère faisant dire des messes pour le repos de son âme, son « amitié » avec les chefs de brigands, ses travestissements, ses emprisonnements, son voyage à Alger, encadrent pittoresquement le tableau quelque peu monotone des opérations géodésiques.

Biot raconte avec sympathie dans ses *Mélanges* comment Laplace se plaisait à protéger les jeunes intelligences. Arago parle avec le même regret de l'illustre géomètre. Mais voici un petit trait que nous regretterions de passer sous silence :

« J'étais heureux et fier quand je dînais dans la rue de Tournon, dit-il. Mon esprit et mon cœur étaient très-disposés à tout admirer, à tout respecter chez celui qui avait découvert la cause de l'équation séculaire de la Lune, trouvé dans le mouvement de cet astre le moyen de calculer l'aplatissement de la Terre, rattaché à l'attraction les grandes inégalités de Jupiter et de Saturne, etc., etc. Mais quel ne fut pas mon désenchantement lorsque, un jour, j'entendis Mme Laplace s'approcher de son mari et lui dire : « Voulez-vous me confier la clef du sucre? »

Il semble, en effet, que des hommes dont le génie plane habituellement dans les hauteurs de la Mécanique céleste ne sont pas supposés pouvoir jamais descendre à de petits détails d'économie domestique. La lecture des *Notices biographiques* nous fait passer tour à tour de l'infiniment grand à l'infiniment petit et du sublime au vulgaire. Un jour, par exemple, nommé membre de l'Institut à l'âge de vingt-trois ans, Arago se rend aux Tuileries en compagnie de quelques académiciens. Il remarqua d'abord que plusieurs mettaient un empressement extraordinaire à se faire remarquer.

« Vous êtes bien jeune, me dit Napoléon en s'approchant de moi, et, sans attendre une réplique flatteuse, qu'il ne m'eût pas été difficile de trouver, il ajouta : Comment vous appelez-vous? » Et mon voisin de droite, ne me laissant pas le temps de répondre à cette question, assurément très-simple, s'empressa de dire : « Il s'appelle Arago.

— Quelle est la science que vous cultivez? »

Mon voisin de gauche répliqua aussitôt :

« Il cultive l'Astronomie.

— Qu'est-ce que vous avez fait? »

Mon voisin de droite, jaloux de ce que mon voisin de gauche avait empiété sur ses droits à la seconde question, se hâta de prendre la parole et dit :

« Il vient de mesurer la méridienne d'Espagne. »

L'Empereur, s'imaginant sans doute qu'il avait devant lui un muet ou un imbécile, passa à un autre membre de l'Institut. C'était un naturaliste connu par de belles et importantes découvertes, c'était M. Lamarck. Le vieillard présenta un livre à Napoléon :

« Qu'est-ce que cela? dit celui-ci. C'est votre absurde *Météorologie ;* c'est cet ouvrage dans lequel vous faites concurrence à Mathieu Laensberg, cet annuaire qui déshonore vos vieux jours! Faites de l'histoire naturelle, et je recevrai vos productions avec plaisir. Ce volume, je ne le prends que par considération pour vos cheveux blancs. Tenez! » Et il passa le livre à un aide de camp.

Le pauvre M. Lamarck, qui, à la fin de chacune des paroles brusques et offensantes de l'Empereur, essayait inutilement de dire : « C'est un ouvrage d'histoire naturelle que je vous présente, » eut la faiblesse de fondre en larmes.

N'insistons pas sur cette scène. Elle n'est à la gloire de personne. Ajoutons qu'immédiatement après sa nomination à l'Institut, Arago reçut l'ordre de partir comme conscrit. Celui-ci refusa, et déclara qu'il se rendrait sur l'Esplanade et traverserait tout Paris en costume de membre de l'Institut. Le général Mathieu Dumas fut effrayé de l'effet que produirait cette scène sur l'Empereur, membre de l'Institut lui-même, et laissa le jeune astronome au Bureau des Longitudes.

Ces courtes digressions montrent Arago dans son caractère intime. Peut-être oublie-t-on trop souvent ces faits en apparence insignifiants, mais bien significatifs dans la vie des hommes illustres, et se contente-t-on trop facilement des enveloppes extérieures sous lesquelles la renommée scientifique nous les présente.

Aux Notices biographiques du savant Secrétaire perpétuel de l'Académie des Sciences, nous adjoindrons la nouvelle édition des *Notices scientifiques*, dont quelques-unes sont inédites, dont d'autres étaient éparses parmi des rapports ou des projets de lois, et dont la plupart ont jadis si vivement intéressé les lecteurs de l'*Annuaire du Bureau des Longitudes*. De ces travaux remarquables à tant de titres, et qui mettent bien en évidence les facultés multiples du laborieux physicien, nous signalerons particulièrement la belle Notice sur le *Tonnerre*, celle sur le *Magnétisme terrestre*, celle consacrée aux *Chemins de fer*, et les recherches relatives à la nature et au mode d'action de la lumière. En relisant ces pages, on reconnaît la haute part que François Arago a prise à la direction des événements scientifiques qui ont captivé l'esprit humain pendant la première moitié de notre siècle.

Il est parmi ces Notices une question qui vient de reprendre en ces dernières années une nouvelle actualité par les travaux qu'elle a suscités de toutes parts et par les préoccupations qu'elle a jetées dans l'esprit de certains chercheurs. C'est le sujet encore neuf de la *prédiction du temps.* « Est-il possible. dans l'état actuel de nos connaissances, de prédire le temps qu'il fera à une époque et dans un lieu donné? Peut-on espérer, en tous cas, que ce problème sera résolu un jour? » Telle est l'interrogation que le directeur de l'Observatoire se posait, il y a quelque trente ans. Nous croyons opportun de rappeler aux météorologistes en quels termes il a répondu, et nous résumerons les points sommaires de cette réponse.

« Occupé, par goût et par devoir, d'études météorologiques, je me suis souvent demandé, dit-il, si, en s'appuyant sur des considérations astronomiques, on pourra jamais savoir, une année d'avance, ce que seront, dans un lieu donné, la température annuelle, la température, les quantités de pluies comparées aux moyennes habituelles, les vents régnants, etc.

» En examinant le résultat des recherches des physiciens et des astronomes concernant l'influence de la Lune et des comètes sur les changements de temps, j'ai trouvé la preuve péremptoire, je crois, que les influences lunaires et cométaires sont presque insensibles, et, dès lors, que la prédiction du temps ne sera jamais une branche de l'Astronomie proprement dite, quoique notre satellite et les comètes aient été, à toutes les époques, considérés en Météorologie comme les astres prépondérants.

» J'ai encore envisagé le problème sous un autre aspect. J'ai cherché si les travaux des hommes, si des événements qui resteront toujours en dehors de nos prévisions, ne seraient pas de nature à modifier les climats accidentellement et très-sensiblement, en particulier sous le rapport de la température.

» Je l'avouerai sans détour, j'ai voulu alors faire naître

une occasion de protester hautement contre les prédictions qu'on m'a attribuées tous les ans, soit en France, soit à l'étranger. Jamais une parole sortie de ma bouche, ni dans l'intimité, ni dans les cours que j'ai professés pendant plus de quarante années, jamais une ligne publiée avec mon assentiment n'ont autorisé personne à me prêter la pensée qu'il serait possible, dans l'état de nos connaissances, d'annoncer avec quelque certitude le temps qu'il fera une année, un mois, une semaine, je dirai même un seul jour d'avance. Puisse le dépit que j'ai ressenti en voyant paraître sous mon nom une foule de prédictions ridicules, ne m'avoir pas entraîné, par une sorte de réaction, à donner une importance exagérée aux causes de perturbation que j'ai énumérées! Quoi qu'il en soit, je crois pouvoir déduire de mes investigations la conséquence capitale dont voici l'énoncé : Jamais, quels que puissent être les progrès des sciences, les savants de bonne foi et soucieux de leur réputation ne se hasarderont à prédire le temps. »

Après cette déclaration si explicite, Arago entre dans l'examen des causes perturbatrices des températures terrestres susceptibles d'être prévues : contact de l'océan avec l'atmosphère, dislocation des champs de glace, glaces flottantes, diaphanéité de la mer, mobilité de l'atmosphère, obscurcissements accidentels, influence des forêts, et enfin causes perturbatrices de l'électricité atmosphérique.

L'atmosphère qui, un jour donné, repose sur la mer, devient en peu de temps, dans les latitudes moyennes, l'atmosphère des continents, surtout à cause de la prédominance des vents d'ouest. L'atmosphère emprunte, en très-grande partie, sa température à celle des corps solides ou liquides qu'elle enveloppe. Tout ce qui modifie la température normale de la mer apporte donc, tôt ou tard, des perturbations dans la température des atmosphères continentales. Y a-t-il des causes, placées à tout jamais en dehors des prévisions des hommes, qui puissent modifier sensiblement la température d'une portion considérable de l'océan ? Ce problème se rattache par d'étroits liens à la question météorologique que je me suis proposée. Essayons d'en trouver la solution.

Personne ne peut douter que les champs de glace du pôle arctique, que des mers immenses congelées n'exercent une influence marquée sur les climats de l'Europe. Pour apprécier en nombres l'importance de cette influence, il faudrait tenir compte à la fois de l'étendue et de la position de ces champs ; or ce sont là deux éléments très-variables qu'on ne saurait rattacher à aucune règle certaine.

La côte orientale du Groënland était jadis abordable et très-peuplée. Tout à coup une barrière de glaces impénétrables s'interposa entre elle et l'Europe. Pendant plusieurs siècles, le Groënland ne put être visité. Eh bien, vers l'année 1815, ces glaces éprouvèrent une débâcle extraordinaire, se brisèrent dans leur course vers le midi, et laissèrent la côte libre sur plusieurs degrés de latitude. Qui pourra jamais prédire qu'une semblable dislocation des champs de glace s'opérera dans telle année plutôt que dans telle autre ?

Les glaces flottantes qui doivent le plus réagir sur nos climats sont celles que les Anglais appellent des *icebergs* (montagnes de glace). Ces montagnes proviennent des glaciers proprement dits du Spitzberg ou des rivages de la baie de Baffin. Elles se détachent de la masse générale avec le bruit du tonnerre lorsque les vagues les ont minées par leur base, lorsque la congélation rapide des eaux pluviales dans les crevasses produit une dilatation suffisante pour ébranler et pour pousser en avant ces poids immenses. De telles causes, de pareils effets resteront toujours en dehors des prévisions des hommes.

Ceux qui se rappelleront les recommandations que les guides ne manquent jamais de faire quand on approche de

certains murs de glace, de certaines masses de neige placées
sur les croupes inclinées des Alpes; ceux qui n'ont pas
oublié que, suivant les assertions de ces hommes d'expérience, il suffit d'un coup de pistolet, et même d'un simple
cri pour provoquer d'effroyables catastrophes, s'associeront
à la pensée que je viens d'exprimer.

Les montagnes de glace (les icebergs) descendent souvent
sans se fondre jusque sous des latitudes assez faibles. Elles
couvrent quelquefois d'immenses espaces; on peut donc
supposer qu'elles troublent sensiblement la température de
certaines zones de l'atmosphère océanique, et ensuite, par
voie de communication, la température des iles et des continents.

La mer s'échauffe beaucoup moins que la Terre, et cela en
grande partie parce que l'eau est diaphane. Tout ce qui
fera varier notablement cette diaphanéité apportera donc
des changements sensibles dans la température de l'atmosphère océanique, et plus tard dans la température de
l'atmosphère continentale.

Scoresby a rencontré parfois des bandes vertes qui, sur
une longueur de 2 à 3 degrés en latitude (60 à 80 lieues),
avaient jusqu'à 12 ou 15 lieues de large. Les courants entraî-
nent ces bandes d'une région dans l'autre. Il faut supposer
qu'elles n'existent pas toujours, car le capitaine Philipps,
dans la relation de son voyage au Spitzberg, n'en fait pas
mention.

Comme je le disais dernièrement, la mer verte et opaque
doit évidemment s'échauffer tout autrement que la mer
diaphane. C'est une cause de variation de température
qu'on ne pourra jamais soumettre au calcul. Jamais on ne
saura d'avance si dans telle ou telle année ces milliards de
milliards d'animalcules auront plus ou moins pullulé, et
quelle sera la direction de leur migration vers le sud.

Supposons l'atmosphère immobile et parfaitement sereine,

supposons encore que le sol soit doué partout à un égal degré de facultés absorbantes, émissives, et d'une même capacité pour la chaleur; dans l'année, on observera alors, par l'effet de l'action solaire, une série régulière, non interrompue, de températures croissantes, et une série pareille de températures décroissantes. Chaque jour aura sa température invariable. Sous chaque parallèle déterminé, les jours de maximum et de minimum de chaleur seront respectivement les mêmes.

Cet ordre régulier et hypothétique est troublé par la mobilité de l'atmosphère, par des nuages plus ou moins étendus, plus ou moins persistants, par les propriétés diverses du sol. De là, des élévations ou des dépressions de la chaleur normale des jours, des mois et des années. Les perturbations n'agissant pas de même en chaque lieu, on peut s'attendre à voir les chiffres primitifs différemment modifiés, à trouver des inégalités comparatives de température là où, par la nature des choses, la plus parfaite égalité semblait de rigueur.

Il est impossible de ne pas appeler l'attention du lecteur sur les obscurcissements que notre atmosphère subit de temps à autre, sans aucune règle assignable. Ces obscurcissements, en empêchant la lumière et la chaleur solaire d'arriver jusqu'à la terre, doivent troubler considérablement le cours des saisons.

Notre atmosphère est souvent envahie, dans des étendues considérables, par des matières qui troublent fortement sa transparence. Ces matières proviennent quelquefois de volcans en éruption : témoin l'immense colonne de cendres qui, dans l'année 1812, après s'être élevée du cratère de l'île de Saint-Vincent jusqu'à une grande hauteur, fit la nuit, en plein midi, sur l'île de la Barbade.

Ces nuages de poussière se sont montrés, de temps à autre, dans des régions où il n'existe aucun volcan. Le

Canada surtout est sujet à de tels phénomènes. Dans ce pays, on a eu recours, pour en donner l'explication, à des incendies de forêts. Les faits n'ont pas toujours semblé pouvoir se plier exactement à l'hypothèse. Ainsi, le 16 octobre 1785, à Québec, des nuages d'une telle obscurité couvrirent le ciel, qu'on n'y voyait pas à midi pour se conduire. Ces nuages couvraient un espace de 120 lieues de long sur 80 de large. Ils avaient semblé provenir du Labrador, contrée très-peu boisée, et n'offraient nullement les caractères de la fumée.

Le 2 juillet 1814, des nuages semblables à ceux dont il vient d'être question enveloppèrent en pleine mer les navires qui se rendaient au fleuve Saint-Laurent. La grande obscurité dura depuis la soirée du 2 jusqu'à l'après-midi du 3.

Peu importe, quant au but que nous nous proposons ici, qu'on attribue ces nuages exceptionnels, capables d'arrêter entièrement les rayons solaires à des incendies de forêts et de savanes ou à des émanations terrestres: leur formation, leur arrivée dans un lieu donné n'en resteront pas moins en dehors des prévisions de la science; les accidents de température, les météores de tout genre dont ces nuages peuvent être la cause ne figureront jamais d'avance dans les annuaires météorologiques.

L'obscurcissement accidentel de l'air embrassa, en 1783, un espace tellement étendu (de la Laponie jusqu'en Afrique), qu'on alla jusqu'à l'attribuer à la matière d'une queue de comète, laquelle, disait-on, s'était mêlée à notre atmosphère. Il serait impossible de soutenir qu'un état accidentel de l'atmosphère, qui permit, pendant près de deux mois, de regarder le soleil à l'œil nu en plein midi, fût sans influence sur les températures terrestres.

Les forêts ne peuvent manquer d'exercer une influence sensible sur la température des régions environnantes, car, par exemple, la neige s'y conserve beaucoup plus longtemps qu'en rase campagne. La destruction des forèts doit donc amener une modification dans les climats.

Les vallées, dans toutes les régions montagneuses, sont parcourues par des brises diurnes périodiques, sensibles particulièrement en mai, juin, juillet, août et septembre. Ces brises remontent les vallées depuis 7 à 8 heures du matin jusqu'à 6 à 7 heures de l'après-midi, époque de leur maximum de force, et depuis 4 heures jusqu'à 6 à 7 heures du soir. Elles ont, le plus ordinairement, la vitesse d'un vent décidé, et quelquefois celle d'un vent violent; elles doivent donc exercer une influence sensible sur les climats des contrées dont les vallées sont environnées.

Il serait difficile de ne pas ranger l'électricité parmi les causes qui influent notablement sur les phénomènes climatologiques. Allons plus loin, et voyons si les travaux des hommes peuvent porter le trouble dans l'état électrique de toute une contrée.

Le déboisement d'une montagne, c'est la destruction d'un nombre de paratonnerres égal au nombre d'arbres que l'on abat, c'est la modification de l'état électrique de tout un pays, c'est l'accumulation d'un des éléments indispensables à la formation de la grèle, dans une localité où, d'abord, cet élément se dissipait inévitablement par l'action silencieuse et incessante des arbres. Les observations viennent à l'appui de ces déductions théoriques.

Le 13 juillet 1788, dans la matinée, un orage à grêle commença dans le midi de la France, parcourut en peu d'heures toute la longueur du royaume, et s'étendit ensuite dans les Pays-Bas et la Hollande.

Tous les terrains grêlés en France se trouvèrent situés sur deux bandes parallèles, dirigées du sud-ouest au nord-est. L'une de ces bandes avait 175 lieues de long, l'autre environ 200.

La largeur moyenne de la bande grêlée la plus occidentale

était de 4 lieues; la largeur de l'autre de 2 lieues seulement. L'intervalle compris entre les deux bandes ne reçut que de la pluie; sa largeur moyenne était de 5 lieues. L'orage se mouvait du midi au nord avec une vitesse de 16 lieues à l'heure.

Les dégâts occasionnés en France, dans les 1039 paroisses grêlées, se montèrent, d'après une enquête officielle, à 25 millions.

Voilà, assurément, une tourmente, une perturbation atmosphérique considérable, soit par les dégâts matériels qu'elle produisit, soit par l'influence que le déplacement de l'air et la masse de grêle déposée à la surface de deux longues et larges bandes du territoire durent exercer sur les températures normales d'un grand nombre de lieux. Les météorologistes, en les supposant aussi instruits que possible, auraient-ils pu la prévoir?

Arago déclarait donc que, sous quelque face qu'on l'envisageât, la question de la prédiction du temps demeurait une utopie. Il importe d'observer en terminant que, si des savants cherchent aujourd'hui une solution qu'ils croient presque avoir acquise, c'est moins la *prédiction* que la *pronostication* qu'ils ont en vue. Et en effet, tout en offrant les réflexions précédentes aux imaginations trop faciles, nous ajouterons qu'on ne *prédit* pas la connaissance d'une tempête, mais qu'on suit sa marche, et qu'on annonce *parfois* son arrivée aux points de plus grande dépression barométrique.

Arago a peut-être été trop absolu dans sa négation de la possibilité future de prédire le temps. Mais il est éminemment utile pour nous de revoir ses objections. Ses Notices scientifiques resteront longtemps d'ailleurs le recueil le plus complet de documents que nous ayons sur la marche de la science contemporaine.

II.

BIOT. — Astronomie indienne et chinoise.

Comme Humboldt et Arago, dont il a été le compagnon et le collègue, Jean-Baptiste Biot a joué un rôle de premier ordre dans les travaux astronomiques, physiques et météorologiques qui forment les bases de la science de notre siècle.

Ses œuvres viennent également d'être imprimées. Nous nous occuperons d'abord ici de son *Astronomie indienne et chinoise.*

Il semble que les recherches d'érudition ne s'adressent, en France, qu'à une certaine classe d'hommes fort restreinte, et ne puissent dépasser un petit cercle d'initiés, au delà desquels elles ne rencontrent qu'un profane insensible. Cependant, c'est dans ces recherches que l'homme peut véritablement trouver la philosophie de son histoire, et c'est à leur enseignement qu'il doit demander la clef de son progrès dans l'avenir. Cette observation est surtout applicable aux questions astronomiques, que la pensée humaine a tour à tour envisagées sous des faces variées et multicolores.

Les études d'Astronomie ancienne peuvent être considérées sous deux aspects principaux, que Biot fait très-bien ressortir dès le début de son œuvre.

Le premier est purement scientifique. On se propose de rechercher, dans les textes anciens, des observations astronomiques de dates reculées, qui, étant soumises aux calculs rétrospectifs que nos théories modernes permettent de leur appliquer, servent à vérifier l'exactitude de ces théories et à perfectionner les éléments sur lesquels on les a établies;

ceci est l'œuvre particulière des mathématiciens et des astronomes, dont les philologues leur préparent et leur fournissent les matériaux, d'autant plus précieux qu'ils sont plus rares.

L'autre point de vue, moins habituellement exploré, conduit à des résultats d'un intérêt spécial pour la philosophie et l'histoire. Mettant à profit les ouvrages techniques dans lesquels des savants laborieux ont rassemblé les méthodes d'observation et les règles de calcul astronomique en usage chez diverses nations de l'antiquité, ainsi que les applications qu'elles en ont faites, on s'attache à découvrir dans cet ensemble le caractère particulier de leur esprit et les tendances morales qui s'y décèlent. On examine ensuite ce que ces méthodes offrent d'original ou d'emprunté à d'autres peuples; si elles supposent des observations réellement effectuées par des procédés propres, ou si l'on y reconnait l'emploi, intentionnellement déguisé, de méthodes étrangères, appropriées aux coutumes et aux superstitions locales, attestant ainsi des communications d'idées, non avouées, qui peut-être n'ont pas laissé de traces dans l'histoire écrite, et qui toutefois ressortent avec une incontestable évidence de ce genre d'investigation.

C'est ce dernier point de vue qui caractérise spécialement l'œuvre lente et laborieuse de Biot, et c'est pour jeter la clarté d'une critique impartiale sur l'antiquité souvent exagérée de certains peuples qu'il s'est livré à ces études. Certes, le savant auteur ne démontre pas rigoureusement la nouveauté des peuples qu'il envisage : ce résultat serait sans exemple ; mais nous sommes si facilement portés au merveilleux et à l'exagération, que lors même que la critique irait elle-même au delà des limites du vrai, ce serait encore un contre-poids salutaire à nos tendances accoutumées.

Ainsi, par exemple, on a fait grand cas de la connaissance à peu près exacte de l'année solaire, que les Égyptiens possédaient, comme on sait, dès la plus haute antiquité. Or Biot ne nie pas cette connaissance, mais il montre qu'il est très-facile de l'acquérir, même aux tribus les plus grossières. Les quatre faces des pyramides de Memphis sont orientées à quelques minutes près; les Égyptiens savaient donc dans ce temps-là tracer une ligne méridienne et sa perpendiculaire. Une observation facile et l'usage de la règle, de l'équerre et du niveau suffirent pour élever les assises horizontales des pyramides.

Il suffit, en effet, simplement pour cela de prendre pour signal initial un point remarquable de l'horizon où le soleil se sera levé à un certain jour, en choisissant pour cela l'époque de l'année où son déplacement matutinal est le plus rapide. Depuis ce moment, le point de son lever s'écartera progressivement de sa position précédente, en remontant vers le nord, jusqu'à une certaine amplitude où il s'arrêtera. De là, il redescendra vers le sud, rejoindra le signal, le dépassera, et s'en écartera dans ce sens jusqu'à une autre limite, où il redeviendra encore stationnaire. Puis, il reprendra sa marche vers le nord, et, quand il atteindra une seconde fois le point de l'horizon qui sert de signal, on connaîtra que la révolution entière de l'astre est accomplie. Une seule épreuve ainsi effectuée montrera que l'intervalle de ces deux retours a compris, en nombre rond, trois cent soixante-cinq jours. En réitérant l'observation sur le même point de l'horizon, après deux fois, trois fois, vingt fois trois cent soixante-cinq jours, on verra que cette période est un peu trop courte pour y ramener le soleil, et qu'il faut y ajouter un jour après quatre révolutions pareilles; ce qui les porte à trois cent soixante-cinq jours un quart.

Cette explication avait été acceptée par l'Académie des Sciences, dès le premier Rapport de Biot, en 1840; mais elle était révoquée en doute par l'Académie des Inscriptions. Pour convaincre les plus difficiles, l'auteur fit faire l'observation précédente à Memphis par Mariette, en le priant d'observer l'équinoxe vernal de 1853 sur l'alignement des faces de la grande pyramide, d'après le procédé élémentaire que nous venons de décrire. Mariette obtint le résultat le plus satisfaisant, et sa lettre ajoutait que « les habitants de tous les villages modernes qui avoisinent les pyramides savent·parfaitement que, le jour de l'équinoxe, le Soleil se couche à l'horizon occidental dans une position telle, que son disque s'aperçoit sur le prolongement de l'une des faces, boréale ou australe, de leur masse. A Koneisseh, en particulier, l'ombre de la grande pyramide, qui s'étend à plus de trois kilomètres, dirige sa pointe sur une pierre de granit, qui marque ainsi les équinoxes. » « Ainsi, ajoute Biot, voilà de pauvres Bédouins du désert, ne sachant ni lire ni écrire, qui font annuellement, pour leur usage, des observations d'équinoxes, que de savants académiciens de Paris s'obstinaient à déclarer absurdes et impossibles, quand on leur annonçait que rien n'était plus aisé. »

C'est par des considérations analogues que l'auteur s'attache à diminuer l'ancienneté des Égyptiens, et c'est au même point de vue qu'il se fait sur l'antiquité et l'originalité de la science astronomique des Indous une opinion toute contraire à celle qui est accréditée par de puissantes autorités. En ce qui concerne les peuples de l'Inde, il remarque que la connaissance exacte de la marche du Soleil parmi les signes du zodiaque, loin d'être un point à l'appui de l'authenticité de la science indienne, montre, par sa similitude avec celle des Grecs, que, très-probablement, elle est postérieure et empruntée à celle-ci (l'étude des Aryas ne confirmera-t-elle pas l'opinion contraire?). Il arrive que le *Sûrya-Siddhânta*, dont Colebrooke a donné une traduction littérale, offre une identité de désignation, non-seulement pour le premier signe du zodiaque *Mesha* (Bélier), mais encore pour les onze autres qui, remarque curieuse, sont exactement les mêmes que ceux du zodiaque grec, et qui plus est, inscrits dans le même ordre. De là, on peut conclure en toute assurance que l'un des deux peuples a emprunté à l'autre cette suite de symboles ; car, étant tous entièrement et individuellement arbitraires, il n'y aurait aucune vraisemblance à supposer que les Indous et les Grecs se seraient séparément accordés pour les prendre tous, sans exception, dans les mêmes objets matériels, employés dans le même ordre d'application. Or, d'une part, l'auteur ne partage pas l'opinion de Bailly sur l'authenticité d'un peuple antérieur, qui a disparu après avoir fait de grands progrès dans les sciences, et duquel descendraient ces notions collectives ; d'autre part, il expose que, dans l'absence de tout instrument, de toute méthode d'observation et de toute mathématique, les Indous n'ont pu construire l'édifice de leur science, notamment en ce qui concerne l'origine des ascensions droites, fixées à la petite étoile ζ des Poissons. Il en est de même pour la durée des révolutions des planètes.

L'antiquité prodigieuse marquée par le nombre d'années, 4 320 000 est la raison des quatre âges symboliques : âge d'or = 1 728 000 ; âge d'argent = 1 296 000 ; âge d'airain = 864 000 ; âge de fer = 432 000. Un instant d'attention suffit pour reconnaître que, le dernier de ces nombres étant pris pour unité, les autres en sont des multiples exacts par 2, 3, 4, et que la somme en est le décuple. Quant au nombre 4 320 000, c'est le quadruple de 1 080 000, et ce dernier marque le plus petit nombre d'années solaires sidérales qui contienne une somme entière de jours moyens solaires (394, 479, 457). On a multiplié par 4 pour voiler la fiction, comme on l'a fait pour un grand nombre d'autres chiffres.

Mais, en revanche, l'auteur professe un grand respect pour l'antiquité des livres chinois et l'originalité de leur science, quoique ceux-ci n'aient pas connu d'autre proposition de Géométrie que cet énoncé sans démonstration du carré de l'hypoténuse : les nombres 3, 4, 5 représentent la base, la hauteur et l'hypoténuse d'un triangle rectangle. C'est aux Chinois qu'il demande la composition des vingt-huit mansions solaires, des nakshatras indiens. Le cycle de Méton pour la période luni-solaire avait également été trouvé par les Chinois, sept siècles auparavant, et avec une exactitude supérieure à celle de l'astronome grec. Les rites officiels chinois sont intimement liés aux événements astronomiques. Longtemps avant l'incendie général des livres, ordonné en 213 par le tyran Thsin-chi-hoang-ti, le *Chou-king* et le *Chi-ging* consacraient en vers les préceptes de l'Astronomie, longuement médités par des générations d'observateurs. L'empereur était considéré comme le fils du ciel et, à ce titre, son gouvernement devait offrir l'image de l'ordre immuable qui régit les mouvements célestes. Aussi, une éclipse indiquait-elle un dérangement dans la conduite du souverain comme elle en indiquait un dans le ciel : c'était un avertissement. De grandes cérémonies, auxquelles le roi assistait, battant du tambour en personne, saluaient ces prodiges ; on se figure le mécontentement qu'excitait une prédiction non réalisée ou un événement non prédit. — Un jour, comme la cérémonie royale était prête, et que les représentants de la nation étaient dans l'attente, le Soleil resta pur et splendide.... L'astronome, dont la vie était en grand danger, publia un écrit dans lequel il prétendit que son calcul était juste, mais que le ciel avait changé d'avis, en considération des hautes vertus de l'empereur. On lui pardonna pour cette fois le désappointement général.

L'histoire de la valeur des peuples est écrite dans leurs annales scientifiques, et les recherches d'érudition méritent, par leur notion même, et indépendamment de l'opinion personnelle du narrateur, de fixer l'attention de ceux qui s'intéressent à la philosophie des sciences.

III.

BIOT. — Les Mélanges scientifiques et littéraires (*).

Un homme qui, pendant un demi-siècle, suivit d'en haut le progrès général des sciences et y coopéra dans une large part, possède en valeur personnelle une mine de richesses rarement appréciée à sa juste valeur. Appelé, durant un si grand laps de temps, à intervenir périodiquement dans la marche des travaux, à juger les questions les plus diverses, à prendre part aux recherches les plus variées, le champ de ses études est immense ; son esprit est devenu une véritable encyclopédie. Quelquefois des études si variées sont pourtant coordonnées entre elles, et forment un ensemble, une unité que le savant peut idéalement reconstruire vers la fin de sa vie et présenter comme le résultat de ses travaux : telles furent les recherches de Humboldt, qui toutes appartiennent à la physique du monde, et sont poussées assez loin les unes des autres pour constituer le monument du *Cosmos*. Chez d'autres travailleurs, au contraire, la diversité de leurs études est une cause de leur séparation individuelle, elles appartiennent à des années disparues, à des sujets rayés de l'ordre du jour, à des préoccupations dont on s'est affranchi, et elles demeurent ainsi cachées dans l'ombre sous leur première forme de *Mémoires*. Cependant, quelques-unes d'entre elles peuvent ne pas mériter un oubli définitif : soit qu'elles constatent le mouvement scientifique et qu'elles donnent ainsi l'histoire moderne des

(*) 3 vol. in-8. Paris, Michel Lévy

sciences, soit qu'elles touchent à ces sujets dont la destinée est de reparaître de temps en temps sous le soleil après des années d'assoupissement, soit enfin qu'elles fassent partie du réseau actuel de la science, elles sont dignes d'être rééditées sous une forme nouvelle, qui consacre leur rang dans le monde des lettres. — Tel est le cas des *Mélanges scientifiques et littéraires* de J.-B. Biot.

L'auteur a donné lui-même un sommaire du mouvement accompli sous ses yeux pendant cinquante ans. Pendant cet intervalle, de jeune homme il est devenu vieillard, et les lecteurs auxquels il s'adressait ont fait place à des lecteurs nouveaux, aussi différents de ceux-là par leurs habitudes d'esprit que par la coupe de leurs habits. Entre les premiers et les derniers, l'état social de la France est revenu « de la grossièreté démocratique, dit Biot, à l'élégance des monarchies et des empires », en passant par les intermèdes de cinq ou six révolutions politiques qui ont bouleversé, à chaque fois, les rangs, les fortunes, les positions des individus. Tant de mutations rapidement opérées chez une nation aussi mobile que la nôtre en ont nécessairement amené de considérables dans ses idées, ses goûts, ses exigences, et par suite dans les productions littéraires, même scientifiques, qu'on lui présentait. D'autant que, dans les intervalles de repos qui ont séparé ces transformations sociales, les esprits ont été occupés, remués par une succession continue de découvertes nouvelles, qui ont étendu le cercle des connaissances humaines, presque au delà des bornes qu'on leur supposait possible d'atteindre. Ainsi, les sciences d'érudition nous ont révélé les secrets de l'antique Égypte; elles nous ont rendu familières les langues, les religions, les doctrines du vieil Orient; et par leur critique éclairée, non moins que sévère, elles ont totalement modifié ou détruit une multitude d'opinions erronées que le siècle précédent avait trop inconsidérément admises comme certaines. Mais rien n'a frappé les imaginations autant que les prodiges qu'ont enfanté de nos jours les sciences positives, qui s'appuient sur l'expérience et le calcul mathématique. Par l'observation, elles ont découvert dans notre système solaire un grand nombre de planètes inconnues aux âges précédents, circulant, comme les anciennes, autour du Soleil, suivant les lois de la gravitation, et, au delà de ce système, des soleils circulant autour d'autres soleils, suivant des lois que le temps fera connaitre, probablement identiques à celles-là. Par l'expérience patiemment suivie et habilement maniée, elles ont mis au service de la société des agents naturels, dont l'existence matérielle est insaisissable à nos sens, et qui, dirigés, enchainés pour ainsi dire, lui fournissent les uns des moteurs mécaniques d'une puissance indéfinie, les autres des agents de communication, transmissibles presque instantanément à toutes distances. Que de vues, que de notions nouvelles surgies pour nous dans le courant du demi-siècle qui vient de s'écouler !

Les *Mélanges* de J.-B. Biot présentent un genre d'intérêt spécial, c'est la constatation de ce grand fait intellectuel, qui est en même temps un présage assuré des progrès futurs : que les Sciences n'ont eu besoin, pour enfanter tant de merveilles, que d'appliquer invariablement les mêmes principes de philosophie qui ont régi toutes leurs recherches, depuis le temps de Galilée et de Newton ; et c'est un beau spectacle que de suivre l'application constante de cette philosophie aux idées générales qui ont continuellement changé autour d'elles.

C'est principalement le mouvement scientifique opéré au commencement de ce siècle qui se manifeste dans la série des Mémoires de cet homme laborieux, qui osa se faire membre de trois académies. On sait que, jusqu'au météorologiste Cladni, les sociétés savantes en général, et l'Académie des

Sciences en particulier, avaient déclaré apocryphes toutes les pierres tombées du ciel : il était défendu aux aérolithes de tomber, et comme pour les convulsionnaires de Saint-Médard, il était admis qu'elles ne contrevenaient pas à la défense. Cependant, l'an XI de la Républiquc française, le bruit courut que, dans le département de l'Orne, à l'Aigle, un météore extraordinaire était subitement apparu dans le ciel et avait donné naissance à une explosion, de laquelle des fragments de minéraux avaient été lancés. Le citoyen Biot fut chargé, par le ministre de l'intérieur, de la constatation de ce phénomène. C'est par la relation de ce précieux service rendu à la Physique que s'ouvre la collection des *Mélanges*. Le rapport des témoins oculaires, villageois et villageoises, est des plus intéressants. L'envoyé put affirmer que : le mardi 6 floréal an XI, vers une heure de l'après-midi, il y avait eu aux environs de l'Aigle une explosion violente ayant duré cinq ou six minutes, avec un roulement continuel, et que cette explosion avait été entendue à plus de trente lieues à la ronde. En reconnaissant ce fait, on créait à la Météorologie une nouvelle branche ; les fragments du météore, longuement et patiemment cherchés dans les champs, furent trouvés en partie, analysés par le citoyen Thenard, et placés au Muséum d'histoire naturelle.

Ses voyages et opérations géodésiques viennent ensuite. On assiste aux opérations faites en Espagne pour prolonger la méridienne de France jusqu'aux îles Baléares; en Angleterre, en Écosse et aux îles Shetland, pour la détermination de la figure de la Terre ; en Italie et en Espagne, par les mêmes recherches. A ces travaux scientifiques, dont la valeur incontestée forme l'une des bases de la Géodésie, succèdent les explorations plus pittoresques faites en Norvege, en Laponie, aux montagnes Rocheuses ; le voyage autour du monde, fait de 1806 à 1812, et le voyage de découvertes, exécuté par l'ordre des États-Unis d'Amérique, de 1838 à 1842. C'est dans ces voyages que se révèle principalement le talent de Biot comme géomètre.

Des Notices biographiques, extraites de la *Biographie universelle*, deux surtout méritent d'être signalées : celles de Newton et de Galilée. A propos de cette dernière, on remarque avec intérêt le Chapitre sur la visite de l'auteur au pape Léon XII, et sa *conversation au Vatican*. Le professeur d'Astronomie ne voulut pas traverser Rome sans avoir l'honneur d'être présenté au Saint-Père. Au salon d'attente, il lui arriva de causer fort longuement et fort gracieusement avec un religieux vêtu d'une longue robe blanche. Il s'agissait du procès de Galilée, et c'est avec la plus exquise bienveillance que ce dominicain revenait sur l'histoire du persécuté. Or, ce religieux n'était autre que le commissaire général du Saint-Office, celui qu'on appelle en France : le grand inquisiteur. « Je revins à mon logis tout pensif, écrit le narrateur, méditant sur les particularités qui avaient accompagné cette rencontre inattendue. Ainsi, me disais-je, après deux siècles écoulés, dans ce même Vatican où Galilée a été condamné, nous venons de faire la révision pacifique de son procès, mais avec quels changements merveilleux dans les hommes et dans les idées ! »

La description de l'Observatoire astronomique central de Poulkova, et l'exposé des travaux du regretté G. W. Struve, fournissent à l'auteur l'occasion de faire l'histoire de l'Astronomie en France et en Angleterre à l'époque de la fondation des Observatoires de Paris et de Greenwich. Il montre la modestie de Picard et de Roëmer, les succès de Cassini à la cour de Louis XIV, et les difficultés qui s'opposèrent à ce que l'Observatoire de Paris pût compter parmi ses membres les hommes éminents, comme les établissements analogues des nations voisines. Ce n'est pas là une des pages les moins intéressantes des écrits de l'auteur.

Mais nous ne pouvons nous empêcher de citer, en terminant cette rapide notification des œuvres diverses de J.-B. Biot, l'anecdote par laquelle il ouvre son œuvre, *l'anecdote relative à Laplace*, lue à l'Académie française dans sa séance du 5 février 1850.

L'histoire remonte au mois de brumaire an VIII de la République française, première édition. Laplace travaillait alors à la *Mécanique céleste*, et le jeune Biot, alors professeur de Mathématiques à l'École centrale de Beauvais, avait eu le bonheur de faire sa connaissance en lui manifestant le désir de corriger les épreuves de son œuvre. Le studieux jeune homme s'occupait avec ardeur d'une question géométrique fort singulière qu'Euler avait traitée par des méthodes indirectes dans un Mémoire intitulé : *De insigni promotione methodi tangentium inversæ*. La singularité de ces problèmes consistait en ce qu'il fallait découvrir la nature d'une courbe, d'après certaines relations assignées, dont les caractères géométriques étaient d'ordres dissemblables. Biot en trouva la clef, et vint tout joyeux, à Paris, soumettre sa découverte à l'illustre astronome. Celui-ci l'écouta avec une attention mêlée de quelque surprise, le questionna sur la nature de son procédé, examina son travail avec la plus grande bienveillance et le complimenta sur sa valeur, puis il lui conseilla de rayer quelques aperçus de la fin, trop éloignés de la solution. « Comme cela, poursuivit-il, le reste sera fort bien. Présentez votre Mémoire à la Classe (on appelait ainsi l'Académie), et, après la séance, vous reviendrez dîner avec moi. Maintenant, allons déjeuner. » Et le jeune homme, présenté à Mme Laplace, eut sous les yeux le plus simple et le plus charmant tableau d'intérieur.

Le lendemain il se rendit, brûlant de bonheur, à l'Institut. Monge y avait amené son ami le citoyen Bonaparte. Le jeune homme se mit à tracer sur le grand tableau noir les figures et les formules qu'il devait exposer. Puis il démontra clairement et sans trouble le but et le résultat de ses recherches. Tout le monde le félicita sur leur originalité. Laplace ramena chez lui le jeune savant triomphant, et puis :

« Venez, me dit-il, un moment dans mon cabinet, j'ai quelque chose à vous faire voir. » — « Je le suivis, raconte M. Biot. Nous étant assis, et moi prêt à l'écouter, il sort une clef de sa poche, ouvre une petite armoire placée à droite de sa cheminée, je la vois encore..., puis il en tire un cahier de papier jauni par les années, *où il me montre tous mes problèmes,* les problèmes d'Euler, *traités et résolus par cette méthode, dont je croyais m'être le premier avisé.* Il l'avait trouvée aussi depuis longtemps ; mais il s'était arrêté devant ce même obstacle qu'il m'avait signalé. »

Le témoignage d'une bienveillance aussi exquise n'a pas besoin de commentaire.

Laplace était déjà le premier astronome de France. A la fondation de l'empire, il le devint officiellement, et fut promu aux premières dignités du Sénat. On protégeait en lui la jeunesse studieuse tout entière. Peu de savants officiels mériteraient l'éloge sympathique que Biot donne à Laplace.

IV.

SECCHI. — L'Unité des forces physiques (*).

La théorie de l'unité des forces de la nature fait son chemin dans le monde de la science, et cette théorie a sur beaucoup d'autres l'avantage d'être basée sur l'étude expérimentale des faits. Après Grove et Tyndall, voici le savant

(*) La traduction française de cet ouvrage a été publiée chez Savy, à **Paris.**

directeur de l'Observatoire du Collége romain qui entreprend une synthèse des connaissances acquises sur cette matière. Nous présenterons à nos lecteurs les conclusions fondamentales de l'ouvrage, et nous les traduirons en laissant à l'auteur la forme originale de ses expressions et de ses comparaisons. Nous commencerons par la conclusion des expériences spécialement relatives à la chaleur, et nous terminerons par la conclusion générale.

De l'ensemble des faits, on conclut que, pour expliquer tous les phénomènes de la chaleur, il suffit de l'inertie et de l'impulsion mécanique. Les autres forces physiques ou chimiques secondaires sont reconnues inutiles comme primitives.

De cette manière, les phénomènes de la chaleur peuvent se réduire à un simple échange de mouvement, et il n'est pas nécessaire de recourir à d'autres principes pour l'expliquer.

Cette théorie reste vraie indépendamment de toute conception sur la nature des agrégations moléculaires qui sont constamment en antagonisme avec la chaleur, et qui jusqu'à présent peuvent être attribuées à deux sources différentes : à une force, *sui generis*, de laquelle seraient doués les atomes, ou bien à *l'action intrinsèque* d'un moteur. La première théorie est la plus commode, parce qu'elle ne se charge de rien expliquer, mais admet comme un fait ces forces qui concourent en chaque cas. La seconde cherche à les déduire des lois physiques du mouvement. Quelle que soit l'hypothèse que l'on admette, la théorie mécanique de la chaleur est toujours vraie, parce qu'elle se fonde simplement sur l'échange de mouvement.

On peut à ce propos faire une réflexion fréquente.

Lorsque l'on considère l'immense quantité de faits qu'il faut recueillir et préparer pour arriver à tirer des conclusions concises et modestes, on ne peut s'empêcher d'admirer (pour ne pas dire autre chose) la franchise de ceux qui cherchent à résoudre les questions de Physique avec des théories *a priori*. Lorsqu'on veut chercher à comprendre essentiellement la relation du calorique avec les autres forces de la matière, on est arrêté en chemin par de nombreuses difficultés sur différents points, à cause de l'ignorance dans laquelle nous laisse cette théorie sur la constitution des corps. On sent surtout le besoin de savoir en quoi consistent ces forces antagonistes qui constituent le lien des corps afin de comprendre entièrement la façon d'agir de ce même calorique.

Ces difficultés ne peuvent être éclaircies que par l'étude des autres forces physiques; en premier lieu il est indispensable de connaître s'il existe ou non *un milieu* qui opère partout et dans lequel soient immergés tous les corps et comment il concourt aux phénomènes que nous présente la nature.

La solution de cette question dépend de l'étude de la lumière et de l'électricité; de là, la théorie mécanique de la chaleur recevra un nouvel appui, beaucoup plus solide que celui qu'elle a reçu de l'étude simple de l'équivalent mécanique de la chaleur.

La chaleur ne devrait pas être regardée simplement comme mouvement malgré l'équivalence que l'on a constatée; car, pour prendre une comparaison, quoique l'argent que reçoit un ouvrier pour son travail et le temps qu'il emploie pour l'exécuter ait un équivalent ou coefficient constant, on ne peut pas dire pour cela que le temps soit l'argent.

La découverte de l'équivalent mécanique de la chaleur est une donnée d'expérience qui a montré empiriquement la permanence du mouvement et de l'énergie, ou, pour mieux dire, *l'indestructibilité de la force*, de même que les expériences de Lavoisier ont démontré expérimentalement *l'indestructibilité de la matière*. De cette façon, on a fourni à l'analyse mathématique une base certaine de départ et sur quoi fonder les formules.

Moyennant le développement de ces dernières, on est arrivé à des conclusions plus pratiques, lesquelles ont démontré véritablement le principe par des faits qui ne pouvaient pas se prouver directement par l'expérience, et c'est là un des avantages réels de la Géométrie.

Ces travaux théoriques constituent un des plus beaux monuments de la science physique-mathématique de nos jours, et ils luttent d'importance avec ceux de la Mécanique céleste, de l'Optique et de l'Électro-dynamique.

Les forces de la nature ne se perdent pas; elles ne font que transformer leur action. Par exemple, un corps plongé dans l'eau perd de son poids un poids égal au volume d'eau qu'il déplace; mais il serait erroné de croire que la gravité ait perdu ses droits, car, si le corps pèse moins d'une certaine quantité, le vase d'eau dans lequel il est plongé pèse en plus, et de la même quantité que le corps immergé pèse moins. Ainsi, pour le baromètre, si le mercure suspendu dans le tube ne pèse pas au fond du vase qui contient l'excédant, il charge bel et bien d'un poids égal le support sur lequel il est attaché, comme le prouve du reste le baromètre à balance. D'où l'on conclut que les forces de la nature, qui semblent perdre leur efficacité, ne font que se transformer, et il est du domaine de la science d'indiquer comment cette transformation s'effectue.

Passons maintenant aux conséquences générales que le P. Secchi a déduites de ses études.

Il est facile de reconnaître l'immense progrès que l'esprit humain a accompli, pendant ces dernières années, dans la connaissance de la nature, et de se convaincre que les résultats partiels obtenus par la voie expérimentale ouvrent un chemin plus facile et plus précis qu'antérieurement à une notion sur la nature des forces qui gouvernent la matière.

Le résultat fondamental peut se résumer en ce principe, que nous devons mettre de côté les tendances abstraites, les qualités occultes des corps et les nombreux fluides imaginés jusqu'à présent pour expliquer les agents physiques, et affirmer que *toutes les forces de la nature dépendent du mouvement.*

Ce mouvement doit s'admettre dans les parties intimes de la matière d'une façon plus générale que pour une masse finie, c'est-à-dire rotatoire et translatoire. Par cette double manière d'être, il devient indestructible dans les masses, considéré même simplement selon l'ordre mécanique, en vertu de l'inertie, et il n'a pas besoin d'action spéciale qui le renouvelle. Son énergie, provenant de l'impulsion primitive du *premier moteur*, se conserve avec la même action qui conserve la matière.

Ce principe, que les modernes appellent conservation de la force, n'est au fond que le premier principe proclamé par Newton, dans les lois de la communication du mouvement, c'est-à-dire *l'égalité de l'action et de la réaction.*

Un corps simplement libre se meut en ligne droite et dans la direction de l'impulsion qu'il a reçue; mais, quand il rencontre une deuxième masse à laquelle il doit communiquer son mouvement, alors il exerce une action qui trouve dans l'autre une réaction égale.

De ce principe résultent non-seulement les lois de l'échange du mouvement entre les corps dans lesquels on ne développe aucune force interne, mais aussi celles qui règlent sa communication au moyen d'autres corps, comme par exemple des leviers, des courroies, etc., qui constituent les machines. Elles s'appliquent aux principes de l'égalité des moments des aires et à celui qui porte le nom de *d'Alembert*, d'après lequel l'équilibre existe toujours dans un système entre les forces perdues d'une part et gagnées de l'autre. — Ce qui réduit les problèmes de Dynamique à ceux de Statique.

Ce même principe s'applique aussi aux genres d'action

où les résistances sont continues, et naissent ou du frottement, ou de la cohésion, ou de la gravité, ou de l'accéléra-
tion du corps.

En évaluant à chaque instant l'action de la cause par le
produit de la force mv dans la vitesse dv, il en nait $\frac{1}{2}mv^2$,
que l'on appelle force vive, énergie ou travail actif; en évaluant la résistance ou réaction par la vitesse communiquée
dans le même temps aux parties du corps multipliées par
l'intensité des forces résistantes, de quelque espèce qu'elles
soient, nous aurons le travail exécuté, qui, d'après le principe précédent, doit être égal au travail actif, et sera représenté par l'intensité de la force résistante multipliée par
l'espace parcouru en chaque instant.

Aucun doute n'a jamais été soulevé contre la vérité de ce
principe, tant qu'il s'est agi de mouvements de masses pondérables, et c'est pour cela que l'on a toujours admis
comme évidente l'impossibilité du mouvement perpétuel.

Mais la nature obscure et mal connue de certaines résistances et de certaines causes de mouvement dites d'ordre
physique ne permettait pas d'appliquer ces principes à
plusieurs faits, comme les actions chimiques, ou celles de
l'électricité et de la lumière, et surtout ceux de la chaleur.

Les études entreprises en ces dernières années ont montré
que les mêmes principes mécaniques sont applicables aussi
à ces derniers cas.

Les découvertes faites sur la lumière et le calorique de
radiation avaient déjà prouvé que la chaleur est un phénomène de mouvement, et il en était de même de quelques
actions chimiques; mais le fait récemment démontré de la
transformation de la chaleur en force mécanique, avec disparition du calorique, a mis les physiciens sur une nouvelle
voie de recherches, et l'on a reconnu que l'égalité entre
l'action et la réaction existe non-seulement entre les mou-

vements finis des masses, mais aussi dans ces mouvements moléculaires qui constituent ce que l'on nomme chaleur.

Ce mouvement moléculaire est en nous la cause immédiate et le principe direct de la sensation de la chaleur, et la température n'est autre chose que le différent état des corps dépendant de l'intensité de la force vive qui anime les molécules, attendu que la température se mesure par le travail de la dilatation.

Une étude plus approfondie des propriétés de la matière a montré que les forces qui régissent intimement les corps et leur donnent une forme déterminée, et que l'on appelle attractions moléculaires, ne dépendent nullement de liens matériels posés entre les parties constituantes, ni de principes abstraits, — cette action à distance serait absurde, — mais que l'on doit les considérer simplement comme un effet des mouvements qui animent les masses élémentaires; l'action ou énergie motrice est employée à modifier ces mouvements.

Tous les effets mécaniques et caloriques de la matière se réduisent simplement à un changement de direction et de vitesse entre les molécules, et la seule différence entre les effets ordinaires et les effets moléculaires consiste en ce que dans les premiers les mouvements sont étendus et sensibles, tandis que dans les autres leur petitesse les rend invisibles à nos sens; et, bien que parfois il semble que la translation locale manque, néanmoins l'effet n'est pas nul, et l'action est employée à modifier les rotations. Les plus petites masses moléculaires peuvent et doivent résister par cette raison et par la simple inertie, comme le montre l'expérience de la toupie tournant dans un appendice. A cause de ces réactions, le travail des forces dans l'intérieur des masses est réduit à un simple effet dynamique; le principe général établi pour tous les autres mouvements doit également subsister pour lui. En pratique, toute action mécanique peut se résoudre en choc de masses finies, lequel choc passe aux molécules infiniment petites, et se transforme enfin en chaleur. *Vice versa*, de la chaleur dérive la puissance mécanique, soit sous forme de mouvement moléculaire chimique, soit sous forme de dilatation calorifique; le tout avec compensation parfaite dans la grande constitution de l'univers, au sein duquel nous n'occupons qu'un point imperceptible.

Le laborieux directeur de l'Observatoire de Rome ajoute aux considérations précédentes l'existence et l'influence de l'éther.

« Il existe, dit-il, dans l'espace et dans l'intérieur de tous les corps une matière plus ténue, laquelle, par son action d'inertie, est capable de détruire les mouvements des masses pondérables, et, par ses lois d'équilibre et de pression, peut maintenir les masses lourdes à distance, ou même les rapprocher, et en général agit comme un fluide.

» La propagation successive de la lumière nous révèle l'existence de cette matière subtile, répandue par tout l'univers, qui, avec ses vibrations, produit non-seulement la sensation de la clarté, mais aussi les actions calorifiques et chimiques entre les corps placés à distance.

» Ce milieu, répandu à l'intérieur de tous les corps diaphanes ou opaques, avec ses mouvements de transport, est la cause de ces phénomènes qui constituent l'électricité dynamique et le magnétisme, et il entre en action dans les opérations chimiques. Avec son mouvement, il sert à transporter la force vive d'une partie à l'autre des masses mises en contact dans les combinaisons voltaïques, et avec ses pressions donne lieu aux attractions et répulsions électrostatiques.

» Ce milieu n'est pas un principe différent de la matière ordinaire relativement à la substance, mais seulement il suppose une condition, un état de la matière différent de celui qui constitue les corps dits pondérables. Cet état serait celui de désagrégation complète ou de ténuité très-grande, par laquelle, étant réduite aux simples atomes élémentaires, elle pénètre partout, aussi bien dans les espaces planétaires que dans l'intérieur des corps.

» La matière réduite ainsi est appelée *éther*. Elle est inerte et assujettie à toutes les lois de la mécanique ordinaire, et on ne l'appelle agent immatériel que par abus et en sens opposé de la matière lourde.

» La résistance aux mouvements translatoires ne devient sensible que dans des cas exceptionnels, où elle est douée d'une énorme vitesse, et elle semble ne pas être soumise à l'action de la gravité, parce qu'elle-même est la cause de cette force et de toutes les attractions. »

La synthèse de ces considérations, c'est que tout dépend de la *matière* et du *mouvement*, et nous sommes conduits à la véritable philosophie naturelle, inaugurée par Galilée (1), qui disait que, dans la nature, tout est mouvement et matière, ou modification simple de celle-ci par pure transposition de partie ou quantité de mouvement. Ainsi disparaissent ces immenses quantités de fluides et de forces abstraites, qui étaient proposées pour expliquer chaque fait particulier.

Tout en bannissant ces agents mystérieux, l'astronome romain ne veut cependant pas accorder que tous les phénomènes de la nature dépendent de l'unique condition de matière que l'on dit pondérable, et il croit nécessaire d'admettre qu'ils dépendent aussi d'une autre condition : l'existence de l'éther impondérable qui, avec ses mouvements spéciaux, est la source des phénomènes de la lumière, de l'électricité, du magnétisme et de la gravité même.

(*) Nous aimons à entendre le P. Secchi, directeur de l'Observatoire du Collége romain et ami de Pie IX, citer avec vénération les paroles du Toscan persécuté.

« Si un jour, dit-il, on réussit à prouver qu'il est inutile d'admettre cette deuxième condition, cela ne fera que restreindre davantage le nombre des moyens dont la nature se sert pour arriver à ses fins, et il sera mieux prouvé, ce grand principe, que le mouvement et la matière suffisent pour expliquer les phénomènes que nous connaissons sous le titre de forces physiques. »

Cela pourtant ne veut pas dire que toutes les questions sur les phénomènes particuliers de la nature soient résolues, et qu'il ne soit pas nécessaire de faire de nouvelles études et de nouvelles recherches. Dans une infinité de cas, il reste encore à trouver la véritable façon d'agir de ces mouvements, et à reconnaître le mécanisme intérieur avec lequel ils s'exécutent; il reste enfin à les réduire à leurs lois réciproques.

Avoir trouvé que les phénomènes célestes dépendaient de mouvements n'a pas empêché de chercher leurs lois avec grand' peine pendant plusieurs siècles, et il en sera de même pour la mécanique moléculaire.

La théorie des fluides, même des pondérables, est toutefois si imparfaite qu'il ne doit pas paraître étonnant que plusieurs points relatifs aux effets du fluide impondérable restent obscurs, et que, pour les éclaircir, il faudra travailler laborieusement.

Cependant, une fois que l'on aura compris que tout se fait au moyen de mouvements, les études seront plus faciles, et une nouvelle voie sera ouverte pour arriver plus directement à la solution des problèmes qui comprennent l'explication des phénomènes; car un problème bien posé est à moitié résolu.

De même, la véritable origine rationnelle de la chimie date du jour où *la quantité constante des masses* fut admise comme condition indispensable; de même la véritable théorie des phénomènes physiques a commencé du jour où l'on tint compte de la quantité constante de mouvement ou force vive.

Un fait quelconque sera véritablement expliqué lorsque l'on aura connu la *quantité* de travail exécuté en chaque cas, et le mode de transformation du mouvement qui le produit. Pour le moment, nous sommes loin d'atteindre un aussi grand résultat.

Toutefois, nous avons vu que l'on a fait de grands progrès en déterminant les équivalents des différentes forces, et nous avons remarqué que, si ce calcul est difficile en plusieurs cas, il est possible dans tous; ce qui reste à faire n'est pas une œuvre de principe, mais une œuvre de déduction. La découverte de la théorie mécanique de la chaleur a détruit la grande barrière qui entravait le progrès de la mécanique moléculaire, et par ce principe un grand nombre de faits inconnus jusqu'à ce jour ont reçu leur application naturelle. Les travaux théoriques sur la lumière et le magnétisme avaient déjà préparé ce triomphe à la Science, et chaque jour nous pouvons en admirer le progrès.

Les phénomènes examinés par nous sont les plus simples que la nature nous présente, et il en restera toujours une infinité d'inaccessibles à notre courte intelligence humaine; ajoutons que les ornements et les richesses des dispositions de la matière organique végétale .ou animale sont encore bien éloignés de notre conception.

La mécanique moléculaire est actuellement dans le même état dans lequel se trouvait la mécanique céleste au temps de Képler, où l'on connaissait les lois partielles des mouvements, et où l'on ignorait la loi qui les comprend toutes, lois que le génie de Newton réussit à trouver. Il résulte, de l'ouvrage même du P. Secchi, que de grands travaux sont encore nécessaires pour dissiper l'aridité de ce sujet si complexe, et pour nous faire arriver à concevoir dans sa simplicité le mécanisme moteur de l'univers. (J'ai suivi, dans ce compte rendu, l'édition italienne originale de l'auteur, et la rédaction s'en ressent d'une manière sensible. Mais on pardonnera à la forme en faveur du fond.) La *matière* et la *force* sont deux entités distinctes et réelles, indestructibles l'une comme l'autre. S'il m'était permis d'exprimer une opinion après celle du savant astronome romain, j'ajouterais que, pour moi, les forces de la nature n'ont pas leur origine dans l'éther et ne dépendent pas du mouvement, mais existent elles-mêmes, agents dynamiques, sont cause du mouvement des atomes, et régissent la matière.

V.

ALFRED MAURY. — L'ancienne Académie des Sciences (*).

Il y a deux manières d'envisager la Science : soit dans l'état actuel de nos diverses connaissances, soit dans la marche que l'homme a suivie pour les acquérir successivement. On voit donc qu'en faisant l'histoire des Sciences nous ne sortons pas de notre programme. Des deux volumes de M. Maury sur les Académies d'autrefois, l'Académie des Sciences et l'Académie des Inscriptions et Belles-Lettres, nous ne considérons ici que le premier : c'est l'histoire des Sciences physiques et mathématiques pendant un siècle et demi dans notre pays, et même à l'étranger; c'est en même temps l'illustration des hommes éminents que l'oubli commençait à envelopper.

Un double intérêt s'attache à cette histoire. D'un côté, nous aimons à relire les derniers chapitres des annales de l'esprit humain, montrant par quelle voie on fut conduit aux découvertes modernes, quels efforts successifs furent

(*) Un volume in-8. Paris. Didier et C*.

tentés avant qu'on ait réussi à saisir la vérité, à constater clairement les lois de la nature, et à en tirer des applications. On apprend en même temps par là à découvrir de quelles erreurs il faut se garder dans l'étude des phénomènes de la nature, et quels sont les vrais principes de la méthode scientifique, si lentement et si laborieusement édifiée. En outre, on ne rencontre pas moins d'intérêt dans cette histoire que dans l'histoire politique du pays. Les antagonismes de personnes et de partis, les guerres, les invasions et les revers dont celle-ci est remplie, l'histoire des Sciences les présente aussi ; seulement, on y combat avec d'autres armes et sur un autre terrain, on lutte pour des idées, et l'on s'attaque avec des faits. La vanité personnelle et l'esprit de parti jouent là un rôle comme dans les agitations publiques, la région et les sujets de combat diffèrent seuls. L'histoire des Académies et l'étude que nous avons sous les yeux en particulier apportent à notre curiosité un aliment substantiel et des sujets dont la variété peut la captiver, quoiqu'elle offre un champ plus restreint et des révolutions moins profondes que celles qui renversent ou fondent les empires.

Le livre de M. Maury met également en évidence la supériorité des Sciences sur les lettres proprement dites, si l'on prend soin de distinguer de celles-ci des études à tort confondues avec elles. Tandis que les Sciences sont le fruit de l'application de la raison à l'observation attentive des faits que nous offre le monde physique et moral, que la spéculation en est évincée et que la critique y met en action ses règles rigoureuses, dans la littérature, l'imagination est souvent la maîtresse ; l'éloquence, la poésie peuvent dissimuler bien des fausses grandeurs et bien des vanités puériles. « On peut être un grand écrivain, dit très-bien M. Maury, et n'ayant guère avancé, comme Jean-Jacques Rousseau, que des idées fausses et des théories dangereuses ;

on ne saurait être un grand savant sans avoir découvert beaucoup de vérités nouvelles et observé mille faits inaperçus. Le littérateur est un artiste qui peut séduire. La Science n'a point cette élévation de langage, elle poursuit la recherche de l'inconnu sans autre ornement que l'éclat du vrai, elle exige une puissance et une persévérance dont le littérateur n'a pas besoin. Ce qui fait la plus grande popularité et la faveur des lettres, ajoute l'auteur, c'est précisément notre frivolité et notre ignorance. » — Nous prierons M. Maury de nous permettre de nous arrêter ici ; nous tenons à honneur de partager son opinion, et si nous allions plus loin, nous ne le suivrions peut-être pas aussi fidèlement. Nous avons un goût secret pour les lettres, et les goûts ne se discutent pas. Accordons que, dans les Sciences, il y ait une intervention plus elevée de l'esprit humain ; mais ne dépouillons pas pour cela la littérature de toutes les qualités qui lui appartiennent.

L'histoire de l'ancienne Académie des Sciences est développée avec ampleur et concision à la fois, depuis la première moitié du xviiie siècle, où cette compagnie n'avait encore rien d'officiel et n'était qu'une petite société de savants et d'amateurs, jusqu'aux tristes journées de sa dissolution en 1792, à la fondation de l'Institut en 1795, et au rétablissement des anciennes Académies comme divisions de l'Institut en 1816. Parmi les revers qu'essuya tant de fois la marche progressive de la Science, le plus triste fut sans contredit celui de 1793, où Condorcet, Bailly, Lavoisier et tant d'autres montèrent à l'échafaud ou prirent le chemin de l'exil, année où disparut la dernière et la plus utile de ces institutions, où la Science fut considérée comme une aristocratie, où elle fut proscrite comme l'ennemie du patriotisme et de la république.

L'Astronomie, la Physique, la Chimie, la Médecine, toute l'encyclopédie des Sciences marche de front dans le livre de

M. Maury, et l'histoire découvre pas à pas les acquisitions successives faites par la Science dans son vaste domaine. Les hommes et les choses passent devant les yeux du lecteur, en laissant à chaque fait sa valeur relative. La lecture de cette savante récapitulation nous laisse avec la connaissance des grands événements scientifiques qui ont précédé notre temps ; ajoutons que l'histoire des Sciences étant la Science même, le lecteur y puisera largement celle-ci, et plus facilement peut-être que dans la plupart des traités didactiques dont la prétention est souvent illusoire.

VI.

BERTRAND. — Les fondateurs de l'Astronomie.

« La parole, disait le duc diplomate Talleyrand, a été donnée à l'homme pour déguiser sa pensée. » L'ancienne définition disait qu'elle a été donnée pour exprimer sa pensée. Quoi qu'il en soit, ce qui est incontestable, c'est qu'avant la fondation de la Science positive, on a singulièrement abusé de cette parole, non-seulement au point de vue de l'inutilité d'une si grande quantité de discours et d'écrits prolixes qui se sont succédé depuis le Ramayana jusqu'à nos jours, mais encore sous le rapport de l'importance que l'on a attachée à la valeur des mots en eux-mêmes, sans s'apercevoir que les mots ne doivent jamais être considérés que comme des formes de la pensée, des expressions égales ou inférieures à cette pensée, jamais supérieures aux idées ni aux faits. Ainsi nous voyons que, dans l'antiquité et pendant le long règne de la scolastique, on s'est payé de mots bien

*) Un volume in-12. Paris, chez Hetzel.

Peut-être Copernic aurait-il eu le sort de Pythagore, de Philolaüs, d'Héraclite de Pont, et de tous les anciens partisans de la théorie du mouvement de la Terre, si Galilée n'était venu, le siècle suivant, ouvrir l'ère si féconde et si brillante de la Mécanique, et celle non moins éclatante de la méthode expérimentale. Sans les Mathématiques et sans l'Optique, il est probable que nous en serions encore aujourd'hui au système de Ptolémée.

Aussi est-ce une étude à la fois pleine d'intérêt et d'utilité que celle de l'établissement du véritable système du monde. Les figures imposantes de Copernic, de Tycho, de Kepler, de Galilée, de Newton dominent de leur taille gigantesque cette révolution qui est le triomphe du fait sur le mot.

M. Bertrand a su, dans son Ouvrage, initier le lecteur au travail d'élaboration qui a produit un résultat si considérable. En lisant cet historique succinct et clair de la fondation de l'Astronomie moderne, on apprend en même temps à connaître les méthodes progressives que l'esprit humain a employées pour trouver le secret de l'organisation et de l'entretien de l'univers.

VII.

F. PETIT, directeur de l'Observatoire de Toulouse (*).
— Traité d'Astronomie pour les gens du monde.

Ceux qui se sentent le goût d'étudier les choses du ciel ne sauraient aujourd'hui se plaindre du manque de *ciceroni :* les guides au pays céleste se succèdent rapidement depuis plusieurs années ; on croirait qu'après un long oubli des voyages astronomiques, un nouveau souffle a ranimé

(*) 2 vol. in-12 avec figures. Paris, Gauthier-Villars.

tous les esprits et déployé toutes les ailes. Les chemins sont ouverts, les routes tracées, mille modes de locomotion nous attendent, et tandis qu'il y a dix ans nous étions privés de tout secours, nous voici maintenant fort embarrassés par le choix. Quel est le meilleur guide céleste ? C'est là le grand point d'interrogation qu'on nous présente sous toutes les formes et sur tous les tons.

Voltaire disait que l'on ne peut écrire de bons livres avant l'âge de trente ans, et que toute œuvre humaine doit être lentement élaborée par l'expérience personnelle de l'auteur. Nous sommes à peu près de l'avis du poëte de *la Henriade*, et particulièrement à propos des livres d'Astronomie élémentaire; nous avouons en avoir ouvert quelques-uns qui dénotent clairement l'inexpérience de celui qui les a commis. Il n'en est pas ainsi de l'Ouvrage posthume de Frédéric Petit, astronome dont la valeur scientifique est connue de nos lecteurs depuis plus de trente ans.

On parle beaucoup des livres de vulgarisation, sans s'apercevoir que de prétendues œuvres de vulgarisation ne sont souvent autre chose qu'un badinage effleurant à peine les sujets qu'elles déclarent vulgariser. Pour vulgariser, ou mieux *populariser* la Science, il faut être du métier. Et, malgré tout, celui qui veut étudier ne peut se passer du travail élémentaire qui le rend apte à comprendre la mesure d'un angle ou la mise en équation d'un problème. Sans une connaissance élémentaire des Mathématiques, nous défions l'amateur le plus intelligent de se former une juste idée des méthodes astronomiques. Il ne saura ni comment on peut mesurer la distance d'un astre, ni comment on peut calculer l'orbite d'une comète, ni comment on peut prédire une éclipse; les vérités les plus belles resteront lettres closes pour lui, et lorsqu'il aura lu et relu la plus brillante vulgarisation, c'est à peine s'il aura saisi quelques données d'Astronomie physique.

Il faut donc ou supposer le lecteur muni des connaissances élémentaires de la Géométrie, de l'Algèbre et de l'Optique, ou consacrer quelques leçons à les lui donner, ou se résoudre à faire, non un traité d'Astronomie, mais simplement une œuvre littéraire destinée à donner le goût d'étudier cette Science. Arago avait compris cette nécessité, et son *Traité d'Astronomie populaire* (qui n'est pas un livre de vulgarisation) commence par les Mathématiques. En écrivant le *Traité d'Astronomie* que nous présentons aujourd'hui, l'ancien directeur de l'Observatoire de Toulouse a sensiblement suivi la même voie que son ami, mais en abrégeant, en élaguant les développements qui n'intéresseraient que les astronomes, et en reléguant dans les notes les calculs astronomiques qui répondent aux exigences des programmes officiels pour le baccalauréat, les écoles spéciales et la licence ès sciences mathématiques. Rare caractère des Ouvrages de science, celui-ci s'adresse à la fois aux amateurs (à condition qu'ils travaillent un peu) et aux étudiants qui doivent s'exercer à vaincre les difficultés mathématiques.

Cet Ouvrage, au niveau actuel des découvertes astronomiques, remplira tout à fait sa destination. L'auteur expose lui-même la cause déterminante de sa publication. « En me décidant à publier, après tant de bons traités d'Astronomie, dit-il modestement, les leçons que j'ai professées pendant vingt-sept ans pour les gens du monde à l'Observatoire de Toulouse, je ne puis avoir d'autre prétention que celle de répondre aux demandes bienveillantes qui me sont journellement adressées. Je n'entreprendrai donc point de faire ici l'apologie de mon œuvre; et je me borne à dire qu'elle est le résultat d'une longue expérience qui m'a paru la justifier en établissant, entre les auditeurs et le directeur de l'Observatoire, ces émanations sympathiques auxquelles d'ordinaire le professeur doit presque tout le mérite qu'il peut avoir. »

Cette dernière remarque offre un caractère d'application générale, que nous signalerons en passant aux professeurs appelés à faire des cours publics d'Astronomie. Nous en avons nous-même éprouvé la vérité. La première et la plus importante condition de succès d'un cours est la sympathie de l'auditoire, et le premier devoir du professeur est de chercher à l'acquérir. Avec elle les connaissances scientifiques descendent du haut de la chaire dans l'âme toujours préparée des auditeurs aux rangs pressés, et toute semence porte son fruit. Sans elle, les faits les plus grandioses et les plus éloquents perdent leur charme, le cours devient stérile et les rangs s'éclaircissent. Un bon moyen de captiver sans cesse par le charme de la nouveauté, c'est d'improviser son cours chaque année, en se servant de notes prises pour un auditoire choisi, et en s'enrichissant chaque année de faits nouveaux à raconter. Aussi longtemps qu'il dure, il importe que le cours ne soit pas publié.

Les vingt-quatre leçons du cours de F. Petit sont une véritable mine; elles renferment sommairement toutes les richesses de l'Astronomie et de son histoire. L'Astronomie ancienne, le calendrier, la Physique du globe, la Géodésie, la Mécanique, l'Optique, y côtoient, suivant leurs rapports réciproques, le courant de l'Astronomie proprement dite. Parmi les Chapitres consacrés à l'Astronomie mathématique, nous remarquons celui de la gravitation universelle. Les lois de Kepler, et leurs rapports au principe newtonien y sont lucidement exposés. Et à travers le tissu mathématique nous apercevons au fond la conviction spiritualiste de l'astronome, croyant énergiquement que la force régit la matière, loin de lui être soumise, comme le pérore avec emphase l'École matérialiste. Quoique l'on puisse être à la fois bon mathématicien et matérialiste renforcé, nous aimons à l'occasion signaler le contraire, et montrer qu'il y a d'excellents astronomes qui préfèrent le Dieu-esprit au Dieu-matière.

VIII.

EDMOND DUBOIS. — Cours d'Astronomie, ouvrage destiné aux officiers de marine, aux élèves de l'École Polytechnique, etc. (*).

M. E. Dubois recevait naguère de toute la presse scientifique de légitimes félicitations pour une œuvre généreuse : la traduction du *Theoria Motus*, de Gauss, œuvre désintéressée, consacrée tout entière aux progrès de la Science; car ces travaux n'ambitionnent point l'éclat des succès littéraires du jour, mais bien le droit d'être utiles aux laborieux pionniers du savoir. Aujourd'hui, nous présentons, du même auteur, un ouvrage sinon plus important, du moins plus général, et qui rendra de grands services aux praticiens.

Il y a longtemps, en effet, que l'on attendait un véritable traité scientifique d'Astronomie, qui ne se bornât point aux généralités élémentaires, mais qui pût être choisi par le mathématicien pour son *vade-mecum* dans ses recherches astronomiques. Il y avait là une impérieuse raison d'être, réclamant l'existence d'un livre spécial, à l'usage de ceux qui se consacrent à l'étude de l'Astronomie. L'auteur a compris la nécessité de ce livre; la méthode par laquelle il a réalisé son programme lui fait le plus grand honneur. « Aujourd'hui, dit-il, que, grâce à des revues scientifiques avidement lues, à des ouvrages vulgarisateurs habilement conçus, les connaissances scientifiques tendent à se répandre de plus en plus, ceux qui ont été initiés à un certain nombre

(*) Un fort volume in-8. Paris, Arthus Bertrand.

de vérités *mathématiques,* et à celles de la *Mécanique rationnelle,* peuvent désirer entrer plus avant que les autres dans le domaine des sciences naturelles. Si l'on excepte les cours de certaines Facultés et ceux du Collége de France, l'Astronomie n'est guère enseignée en France qu'au point de vue descriptif et nullement au point de vue mathématique. Les personnes qui veulent étudier l'Astronomie à ce dernier point de vue ne peuvent en général le faire qu'en abordant les grands traités spéciaux qui, comme celui de Delambre, dépassent habituellement par leur étendue le but que se propose le lecteur. C'est pour combler cette espèce de lacune que j'ai rédigé ce *Cours d'Astronomie,* que l'on peut aussi considérer comme une introduction à l'étude des questions astronomiques, traitées complétement dans la *Théorie des mouvements des corps célestes* de Gauss, et les *Annales de l'Observatoire de Paris.* »

On aura une idée sommaire de ce Livre consciencieux, si l'on embrasse ainsi la marche suivie par l'auteur : une description de l'univers astronomique forme l'entrée en matière; la disposition et les mouvements des corps célestes y sont présentés dégagés de tout phénomène apparent. C'est là, à notre avis, la meilleure manière d'ouvrir un cours d'Astronomie; il est inutile et dangereux d'insister tout d'abord sur les apparences, pour les révoquer ensuite, et l'on doit désirer que cette méthode soit de moins en moins suivie.

Des notions sur les principaux instruments d'Astronomie ouvrent la partie pratique; viennent ensuite les calculs d'éclipses de Lune et de Soleil; la méthode de Bessel pour les occultations d'étoiles par la Lune; le calcul des passages de Vénus; les formules de précision, de nutation, d'aberration. L'Ouvrage se termine par un aperçu de la marche du calcul des perturbations et par l'exposé de la méthode employée par M. Le Verrier pour découvrir Neptune.

Ce dernier exposé, que l'auteur développe largement, est,

sans contredit, l'un des Chapitres les plus intéressants du Livre : on y assiste, pour ainsi dire, pas à pas, à la marche suivie dans cette recherche. Nous rappellerons ce fait, en mettant ici en regard les deux systèmes d'éléments de Neptune, le premier déduit des calculs de M. Le Verrier avant la découverte, le second déduit des observations de l'astre depuis sa découverte.

<table>
<tr><td>Éléments de M. Le Verrier.</td><td>Éléments réels.</td></tr>
<tr><td>$a = 36,154$</td><td>$a = 30,c3697$</td></tr>
<tr><td>$T = 217^{ans},387$</td><td>$T = 164^{ans},78$</td></tr>
<tr><td>$c = 0,010761$</td><td>$e = 0,0087194$</td></tr>
<tr><td>$\pi = 284°45'$</td><td>$\pi = 47°:4'$</td></tr>
<tr><td>$\mu = \frac{1}{9300}$</td><td>$\mu = \frac{1}{20008}$ environ</td></tr>
</table>

La comparaison de ces deux systèmes d'éléments montre quelle différence les sépare. Dans le premier, la révolution de Neptune est de 217 ans : en réalité, elle n'est que de 164 ; dans le premier, la longitude du périhélie est de 284 degrés ; dans le second, de 47 degrés. Or le problème attaqué par M. Le Verrier étant de ceux qui donnent lieu à *plusieurs solutions,* la divergence n'atténue en rien la valeur de la solution adoptée. Si, au lieu de supposer la planète inconnue à la distance 36, que la loi de Bode (de Titius) lui assignait, le calculateur en eût adopté arbitrairement une autre, l'orbite eût été toute différente de celle trouvée. Il y avait ainsi un grand nombre de planètes *théoriques* répondant à l'appel du problème ; mais, ce qu'il importe fort de remarquer, toutes ces planètes avaient une situation à peu près semblables suivant les mêmes longitudes *héliocentriques.* Voilà pourquoi M. Galle a pu apercevoir la planète cherchée, non loin de la position assignée par la théorie.

Nous présentons le livre de M. Dubois aux élèves de l'École Polytechnique, de l'École Normale, de l'École Centrale, aux licenciés ès lettres et aux jeunes **astronomes**, persuadé que nul d'entre eux ne trouvera cette prétention illégitime, et que beaucoup attendaient le traité d'Astronomie mathématique qui nous manquait.

IX.

A. GUILLEMIN. — Le Ciel (*).

C'est une œuvre plus ardue et plus difficile qu'on ne pense de rendre populaires les hauts enseignements de la Science, et d'interpréter au public, souvent frivole, les révélations qui ne sauraient franchir d'elles-mêmes le sanctuaire des initiés. Le grand écueil du vulgarisateur est de devenir *vulgaire*, sous l'intention d'être *populaire*, et cet écueil, où plus d'un a perdu son autorité, a tenu bon nombre de lecteurs en garde contre ceux qui acceptent ce rôle. Un bon interprète doit connaître à la fois le caractère générique des deux langues; un vulgarisateur doit être à la fois littéraire, éloquent et familier pour ceux qui l'écoutent, savant et docile pour les maîtres de l'enseignement. Ceux qui réunissent ces facultés ont droit à l'estime et à la reconnaissance des amis du progrès : la mission qu'ils se sont imposée est digne de toutes nos sympathies.

Nous avons lu, de la première à la dernière page, le grand livre de M. Guillemin, et les belles illustrations ne nous ont pas distrait de cette utile lecture. Le dernier mot de la Science astronomique est donné dans ces pages, pour lesquelles le consciencieux auteur a invoqué le concours des plus grands astronomes et des plus habiles observateurs du siècle. La question de la constitution physique du Soleil

(*) Un fort volume grand in-8, Paris, Hachette.

y est traitée au niveau des connaissances actuelles, fondées sur les découvertes les plus récentes, aussi bien que celle des étoiles filantes, des doubles et des nébuleuses. Les investigations nouvelles y sont présentées avec fidélité; les recherches de l'analyse spectrale, les dernières observations des taches solaires, des planètes, des comètes, tout l'arsenal de l'Astronomie y est déployé; après la lecture de ce livre, on en sait autant que si l'on avait suivi les progrès de la science depuis un grand nombre d'années.

Pour mieux faire connaître cet ouvrage dans son plan et dans ses détails, nous ajouterons qu'il est divisé en trois parties principales. La première est destinée *au monde solaire;* son Livre premier se rapporte au *Soleil,* et, comme nous l'avons fait remarquer, le dernier mot de l'observation y est donné; des dessins authentiques, exécutés avec soin, reproduisent les phénomènes dont le texte ne saurait donner une idée aussi précise, et les progrès des investigations télescopiques peuvent y être suivis pas à pas. Le second Livre est consacré à l'étude des *planètes;* les différents mondes de notre système y sont passés en revue, planètes et satellites, lumière zodiacale, bolides, etc. De belles gravures diversifient agréablement les descriptions par la représentation de l'aspect physique de la Lune, des planètes, etc. Le troisième Livre appartient aux *comètes,* et se termine par un coup d'œil d'ensemble sur le monde solaire.

La dernière partie est consacrée à l'étude du *monde sidéral;* trois chapitres se la divisent : le premier sur les *étoiles,* le second sur les *nébuleuses,* le troisième sur la structure de l'*univers visible.* Dans le premier, les groupes constitutifs de constellations y sont représentés avec les méthodes usitées pour faciliter la connaissance du ciel étoilé; les étoiles doubles, multiples, colorées, variables, temporaires, ont reçu une description qui ne laisse rien à désirer.

Dans le second, les amas stellaires, les nébuleuses de diverses formes y sont dessinés et décrits : nous avons remarqué surtout les belles nébuleuses en spirale révélées par le télescope de lord Ross, comme nous avions remarqué dans les planètes la fidèle reproduction des dessins de M. Warren de la Rue sur Jupiter et Saturne.

Les *lois de l'Astronomie*, la description des méthodes et des instruments, terminent le volume. La gravitation universelle, son action sur les éléments du système, depuis les perturbations planétaires jusqu'aux marées du globe, l'origine du système selon la théorie de Laplace, enfin la mesure des distances célestes et la description des instruments principaux de tout observatoire complètent logiquement et utilement ce livre, destiné à l'enseignement populaire de la Science si vaste qui embrasse l'étendue entière de la création visible.

Nous avons sans réserve fait l'éloge légitimement mérité de ce Livre. Cependant, en terminant, nous ne pouvons nous empêcher d'avouer que nous aurions aimé trouver de plus sous ces pages un esprit philosophique les animant d'un souffle spiritualiste. Pourquoi interdire à nos amis le bonheur de sentir la beauté de l'univers, d'admirer les lois intellectuelles qui le régissent, de deviner la présence sur les autres mondes d'une vie et d'une humanité correspondant à la nôtre ? L'époque est venue où l'Astronomie a sa place marquée dans la Philosophie ; l'heure a sonné où ces deux Sciences doivent se donner la main ; de leur union féconde résultera le progrès de la pensée humaine dans l'avenir.

A part cette réserve toute personnelle, félicitons l'auteur et l'éditeur de cette magnifique et coûteuse publication, qui, sans contredit, sera suivie par d'autres sur les principales connaissances humaines et les merveilles de la nature.

X.

DIEN. — Atlas céleste, contenant plus de 100000 étoiles
et nébuleuses, d'après les catalogues les plus exacts des
astronomes français et étrangers (avec une Introduction,
par M. BABINET) (*).

M. Dien est un de ces travailleurs opiniâtres, de ces
humbles pionniers de la Science, dont la vie se donne en
sacrifice à la cause qu'ils embrassent avec une rare générosité. C'est un amoureux du ciel, non plus à la façon des
poëtes ou des rêveurs, qui se laissent doucement bercer
dans la contemplation des beautés célestes, mais à la façon
des géomètres auxquels Platon accorde le droit d'entrer
dans le temple, des géomètres qui n'envisagent dans l'univers que ses aspects les plus sévères. Ce n'est pas seulement
un droit, c'est encore un devoir et une justice à rendre, que
de révéler à ceux qui l'ignorent ou qui l'oublient la valeur cachée de ces grands travailleurs. A défaut de preuves,
la vie de l'auteur de l'*Atlas céleste* nous donnerait le droit
de parler comme il précède à son égard ; mais il nous
présente aujourd'hui une preuve plus que suffisante pour
mettre au jour la grandeur de sa persévérance.

Ceci est en effet l'ouvrage de trente années. Nous avons là
une trentaine de cartes célestes calculées, dessinées et gravées par l'auteur lui-même. Elles sont délivrées des figures
mythologiques, qui n'ont rien à faire et ne servent qu'à
embarrasser la vue dans les champs du ciel. Ce ne sont pas
seulement des cartes écliptiques ; au lieu de ne s'étendre

(*) In-folio. Paris, Gauthier-Villars.

qu'à une zone restreinte, voisine de l'équateur ou de l'écliptique, elles s'étendent à toute la surface du ciel, aux deux
hémisphères. Cet Atlas, le seul qui soit publié en France,
contient plus de 100000 étoiles et nébuleuses, dont 50000
ont été observées, à Paris, par François de Lalande; la
confection totale a demandé en outre le concours des catalogues des deux Herschel, de Piazzi, Harding, Struve,
Bessel, Groombridge et Argelander pour les constellations
boréales, et de plus, des catalogues de Lacaille et Brisbane,
pour les constellations australes.

La projection des cartes est le développement d'une
sphère de 65 centimètres de diamètre; ce qui donne au
format une étendue suffisante, modérée et commode. Par
la division des cartes, la surface présente un réseau de degrés suffisamment étendu pour recevoir sans confusion toutes
les étoiles jusqu'à la neuvième grandeur inclusivement, ainsi
que les étoiles doubles, les étoiles multiples et les nébuleuses. L'indication des grandeurs par des traits est une
heureuse modification. Tout est marqué dans cet atlas :
étoiles doubles, multiples; étoiles variables; étoiles périodiques régulières ou irrégulières, par des signes conven-
tionnels d'une grande clarté. Les étoiles sont réduites au
1er janvier 1860, et déterminées avec soin sur les cuivres
originaux. Afin de ne laisser aucune chance à l'erreur,
M. Dien a préalablement dressé des cartes manuscrites
et individuelles pour chaque catalogue; ce travail, qui a
dû être fort long, lui a permis de reconnaître immédiatement toutes les étoiles de ses cartes, et d'éviter les doubles
emplois et les inexactitudes qui résulteraient autrement de
la réduction des catalogues, ou même de la gravure. A la
suite des vingt-quatre cartes principales, destinées à donner
l'exposition générale des constellations, l'auteur a placé la
grande carte du pôle austral, sur laquelle il détermine directement la position de toutes les étoiles du catalogue de

Brisbane. Au commencement de l'Atlas, il y a de même une excellente liste de toutes les étoiles périodiques.

On voit que cet Atlas peut non seulement servir aux chercheurs de petites planètes, mais encore aux chercheurs de comètes, les nébuleuses y étant marquées avec un soin extrême. Il n'est peut-être pas hors de propos de dire ici que M. Dien a dû spécialement songer aux chercheurs de comètes, car il en fut un dans son temps; et pendant plusieurs années il se mit à la piste des astres chevelus par une petite lunette que l'on peut voir, inoccupée, dans la petite coupole du nord, située sur la terrasse de l'Observatoire, tout au-dessus de la façade.

Astronomes de profession et astronomes amateurs trouveront donc opportune la publication de l'*Atlas céleste*. D'illustres astronomes ont dirigé l'auteur dans son œuvre. Remercions M. Babinet d'avoir voulu illustrer d'une Introduction de sa main un travail dont il apprécie toute la valeur. Remercions aussi l'intelligent éditeur, M. Gauthier-Villars, d'avoir entrepris cette utile publication. Pour nous servir des propres expressions du savant auteur de l'Introduction : « Cet éditeur, ancien élève de l'École Polytechnique, débute ainsi sur les traces de la maison Mallet-Bachelier qui, avec ses deux prédécesseurs, Courcier et Bachelier, a rendu aux Sciences, avec un grand désintéressement, des services dont le détail serait ici trop long. Le catalogue de cette maison offre le tableau du mouvement scientifique de la France pendant plus d'un demi-siècle. » M. Gauthier-Villars ne pouvait donner une meilleure preuve de ses dispositions. Dans un siècle où le bénéfice matériel est tout pour un si grand nombre d'hommes incomplets, remercions à la fois et ceux qui travaillent avec désintéressement et ceux qui couronnent ces travailleurs.

XI.

*Fantaisie d'un journaliste sur les yeux des anciens
et l'Anneau de Saturne.*

A la dernière page du Tome premier de ces *Études*, je signalais, à propos des singulières nouvelles scientifiques annoncées quelquefois par les journaux, celle qui déclarait que « la planète Mars n'est visible que tous les quinze ans ». En relevant d'autres péchés véniels de journalistes, analogues à celui-là, j'en ai remarqué un, qui a été commis avec tant de candeur qu'il édifiera certainement nos lecteurs.

Nous ne citerons pas l'auteur de la Revue scientifique du journal où cette assertion curieuse a été éditée; mais si ces lignes tombent sous ses yeux, nous lui demanderons dans quel livre d'Astronomie il a vu que les anciens connaissaient *l'Anneau de Saturne* il y a trois ou quatre mille ans.

Voici le passage en question :

« Ne vous êtes-vous pas demandé plus d'une fois en lisant les Ouvrages des anciens sur l'Astronomie, alors qu'on ne connaissait ni l'usage des lentilles de cristal, ni le verre, ni conséquemment les télescopes, *comment les anciens avaient fait pour découvrir que Saturne a un anneau?*

» Ou les yeux de nos ancêtres de *trois ou quatre mille ans* avaient une puissance de vision de beaucoup supérieure aux nôtres, ou l'atmosphère, à cette époque éloignée, avait une transparence extraordinaire que nous ne pouvons même pas imaginer, ou bien encore les savants de l'antiquité étaient en possession d'un secret de vision à grande distance qui, depuis longtemps, est perdu.

» Ce secret n'en sera pas toujours un, car déjà, vers le

milieu du siècle dernier, un pilote de l'île Maurice, nommé Bottineau, avait découvert une notable partie des lois physiques qui régissent la vision à grande distance; mais malheureusement il mourut au commencement de la révolution française sans avoir rien révélé.

» Tout ce que l'on sait de cet homme extraordinaire, c'est qu'il annonçait l'arrivée prochaine des vaisseaux qui se trouvaient à cent cinquante ou deux cents lieues de là, et que l'arrivée postérieure de ces vaisseaux indiqués réalisa chaque fois sa prévision.

» Le *The Reader* (sic) du 12 mai nous apprend que M. Thomas Trood croit avoir retrouvé en partie le procédé de Bottineau. Cet observateur, après six ou sept années d'études analytiques sur cet intéressant sujet, rejette d'abord l'explication qui faisait intervenir un effet de mirage, et adopte la vision directe de l'objet représenté par un nuage de forme semblable ou à peu près.

» Il conclut ainsi son intéressante communication :

» Tous les nuages dans le ciel, quelles que soient leur forme, leur couleur ou leurs dimensions, de quelque manière qu'ils soient placés, ou quel que soit l'état de l'atmosphère, doivent leur apparence, leur forme et leur configuration à des lois optiques dont la plus influente est que chaque masse de nuages possède toutes les propriétés requises pour recevoir et reproduire une *légère image* d'un objet, ou d'objets qui lui sont voisins. »

« Un jour ou l'autre, la Photographie tirera au clair l'explication de la vision à grande distance. »

Qu'est-ce que l'anneau de Saturne vient faire en cet affaire ? Et d'ailleurs à qui est-il permis d'ignorer l'histoire de la découverte de l'anneau de Saturne ? Sur trois ou quatre mille ans de ces prétendues observations, il faut d'abord effacer un zéro (peu de chose au surplus); encore trois ou quatre siècles nous reportent-ils à une date bien antérieure à la découverte de cet anneau. Il n'y a guère plus de deux siècles que la véritable forme de ce mystérieux appendice est connue, car ce n'est qu'en 1659 que Huygens publia le résultat de ses observations de 1656. On sait que c'est Galilée qui, le premier, s'aperçut que Saturne n'est pas un astre comme tous les autres. Il était d'ailleurs fort embarrassé d'expliquer ce tricorps, comme il l'appelait. Le 13 novembre 1610, il écrivait à Giuliano de Médicis : « Lorsque j'observe Saturne avec une lunette d'un pouvoir amplificatif de plus de trente fois, l'étoile centrale paraît la plus grande, les deux autres, situées l'une à l'orient l'autre à l'occident, et sur une ligne qui ne coïncide pas avec la direction du zodiaque, semblent la toucher. Ce sont comme deux serviteurs qui aident le vieux Saturne à faire son chemin et restent toujours à ses côtés. Avec une lunette de moindre grossissement, l'étoile paraît allongée et de la forme d'une olive. » — Le 30 décembre de la même année, l'astronome florentin écrivait encore à Castelli que Saturne était formé de trois étoiles immobiles les unes relativement aux autres. Deux ans plus tard, en 1612, les anneaux, se présentant par leur tranche, devenaient invisibles, et Galilée, découragé, ne s'occupa plus de Saturne.

Les anciens ignoraient complétement l'existence de l'anneau de Saturne, et nul indice ne nous reste, qui puisse nous faire supposer la moindre découverte à cet égard. On se souvient de l'étonnement colossal causé dans le monde des astronomes par la découverte de cette figure au xviiie siècle. Comme le disait Arago dans son Rapport à la Chambre sur le Daguerréotype : « L'étrangeté de ce phénomène dépasse tout ce que les imaginations les plus ardentes avaient pu rêver : nous voulons parler de cet anneau, ou, si l'on aime mieux, de ce pont sans piles, de 71 000 lieues de diamètre, de 12 000 lieues de largeur, qui entoure de tous côtés

le globe de la planète sans en approcher nulle part à moins
de 9000 lieues. » Saturne est toujours éloigné de plus de
3oo millions de lieues d'ici. Où sont les documents qui nous
indiquent que la vue des anciens ait distingué le mystérieux
appendice à une pareille distance ?

Nous paraissons peut-être donner à cette digression plus
d'importance qu'elle n'en mérite. Mais si l'on songe que
c'est en répandant de telles erreurs que l'on se propose
d'instruire le peuple, on conviendra qu'il est utile, lorsque
l'occasion s'en présente, de relever ces erreurs.

Cet article avait été publié dans le *Cosmos*, lorsque, quelque temps après, je lus par hasard, dans la Semaine scientifique du journal *Les Nouvelles*, la réponse suivante, — qui
le complète.

Le *Cosmos* m'*attrape ;* je me défends.

Mon confrère Flammarion, du *Cosmos,* m'a appliqué sur
les ongles un joli coup de férule; c'est bien fait. Pourquoi
diable m'avisai-je de vouloir « instruire les masses » en
dédaignant de m'étayer du garde-fou de la routine ? Quelle
malencontreuse idée j'ai eue de vouloir sortir du cercle
vicieux de la science convenue ! Mal m'en a pris d'avoir
cherché un sens sous les mots des textes anciens. *Meâ culpâ;
meâ maximâ culpâ.*

C'est à propos de la planète *Saturne* et de son anneau.

Interprétant la fiction mythologique qui représente Saturne dévorant ses enfants, et même les *pierres* qu'on leur
substituait, j'avais vu, dans cette tradition des temps anté-
héroïques, une preuve certaine qu'à une époque antérieure
au bouleversement terrestre (que la Bible nous montre sous
les formes de pluies de feu et de pierres qui détruisirent et
engloutirent Sodome, Gomorrhe et C\u1d49, et du fameux déluge,
— bouleversement prévu et prédit par les savants plus an-

ciens de l'Égypte, et qui amena l'édification des pyramides,
— bouleversement expliqué par M. d'Espiard de Colonge
dans son livre *la Chute du ciel*), j'avais vu, dis-je, une preuve
que les anciens habitants de la Terre avaient pu observer les
révolutions qui s'opéraient sur la planète Saturne en voie
de formation par la chute sur son sol d'une certaine quantité de petites planètes satellites. De là la fiction de Saturne
dévorant ses enfants (ses innombrables lunes).

Or, pour avoir remarqué ces phénomènes lointains et sans
le concours de télescopes, il fallait bien, ou que l'atmosphère fût constituée autrement qu'elle l'est aujourd'hui,
ou que les yeux des hommes d'alors eussent eu une puissance de vision supérieure à celle que nous avons.

Qu'y a-t-il là de si invraisemblable ? Et pourquoi toujours
vouloir juger de *ce qui a été* par *ce qui est* actuellement ?
L'aigle, qui plane à une altitude où il nous paraît à peine
de la taille d'un moineau, aperçoit bien un lapereau dans
l'herbe ; la taupe voit bien clair dans ses corridors souter-
rains ; pourquoi les hommes antédiluviens, ceux qui nous
ont transmis la science sous le couvert de la fiction mythologique, n'auraient-ils pas été pourvus d'un système de
vision plus sensible et à plus longue portée que le nôtre ?
N'avons-nous pas encore maintenant des personnes qui
distinguent des objets à une distance considérable, et
d'autres qui ne voient pas plus loin que le bout de leur nez,
physiquement et intellectuellement ?

J'ai plus d'une fois, ailleurs, rendu justice au mérite et
au profond savoir de mon confrère Flammarion, touchant
ses livres ; en tant que science *exacte*, je ne me permettrai
jamais d'être d'un autre avis que le sien ; en science *spécu-
lative*, c'est différent.　　　　　　　　　　(J. DENIZET.)

M. Denizet est fort aimable dans son compliment ; mais
cela n'empêche pas qu'il ait eu tort de croire et de vouloir

faire croire à ses lecteurs que les anciens connaissaient
l'anneau de Saturne, ce phénomène étant l'une des découvertes les plus merveilleuses de l'Astronomie moderne.

XII.

TREMESCHINI. — Appareils d'Astronomie populaire (*).

GÉOSÉLÉNOGRAPHE. — M. Tremeschini, ancien élève de notre
cours d'Astronomie populaire, de l'Association polytechnique, et aujourd'hui astronome amateur fort distingué, a eu

Fig. 32.

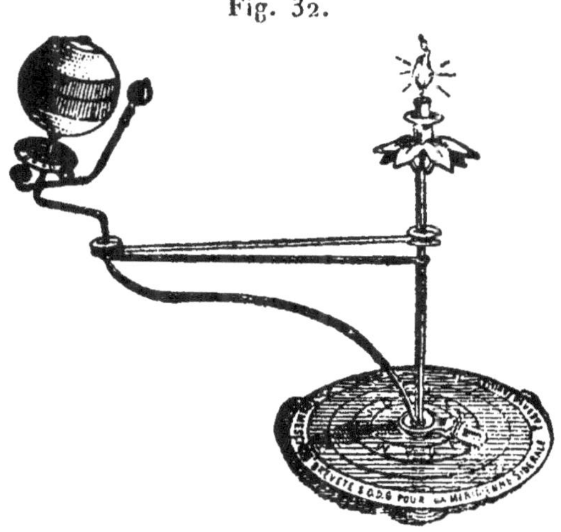

l'heureuse inspiration de reproduire par des appareils aussi
simples que possible les principaux mouvements célestes.
Dans son *géosélénographe* (*fig.* 32) les commençants peu-

(*) Faubourg Saint-Martin, passage Feuillet, 13.

vent, comme son nom l'indique, se représenter les mouvements respectifs de la Terre et de la Lune autour du Soleil. Une bougie marque la place du Soleil au centre de l'orbite terrestre. La Terre fixée à l'extrémité d'une ligne rigide est inclinée de 23 degrés sur le plan de son orbite, de manière à garder le parallélisme de son axe, et montre à la fois par son mouvement : 1° ses années, 2° ses saisons, 3° ses jours. Un petit globe, fixé au système de la Terre, représente la Lune située tantôt au-dessus, tantôt au-dessous du plan de l'équateur, et, circulant autour de la Terre, reproduit facilement les phases, ainsi que les éclipses diverses de Soleil et de Lune. Les mois sont gravés sur le pied de l'appareil.

C'est là, comme on voit, un petit appareil de salon fort ingénieux et fort simple. Lorsqu'il fut construit, il y a quelques années, nous nous sommes empressé, comme professeur de l'Association polytechnique d'une part, et d'autre part comme Président du cercle parisien de la Ligue de l'enseignement, de le recommander pour être utilement employé aux leçons d'Astronomie populaire.

HORLOGE STELLAIRE, *donnant l'heure exacte à tout moment de la nuit.* — Un soir, à l'École Turgot, dans une leçon sur le mouvement diurne, nous avions exposé comment, par l'aspect des étoiles relativement à la polaire, on peut trouver l'heure pendant la nuit. Un auditeur, M. Tremeschini, rêva toute la nuit à cette idée, qu'il voulut réaliser par un appareil portatif, et le lendemain matin il se mettait à chercher, par une combinaison de rayons visuels et de verticales, à construire cet appareil. Il consiste (*fig.* 33) : 1° en un cadran sur lequel sont tracées les douze heures du jour et les douze heures de la nuit ; 2° en une tige qui lui est fixée perpendiculairement, en un point de la circonférence ; 3° en une seconde tige, soudée au point d'attache de la première, sur la circonférence du cadran, et à angle droit avec la première (par conséquent, dans le plan du cadran).

Pour se servir de l'appareil, on le règle d'abord suivant le jour où l'on observe, d'après une table qui lui est jointe. Ensuite on dirige la grande tige vers l'étoile polaire en ap-

Fig. 33.

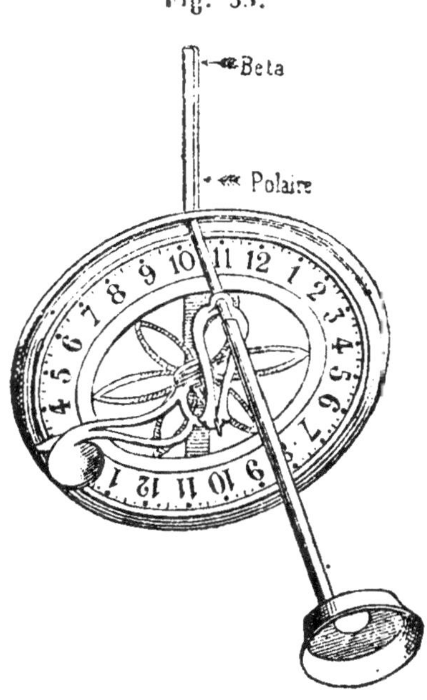

prochant de l'œil droit son extrémité, terminée par une rondelle. On tourne l'appareil jusqu'à ce que l'extrémité de la petite tige d'équerre vienne se placer devant l'étoile Bêta de la Petite Ourse et l'éclipser. On presse sur un ressort ménagé derrière le cadran; une aiguille mobile se place verticalement par son propre poids et marque l'heure. C'est l'heure, à deux ou trois minutes près, en temps moyen ou civil dans quelque degré de latitude ou de longitude que ce soit. M. Tremeschini se livre aujourd'hui à la construction de nouveaux appareils, sur lesquels nous aurons sans doute lieu de revenir dans nos prochains volumes. Nous avons cru utile de terminer par ces ingénieux appareils cette revue des divers travaux ayant pour but l'enseignement de l'Astronomie.

SUPPLÉMENT.

Remarque sur les Tableaux de la page 52 de ce Volume, et sur le temps que les planètes mettraient à tomber dans le Soleil.

L'impression de ce Volume a été commencée au mois de mai 1870, arrêtée au mois de septembre par le siége de Paris, et n'a pu être terminée qu'au mois de juin 1872. Dans cet intervalle, j'ai été porté à m'occuper de nouveau du problème de l'attraction solaire et des révolutions planétaires, et à examiner spécialement le temps que les planètes mettraient à tomber dans le Soleil si elles étaient arrêtées sur leurs orbites. Ce travail m'a conduit à corriger le second tableau de la page 52 de ce Volume, dans le coefficient, à partir de la troisième décimale, et à trouver la cause de ce coefficient, en apparence mystérieux. Voici donc un article spécial complémentaire, que je crois utile de présenter ici aux lecteurs assidus de ce petit Recueil d'Astronomie pratique.

La force qui retient les planètes sur leurs orbites est la résultante de l'attraction solaire d'une part, et d'autre part, de la force centrifuge créée par la translation, et l'équilibre est dû à ce que ces deux forces contraires ont constamment la même valeur. Ainsi, à la distance à laquelle la Terre se trouve du Soleil, sa pesanteur vers l'astre central

$$g = \frac{g\odot}{D^2} = \frac{270}{214^2} = 0^m,005882 ;$$

et la force centrifuge créée par son mouvemement

$$\omega^2 r = \left(\frac{2\pi}{l}\right)^2 R$$
$$= 0,00000000000039641 \times 148400000000$$
$$= 0^m,005882.$$

La planète tend en même temps à tomber de 588 centièmes de millimètre après une seconde, en vertu de l'attraction, et à s'éloigner de la même quantité en vertu de la force centrifuge. Si l'on suppose que la Terre soit arrêtée dans son cours, on annule par là même la force centrifuge, et en abandonnant ainsi la planète à la première des deux forces qui la maintiennent, on la laisse tomber sur le Soleil avec une vitesse uniformément accélérée. Elle emploierait environ soixante-quatre jours à tomber, et elle arriverait sur l'astre avec une vitesse de 600 000 mètres pendant la dernière seconde.

Le calcul de la durée de la chute d'un corps planétaire sur le Soleil, ou d'un satellite sur une planète, ou d'un objet situé à une grande hauteur sur la Terre, ne peut plus être une simple application de la loi de la chute des corps à la surface du globe, mais doit tenir compte de la diminution progressive de la pesanteur, en raison inverse du carré de la distance. Aussi ne peut-on arriver au calcul qu'à l'aide de formules assez laborieuses, dont la plus simple est encore assez compliquée, comme on peut le voir

$$t \sqrt{\frac{2\,g\,r^{2}}{r+h}} = \sqrt{rh} + \frac{1}{2}\,(r+h)\,\text{arc}\,\cos\frac{h-r}{r+h}.$$

Les Traités de Mécanique rationnelle n'ont pressenti aucun rapport simple entre ce problème et celui du mouvement des corps célestes, et l'on voit même les résultats différer dans certaines applications, par exemple, quant au temps que la Lune mettrait à tomber sur la Terre.

Voici cependant les chiffres que l'on obtient en calculant le temps que les planètes emploieraient à tomber jusqu'au centre du Soleil, si la force centrifuge qui les en empêche était supprimée par l'arrêt de leur mouvement de translation. Le calcul est fait en prenant pour base les distances moyennes de chaque planète au Soleil.

Mercure	$15^{\text{j}},55$
Vénus	$39,73$
La Terre	$64,57$
Mars	$121,44$
Jupiter	$765,87$
Saturne	$1901,93$
Uranus	$5424,57$
Neptune	$10628,73$

Ces durées de la chute des planètes dans le Soleil ont déjà été calculées dans différents Traités d'Astronomie, car la question qui nous occupe ici est à plusieurs titres fort intéressante par elle-même. On les trouvera notamment, presque identiques, dans l'*Astronomie populaire* d'Arago, t. III, p. 356, à l'exception de Neptune seulement.

A l'inspection de cette série de nombres, un premier fait frappe d'abord notre attention : c'est que ces nombres sont entre eux comme les racines carrées des cubes des distances, et qu'il ne serait pas nécessaire de les calculer tous directement pour les obtenir. Ainsi, par exemple, si nous considérons Saturne, sa distance au Soleil est de 9,53885 ; le cube de cette distance est 867,931, dont la racine carrée est 29,46. On a la proportion

$$\frac{64,57}{x} = \frac{1}{29,46},$$

ou

$$x = 64,57 \times 29,46 = 1902,$$

et ainsi pour chaque planète.

Cette première considération, qui nous rappelle la troisième loi de Képler, nous conduit maintenant à approfondir davantage le sens de ces nombres. Or voici une propriété bien singulière au premier abord qui se manifeste en les comparant attentivement : c'est qu'en les multipliant tous par un même coefficient, en apparence fortuit (5,656856), on reproduit l'année même de chaque planète :

Mercure..	$15,55 \times 5,656856 =$	$87,9692$
Vénus....	$39,73 \times 5,656856 =$	$224,7007$
La Terre .	$64,57 \times 5,656856 =$	$365,2564$
Mars.....	$121,44 \times 5,656856 =$	$686,9796$
Jupiter...	$765,87 \times 5,656856 =$	$4332,5848$
Saturne ..	$1901,93 \times 5,656856 =$	$10759,2198$
Uranus...	$5424,57 \times 5,656866 =$	$30686,8208$
Neptune..	$10628,73 \times 5,656856 =$	$60126,7200$

Quel rapport existe entre l'année des planètes et le temps qu'elles emploieraient à tomber dans le Soleil? Ce rapport est évident, comme on le voit; mais de quel ordre est-il? Quel est ce coefficient si remarquable 5,656856?

Assimilons un instant la chute de la Terre dans le Soleil à la moitié d'une ellipse extrèmement aplatie dont le périhélie serait presque tangent au Soleil. L'ellipse aurait pour grand axe la distance actuelle de la Terre au Soleil, c'est-à-dire la moitié du diamètre actuel de l'orbite terrestre. Les carrés des temps étant entre eux comme les cubes des distances, la révolution de la Terre le long de cette nouvelle ellipse serait donnée par la racine carrée du cube de $\frac{1}{2}$ ou de $\frac{1}{8}$, et par conséquent serait de $\dfrac{365,256}{2,828} = 128$ jours. La moitié de cette révolution, ou, ce qui revient au même, comme nous venons de le poser, le temps de la chute jusqu'au Soleil, serait donné par la moitié de la racine carrée de $\frac{1}{8}$, ou par $\dfrac{365,256}{5,657}$. Mais la moitié de la racine carrée de $\frac{1}{8}$, c'est la racine carrée de $\frac{1}{32}$.

Donc, dans sa plus simple expression, la durée de chute dont il s'agit n'est autre que la révolution annuelle multipliée par la racine carrée de $\frac{1}{32}$.

Or la racine carrée de 32, c'est notre coefficient 5,656856.

Ainsi notre problème se pose maintenant dans des termes qui formulent une loi extrêmement simple :

La durée de la chute de toute planète dans le Soleil, ou de tout satellite sur sa planète, n'est autre que la révolution divisée par la racine de 32 : $\dfrac{R}{5,656856}$.

Appliquée à la Lune, cette simple formule donne pour la durée de sa chute sur la Terre, et jusqu'au centre : 4 jours 19 heures 55 minutes.

On conçoit qu'elle puisse servir de la même façon, soit pour calculer la chute d'un bolide dont on connaît la hauteur, soit pour calculer la hauteur d'un corps dont on indiquerait la durée de chute. A. de Humboldt rapporte, au tome III de son *Cosmos*, p. 357, que l'astronome Galle, de Berlin, en tenant compte de la décroissance rapide que l'attraction du globe terrestre subit à des distances notables, s'est intéressé à calculer de quelle hauteur serait tombée l'enclume d'airain par laquelle Hésiode supposait mesurer la hauteur du ciel, laquelle avait mis neuf jours et neuf nuits à tomber. Dans ma formule, ce calcul peut être fait en une minute, en posant

$$R = 9 \times 5,656856 = 5o^j,911704,$$

$$\frac{5o,91^2}{27,32^2} = \frac{h^3}{6o,27^3},$$

$$h = \sqrt[3]{76o2oo} = 91,4 = 581870 \text{ kilomètres,}$$

ou, en retranchant la distance du centre de la Terre à la surface

$$h = 575500 \text{ kilomètres.}$$

Il serait facile de trouver un grand nombre d'applications utiles de cette formule. Mais, indépendamment de toute application, j'ai pensé qu'il pouvait être intéressant de faire connaître ce rapport si simple qui relie la durée de la révolution des corps célestes au problème général du calcul de leur chute vers le centre qui les gouverne

FIN DU TROISIÈME VOLUME.

Paris. — Imprimerie de Gauthier-Villars. quai des Grands-Augustins, 55.

$\dfrac{K}{J}$	L	$\dfrac{V}{U}$ ou ☿ ♀ ♂ H₂	X	Y	Z	$\dfrac{Y}{Z}$	$V_1 \times Z$
Rapport	Masses.		Dépla-cement par rotation de l'astre en lieues ∷ 1000.	Longueur de l'orbite en lieues ∷ 1000000.	Circonfé-rences des équateurs en lieues	Nombre de circon-férences pour l'orbite.	Longueur décrite par un point de l'équateur pendant 1 révolution ; en lieues ∷ 1000.
3,07	32448		4400	»	1087020	»	»
286	0,07		1260	111	3785	28460	329
80	0,78	,03	758	172,6	9553	15691	2206
66	1	1	650	235	10014	24100	3657,673
100	0,109	,98	543	362	5407	72400	3620
1	309,022	,41	116	1241	111756	11041	1163134
1	92,392	,33	91	2287	95403	25417	2349871
1,5	15,772	,25	64	4414	42259	108353	2917840
1,2	18,542	,18	55	6970	44160	163722	5863352

tion de chaque

RECHERCHE DE LA LOI DU MOUVEMENT DE ROTATION DES PLANÈTES, ET THÉORIE DE L'ÉQUILIBRE DU SYSTÈME DU MONDE.

	A	B	C	D	E	F	F	G	H		I	A'	J	K	$\frac{K}{T}$	L	M	N	O	P	Q	R	S	T	$\frac{K}{\zeta}$	U		V		X	Y	Z	V×Ζ
	Distances du satellite qui circulerait [*]	Hauteur de l'évaporation d'un liquide à la distance r, c'est-à-dire à la surface.	Densité des Planètes.	Densité des satellites.	Coefficient de rotation.	Racine carrée de la force centrifuge.	Carrés des coefficients de rotation et de densité relative.	Cubes des distances des satellites appelés éphémères.	Rotations (Jours et heures.)	(Comparée à celle de la Terre.)	Pesanteur à la surface.	Distances où la force résultante égale la pesanteur.	Vitesses de rotation à l'équateur en mètres par seconde.	Vitesses de translation en mètres par seconde.	Rapport	Masses.	Diamètres.	Surfaces.	Volumes.	Distances au centre de la matière au repos.	Force de rotation en [illegible].	Force centrifuge : attraction de translation.	Pesanteur vers le Soleil céleste.	Temps de chute dans le Soleil.	Rapport des vitesses.	Durée des révolutions (en jours Ø)	(étant r.)	Nombre de rotations dans l'heure.	(Comp. à Ø)	Longueur de l'orbite en rayons [illegible].	Circonférence des mondes.	Nombre de [illegible] pour l'orbite.	Longueur absolue que le point qui régularise parcourt pendant 1 révolution en [illegible] [illegible].
Le Soleil ☉	[illegible]	[illegible]	[illegible]			770	770	48400	18732	[illegible]	47.5	7.3	770	[illegible]	2013	7600	[illegible]	[illegible]	[illegible]	[illegible]	[illegible]	[illegible]	[illegible]	[illegible]	[illegible]	[illegible]	[illegible]	[illegible]	[illegible]	[illegible]	[illegible]	[illegible]	200
Mercure ☿	7.82	[illegible]	[illegible]	1.41	27.3		23.0	192	180	[illegible]	1.006	0.61	5.98	7.82	135	50000	[illegible]	[illegible]	[illegible]	[illegible]	[illegible]	[illegible]	[illegible]	[illegible]	[illegible]	[illegible]	[illegible]	[illegible]	[illegible]	[illegible]	[illegible]	[illegible]	200
Vénus ♀	4.97	[illegible]	[illegible]	0.91	14.5		13.6	240	255	[illegible]	0.975	0.87	8.47	6.03	535	16000	[illegible]	[illegible]	[illegible]	[illegible]	[illegible]	[illegible]	[illegible]	[illegible]	[illegible]	[illegible]	[illegible]	[illegible]	[illegible]	[illegible]	[illegible]	[illegible]	[illegible]
La Terre ♁	6.04	[illegible]	1.41	1	17	17	17	480	293	[illegible]	1	1	9.84	6.04	405	30650	1	1	1	[illegible]	[illegible]	0.00388	[illegible]	365.16	1	365	1	1.83	[illegible]	464	364	[illegible]	3000
Mars ♂	[illegible]	[illegible]		0.81	13.3		11.3	213	225	[illegible]	1.028	1.36	3.73	8.00	411	24500	[illegible]	[illegible]	[illegible]	[illegible]	[illegible]	[illegible]	[illegible]	[illegible]	[illegible]	[illegible]	[illegible]	[illegible]	[illegible]	[illegible]	[illegible]	[illegible]	[illegible]
Jupiter ♃	4.31	0.119	0.50	0.41	3.7	3.6	3.5	13	12	[illegible]	0.511	1.58	13.50	4.31	12600	11970	[illegible]	349.408	11.16	104.6	1.130	1740.103	0.00117	0.102217	767	6060	4332.58	11.87	10531	116	1451	11730	1103134
Saturne ♄	1.90	0.134	3.40	0.13	2.6	2.2	2.6	6.7	6.9	[illegible]	7.673	1.11	12.89	1.92	10000	9840	1	92.391	9.43	90.0	845	2013431	0.0000643	0.00006648	1940	15138	10759.22	29.5	25069	68.7	91	[illegible]	1339871
Uranus ♅	2.32	0.137	2.88	0.41	3.6	3.6	3.6	12.9	17.1	[illegible]	4.111	1.86	8.64	2.35	5400	6600	1.5	13.771	1.20	17.6	73	5108 1205	0.0030160	0.0000150	1380	41625	30686.82	84.05	69035	191.0	64	[illegible]	251961
Neptune ♆	0.35	0.143	0.58	0.41	3.7	3.7	3.7	13.7	13.3	[illegible]	0.738	0.95	9.51	1.30	5540	5540	1.3	18.512	4.41	19.1	85	6700 2250	0.00000652	0.00006855	10633 85385	60116.72	164.6	114277	304.0	65	6970	[illegible]	4803330

(*) Les chiffres de cette première colonne, qui indiquent à quelle distance (évaluée en rayons) circulerait un satellite dans la durée de la rotation de chaque monde, représentent en même temps la limite théorique maximum des atmosphères pour chaque monde.

EXTRAIT DU CATALOGUE GÉNÉRAL

DE

GAUTHIER-VILLARS,

IMPRIMEUR-LIBRAIRE,

SUCCESSEUR DE MALLET-BACHELIER,

Quai des Augustins, 55, à Paris.

Le Catalogue général est envoyé aux personnes qui en font la demande par lettre affranchie.

En envoyant à M. Gauthier-Villars un mandat sur la **Poste, ou des timbres-poste, on reçoit les Ouvrages** *franco* **dans toute la France.**

ANNALES SCIENTIFIQUES DE L'ÉCOLE NOR-MALE SUPÉRIEURE, publiées sous les auspices du Ministre de l'Instruction publique, par un *Comité de Rédaction composé de MM. les Maîtres de Conférences.*

1re Série, 7 volumes in-4, avec figures dans le texte et planches sur cuivre, années 1864 à 1870.   150 fr.

La **2e Série,** commencée en 1872, continue de paraître tous les deux mois, par cahier de 64 à 72 pages. L'abonnement est annuel et part du 1er janvier.

Prix de l'abonnement pour un an (6 numéros).

Paris.............................   30 fr.
Départements.....................   35 fr.
Étranger.........................   40 fr.

AMADIEU, ancien Officier d'État-major, Directeur d'une École préparatoire à Versailles. — **Notions élémentaires d'Algèbre,** exigées pour l'admission à l'École Navale, à l'École de Saint-Cyr et à l'École Forestière. In-12; 3e édition; 1867.   3 fr.

In-12; A.   1

ANNALES DE L'OBSERVATOIRE DE PARIS, publiées par M. *Le Verrier*. **Partie théorique**, tomes I, II, III, IV, V, VI, VII, VIII et IX. In-4, avec planches. 243 fr.

Chaque volume se vend séparément. 27 fr.

ANNALES DE L'OBSERVATOIRE DE PARIS, publiées par M. *U.-J. Le Verrier*. Tomes I, II, III, IV, V, VI, VII, VIII, IX, X, XI, XII, XIII, XIV, XV, XVI, XVII, XVIII, XIX, XX, XXI, XXII, XXIII des **Observations**. In-4 (en tableaux). 920 fr.

Chaque volume se vend séparément. 40 fr.

Le tome XXIV est *sous presse.*

ANNUAIRE MÉTÉOROLOGIQUE DE L'OBSERVATOIRE DE PARIS, POUR L'AN 1872. In-18. 2 fr.

L'*Annuaire météorologique* résumera chaque année toutes les observations météorologiques faites à l'Observatoire central de Paris et dans toutes les stations météorologiques de France, soit dans le cours de l'année précédente, soit dans la série des années antérieures. En particulier, l'*Annuaire pour l'an* 1872 contient, outre le calendrier : le tableau des températures extrêmes et des températures moyennes observées à l'Observatoire de Paris depuis près de deux siècles ; les relevés des hauteurs de pluie recueillie dans le même lieu depuis la même époque ; les documents semblables obtenus dans les diverses localités de la France et en quelques points de l'étranger ; un historique des travaux météorologiques réalisés jusqu'ici en France ; un résumé des préceptes qu'on en déduit relativement à l'interprétation des signes du temps et à l'usage des indications fournies par les instruments météorologiques ; un résumé des travaux en cours d'exécution ; enfin la liste des membres des Commissions départementales, des observateurs météorologiques français et des stations pluviométriques.

ANNUAIRE POUR 1872, publié par le Bureau des Longitudes, *avec Notices scientifiques*. In-18. 1 fr. 25 c.

AOUST (l'Abbé), Professeur de Mathématiques pures et appliquées à la Faculté des Sciences de Marseille. — **Analyse infinitésimale des courbes tracées sur une surface quelconque.** In-8; 1869. 7 fr.

BABINET, Membre de l'Institut (Académie des Sciences). — **Études et Lectures sur les Sciences d'observation et leurs applications pratiques.** In-12, sur papier fin. Chaque volume se vend séparément....... 2 fr. 50 c.

1er volume : *Sur les Mouvements extraordinaires de la mer. — Les Comètes au* XIXe *siècle. — La Télégraphie électrique. — L'Astronomie en* 1852 *et* 1853. *— Astronomie descriptive. — La Perspective aérienne. — Le Stéréoscope et la vision binoculaire. — Voyage dans le ciel.*

2e volume : *Les Tables tournantes et les manifestations prétendues surnaturelles. — L'Électricité ouvrière. — La Sibérie et les climats du Nord. — Influence des courants de la mer sur les climats. — Sur les Tremblements de terre et sur la constitution intérieure du globe. — Bulletin de l'Astronomie et des Sciences pour 1853 et 1854. — De l'Arrosement du globe. — Des Tables tournantes au point de vue de la Mécanique et de la Physiologie. — La Météorologie en 1854 et ses progrès futurs.*

3e volume : *Du Diamant et des Pierres précieuses. — Des Phares et de la Lumière artificielle. — Physique du globe. — Quillebœuf. — La Méditerranée. — De la Pluralité des mondes.*

4e volume : *La Terre avant les époques géologiques. — De la Constitution intérieure du globe terrestre et des Tremblements de terre. — De la Pluie et des Inondations. — L'Astronomie en 1855. — Les Saisons sur la Terre et dans les autres planètes. — Sur les Progrès récents de la Galvanoplastie. — De l'Application des Mathématiques transcendantes. — La Vie aux divers âges de la Terre. — Des Eaux minérales et de la Chaleur centrale de la Terre.*

5e volume : *Sur la Sécheresse, les Irrigations et les Reboisements. — XIX Articles sur l'Astronomie et la Météorologie.*

6e volume : *De l'Aimant et du Magnétisme terrestre. — L'Océan islandais. — Théorie physique des vêtements. — XIII Articles sur l'Astronomie et la Météorologie.*

7e volume : *Sur les Pierres précieuses, à l'occasion d'un livre intitulé :* Lithiaka. *— De la Télégraphie sous-marine. — De la Télégraphie électrique et des Télégraphes sous-marins. — Théorie physique des vêtements. — Un jour d'observations dans les Pyrénées. — Cosmogonie de Laplace. —* **La grande Comète de 1861 :** *Les Comètes en général. — Newton et sa Théorie du mouvement des Comètes. —* **Astronomie et Météorologie :** XXX *Articles.*

8e Volume : *Astronomie et Météorologie. — Physique du Globe. — Sur les courants ou plutôt sur les circuits des mers.*

BABINET, Membre de l'Institut, et **HOUSEL,** Professeur de Mathématiques. — **Calculs pratiques appliqués aux Sciences d'observation.** In-8, avec 75 figures dans le texte; 1857. 6 fr.

BALTZER (**Dr Richard**), Professeur au Gymnase de

Dresde. — **Théorie et applications des Déterminants,** avec l'indication des sources originales, traduit de l'allemand, par *J. Houël,* docteur ès Sciences. In-8, 1861. 5 fr.

BARRESWIL et DAVANNE. — **Chimie photographique,** contenant les Éléments de Chimie expliqués par des exemples empruntés à la Photographie ; les procédés de Photographie sur glace (collodion humide, sec ou albuminé), sur papiers, sur plaques ; la manière de préparer soi-même, d'essayer, d'employer tous les réactifs, d'utiliser les résidus, etc.; 4e édition, augmentée, et ornée de figures dans le texte. In-8; 1864. 8 fr. 50 c.

BASSET (N.), Chimiste. — **Précis de Chimie pratique,** ou **Éléments de Chimie vulgarisée.** In-18 jésus de 642 pages, avec figures dans le texte; 1861. 5 fr.

BELLANGER (C.-A.), Professeur d'Hydrographie. — **Petit Catéchisme de Machine à vapeur,** à l'usage des candidats aux grades de la marine de commerce. Petit in-8, avec Atlas de 6 planches; 1866. 3 fr. 50 c.

BENOIT (P.-M.-N.). — **La Règle à Calcul expliquée,** ou **Guide du Calculateur** à l'aide de la **Règle** logarithmique à tiroir. Fort volume in-12 avec pl. 5 fr.

La **Règle à Calcul** (*Instrument*) se vend séparément 6 fr.

BENOIT (P.-M.-N.). — **Guide du Meunier et du Constructeur de Moulins.** 1re *Partie :* Constructions des moulins. 2e *Partie :* Meunerie. 2 vol. in-8 de 900 pages, avec 22 planches contenant 638 figures; 1863. 12 fr.

BERTHELOT (Marcellin), Professeur de Chimie organique à l'École de Pharmacie et Chargé de cours au Collége de France. — **Leçons sur les Méthodes générales de synthèse en Chimie organique** (Cours du Collége de France). In-8 ; 1864. 8 fr.

BERTRAND (J.), Membre de l'Institut. — **Traité de Calcul différentiel et de Calcul intégral.**

Calcul différentiel. In-4; 1864............. (*Rare.*)

Calcul intégral (*Intégrales définies et indéfinies*). In-4 de 720 p., avec 88 fig. dans le texte; 1870... 30 fr.

Le troisième et dernier volume, Calcul intégral (*Équations différentielles*), est sous presse.

BILLET, Professeur de Physique à la Faculté des Sciences de Dijon. — **Traité d'Optique physique.** 2 forts vol. in-8 avec 14 pl. composées de 337 fig.; 1858. 15 fr.

BOUCHARLAT (J.-L.). — **Théorie des Courbes et des Surfaces du second ordre,** ou **Traité complet d'application de l'Algèbre à la Géométrie.** 3e édition, revue, corrigée et augmentée de **Notes** et des **Principes de la Trigonométrie rectiligne.** In-8, avec planches.   8 fr.

BOUCHARLAT (J.-L.). — **Éléments de Calcul différentiel et de Calcul intégral.** 7e édition, in-8, avec planches; 1858.   8 fr.

BOUCHARLAT (J.-L.). — **Éléments de Mécanique.** 4e édition; 1 volume in-8, avec 10 planches; 1861. 8 fr.

BOUR (Edm.), Ingénieur des Mines. — **Cours de Mécanique et Machines,** professé à l'Ecole Polytechnique :

Cinématique. In-8, avec Atlas de 30 planches in-4 gravées sur cuivre; 1865.   10 fr.

Statique et travail des forces dans les machines à l'état de mouvement uniforme, publié par *M. Phillips,* Professeur de Mécanique à l'École Polytechnique, avec la collaboration de MM. *Collignon* et *Kretz.* In-8, avec Atlas de 8 planches contenant 106 fig.; 1868. 6 fr.

La *Dynamique* est sous presse.

BOURDON, ancien Examinateur d'admission à l'Ecole Polytechnique. — **Éléments d'Arithmétique.** 34e édit. In-8; 1867. (*Adopté par l'Université.*)   4 fr.

BOURDON. — **Application de l'Algèbre à la Géométrie,** comprenant la Géométrie analytique à deux et à trois dimensions. 7e édit., revue et annotée par M. *Darboux.* In-8, avec pl.; 1872. (*Adopté par l'Université.*) 8 fr.

BOURDON. — **Éléments d'Algèbre,** avec Notes signées *Prouhet.* 14e éd., in-8; 1872. (*Adopté par l'Univ.*) 8 fr.

BOURDON. — **Trigonométrie rectiligne et sphérique.** In-8, avec figures dans le texte; 1854. (*Adopté par l'Université.*)   3 fr.

BOURGET. — **Théorie mathématique des machines à air chaud.** In-4, avec figures; 1871.   4 fr.

BOUSSINGAULT, Membre de l'Institut. — **Agronomie, Chimie agricole et Physiologie.** 2e *édition.* 4 volumes in-8, avec planches sur cuivre et figures dans le texte; 1860-1861-1864-1868.   20 fr.

Chaque volume se vend séparément.   5 fr.

BRESSE, Professeur de Mécanique à l'Ecole des Ponts et Chaussées. — **Cours de Mécanique appliquée professé à l'École des Ponts et Chaussées.**

> Première Partie: *Résistance des Matériaux et Stabilité des Constructions.* In-8, avec fig. dans le texte; 2e édition; 1866.   **8 fr.**

> Deuxième Partie : *Hydraulique.* In-8, avec figures dans le texte et une planche; 2e édition; 1868.   **8 fr.**

> Troisième Partie : *Calcul des Moments de flexion dans une poutre à plusieurs travées solidaires.* In-8, avec figures dans le texte et Atlas in-folio de 24 planches sur cuivre; 1865.   **16 fr.**

> *Chaque Partie se vend séparément.*

BRIOSCHI (F.), Professeur de Mathématiques à l'Université de Pavie. — **Théorie des Déterminants et leurs principales applications**; traduit de l'italien par M. *E. Combescure,* Profess^r de Mathémat. In-8; 1856.   **5 fr.**

BRIOT (Ch.), Professeur suppléant à la Faculté des Sciences. — **Théorie mécanique de la Chaleur.** In-8, avec figures dans le texte; 1869.   **7 fr. 50 c.**

BRIOT (Ch.). — **Essais sur la Théorie mathématique de la Lumière.** In-8 avec fig. dans le texte; 1864.   **4 fr.**

BRUNNOW (F.), Directeur de l'Observatoire de Dublin. — **Traité d'Astronomie sphérique et d'Astronomie pratique.** Édition française publiée par MM. *Lucas* et *André,* Astronomes adjoints à l'Observatoire de Paris.

> Première Partie : *Astronomie sphérique.* In-8, avec figures dans le texte; 1869.   **10 fr.**

> Deuxième Partie : *Astronomie pratique,* augmentée de Tables astronomiques, de nombreux développements sur la construction et l'emploi des instruments, sur les méthodes adoptées à l'Observatoire de Paris, sur l'équation personnelle, sur la parallaxe du Soleil, etc. In-8, avec figures dans le texte; 1872.   **10 fr.**

BULLETIN DES SCIENCES MATHÉMATIQUES ET ASTRONOMIQUES, rédigé par MM. *Darboux* et *Hoüel,* avec la collaboration de MM. *André, Lœwy, Painvin, Radau, Simon* et *Tisserand,* sous la direction de la Commission des Hautes Études. (Président de la Commission : M. *Chasles;* Membres : MM. *J. Bertrand, Delaunay, Puiseux, J.-A. Serret.*) Tome III; 1872.

> Ce **Bulletin,** fondé en 1870, paraît chaque mois et

forme par an un volume grand in-8 de 25 feuilles, avec figures dans le texte.

Cette publication, exclusivement consacrée aux Mathématiques et à l'Astronomie, comprend trois Parties principales : 1° *comptes rendus de Livres;* 2° *analyses de Mémoires;* 3° *traductions de Mémoires importants et peu répandus,* et *Mélanges scientifiques.*

Les abonnements sont annuels et partent de janvier.

Prix pour un an (12 *numéros*) :

Paris............................... 15 fr.
Départements et Algérie............. 17 fr.
Étranger, suivant les conventions postales.

CABANIÉ, Charpentier, Professeur du Trait de Charpente, de Mathématiques, etc. — **Charpente générale théorique et pratique.** 2 volumes in folio avec planches. 2ᵉ édition; 1864.   60 fr.

On vend séparément le tome 1ᵉʳ, **Bois droit.**   30 fr.
Le tome II, **Bois croche.**   30 fr.

CAHOURS (**Auguste**), Examinateur de sortie pour la Chimie à l'École Polytechnique. — **Traité de Chimie générale élémentaire.** Leçons professées à l'École centrale des Arts et Manufactures. 2ᵉ édition. 3 vol. in-18 avec figures et planches; 1860. (*Autorisé par décision ministérielle.*)   12 fr.

Chaque volume se vend séparément.   4 fr.

CATALAN (**E.**), ancien Élève de l'École Polytechnique. — **Manuel des Candidats à l'Ecole Polytechnique.**

Tome 1ᵉʳ : **Algèbre, Trigonométrie, Géométrie analytique à deux dimensions.** In-18, avec 167 figures; 1857.   5 fr.

Tome II : **Géométrie analytique à trois dimensions, Mécanique.** In-18, avec 139 fig. dans le texte; 1858. 4 fr.

Chaque volume se vend séparément.

CAUCHY (le **Baron Aug.**), Membre de l'Académie des Sciences. — **Sa Vie et ses Travaux,** par M. *Valson,* Professeur à la Faculté des Sciences de Grenoble, avec une Préface de M. *Hermite,* Membre de l'Académie des Sciences. 2 vol. in-8; 1868.   8 fr.

CAUCHY (**Aug.**) — **Exercices d'Analyse et de Physique mathématique.** 4 vol. in-4.   72 fr.

CHARLON (**H.**). — **Théorie mathématique des Opérations financières.** Grand in-8, avec Tables logarithmiques; 1869.   7 fr. 50 c.

CHASLES, Membre de l'Institut. — **Les trois livres de Porismes d'Euclide**, rétablis pour la première fois, d'après la Notice et les Lemmes de Pappus. In-8, avec 259 figures; 1860.   10 fr.

CHASLES. — **Traité des Sections coniques**, faisant suite au **Traité de Géométrie supérieure**. *Première Partie*. In-8 avec 5 planches gravées sur cuivre, et contenant 133 figures; 1865.   9 fr.

   La seconde Partie, qui est sous presse, se vendra de même séparément.

CHEVALLIER et MÜNTZ. — **Problèmes de Physique**, avec leurs solutions développées, à l'usage des Candidats au Baccalauréat ès Sciences et aux Écoles du Gouvernement. In-8, lithographié; 1872.   2 fr. 75 c.

CHEVALLIER et MÜNTZ. — **Problèmes de Mathématiques**, avec leurs solutions développées, à l'usage des Candidats au Baccalauréat ès Sciences et aux Écoles du Gouvernement. In-8, lithographié; 1872.   4 fr.

CHEVILLARD, Professeur à l'École des Beaux-Arts. — **Leçons nouvelles de Perspective**. In-8, avec Atlas in-4 de 32 planches gravées sur acier; 1868.   12 fr.

CHEVREUL (E.-E.), Membre de l'Institut. — **De la Baguette divinatoire, du Pendule dit** *explorateur* **et des Tables tournantes au point de vue de l'Histoire, de la Critique et de la Méthode expérimentale**. In-8.   3 fr.

CHOQUET, Docteur ès Sciences. — **Traité d'Algèbre**. (*Autorisé.*) In-8; 1856.   7 fr. 50 c.

CLAUSIUS (R.), Professeur à l'Université de Bonn, correspondant de l'Institut de France. — **De la fonction potentielle et du potentiel**; traduit de l'allemand, sur la 2ᵉ édition, par *F. Folie*. In-8; 1870.   4 fr.

COMBEROUSSE (Charles de), Examinateur d'admission à l'École Centrale des Arts et Manufactures. — **Cours de Mathématiques**, à l'usage des Candidats à l'École Centrale des Arts et Manufactures, et aux autres Écoles du Gouvernement. 3 vol. in-8, avec figures dans le texte et planches (pris ensemble). 25 fr.

   Chaque volume se vend séparément :

   Le Tome 1ᵉʳ, Arithmétique et Algèbre élémentaire (avec 21 figures dans le texte).   7 fr. 50 c.

Le Tome II, Géométrie plane, Géométrie dans l'es-pace, Complément de Géométrie, Trigonométrie, Com-plément d'Algèbre (avec 466 figures dans le texte).   10 fr.

Le Tome III, Géométrie analytique, Géométrie descrip-tive (avec Atlas de 53 pl., contenant 274 fig.).   10 fr.

COMPAGNON (P.-F.), Professeur au Collége Stanislas. — **Éléments de Géométrie.** Cet Ouvrage est surtout destiné aux jeunes gens qui se préparent aux Ecoles du Gouvernement. In-8, avec figures ; 1868.   7 fr.

COMPAGNON (P.-F.). — **Abrégé des Éléments de Géométrie.** Cet Ouvrage s'adresse particulièrement aux Elèves de l'Enseignement secondaire spécial, et aux can-didats au Baccalauréat ès Lettres et au Baccalauréat ès Sciences. In-8, avec figures; 1868. (*Autorisé par le Conseil supérieur de l'Enseignement secondaire spécial.*) 4 fr. 50 c.

CONNAISSANCE DES TEMPS ou des mouvements célestes, à l'usage des Astronomes et des Navigateurs.
Prix de chaque année : *Sans Additions.*   3 fr. 50 c.
Avec Additions.   6 fr. 50 c.
On peut se procurer la Collection complète, ou des années séparées de cet Ouvrage, depuis 1760 *jusqu'à* 1873.

CONSOLIN (B.), Professeur du Cours de Voilerie à Brest. — **Manuel du Voilier**, revu et publié par ordre du Ministre de la Marine. Grand in-8 sur jésus, de 528 pages et 11 planches ; 1859.   12 fr

CONSOLIN (B.). — **Méthode pratique de la Coupe des voiles des navires et embarcations,** suivie de Tables graphiques. In-12 avec 3 planches ; 1863.   3 fr.

CONSOLIN (B.). — **L'Art de voiler les embarcations,** suivi d'un Aide-Mémoire de Voilerie. In-12, avec une grande planche ; 1866.   2 fr.

CRESSON, Professeur.— **Principes de Dessin** pour prépa-ration à tous les genres. **40 grands modèles gradués,** format demi-jésus, lithographiés, avec un texte explicatif; 1865.   8 fr.

DARCY. — **Recherches expérimentales relatives au mouvement des eaux dans les tuyaux.** In-4, avec 12 grandes planches; 1857.   15 fr.

DELAISTRE (L.), Professeur de Dessin général.— **Cours complet de Dessin linéaire,** gradué et progressif, con-tenant la Géométrie pratique, élémentaire et descrip-

1.

tive; l'Arpentage, le Levé des Plans et le Nivellement;
le Tracé des Cartes géographiques; des Notions sur l'Architecture; le Dessin industriel; la perspective linéaire
et aérienne; le Tracé des ombres et l'étude du Lavis.

Atlas cartonné, in-4 oblong, contenant 60 planches et
texte; 1871.   15 fr.

*Ouvrage donné en prix, par la Société d'Encouragement
pour l'Industrie nationale, aux CONTRE-MAITRES des
Etablissements industriels, et choisi en 1862 par S. Exc.
M. le Ministre de l'Instruction publique pour les Bibliothèques scolaires.*

DELAMBRE, Membre de l'Institut. — **Traité complet
d'Astronomie théorique et pratique.** 3 vol. in-4, avec
planches; 1814.   .   40 fr.

DELAMBRE. — **Histoire de l'Astronomie ancienne.**
2 vol. in-4, avec planches; 1817.   25 fr.

DELAMBRE. — **Histoire de l'Astronomie du moyen
âge.** 1 vol. in-4, avec planches; 1819.   20 fr.

DELAMBRE. — **Histoire de l'Astronomie moderne.**
2 vol. in-4, avec planches; 1821.   3o fr.

DELAMBRE. — **Histoire de l'Astronomie au XVIIIᵉ
siècle;** publiée par M. *Mathieu,* Membre de l'Académie
des Sciences. In-4, avec planches; 1827.   20 fr.

DELISLE (A.), Examinateur pour l'admission à l'Ecole
Navale, Professeur émérite et officier de l'Université, **et
GERONO,** Professeur de Mathématiques. — **Géométrie
analytique.** In-8, avec pl.   6 fr. 50 c.

DELISLE et **GERONO.** — **Éléments de Trigonométrie rectiligne et sphérique;** 6ᵉ édition. In-8, avec
planches; 1868.   3 fr. 50 c.

DELSAUX (le P.), Professeur de Physique mathématique
au collége de la Paix. — **Résumés de Physique mathématique :**

1ᵉʳ résumé : *Capillarité.* In-3 avec figures; 1865.   2 fr.
2ᵉ résumé: *Optique géométrique.* In-8 avec fig.; 1866. 4 fr.
3ᵉ résumé : *Eléments d'Optique physique.* In-8, avec fig.;
1868.   7 fr. 50 c.

DENFER, chef des travaux graphiques de l'Ecole Centrale
des Arts et Manufactures. — **Album de Serrurerie,** conforme au cours de Constructions civiles professé à l'Ecole
Centrale par E. MULLER, et contenant *l'emploi du fer dans*

la maçonnerie et dans la charpente en bois, la charpente en fer, les ferrements des menuiseries en bois, la menuiserie en fer, les grosses fontes et articles divers de quincaillerie. Grand in-4, contenant 100 belles planches lithographiées ; 1872. 13 fr.

D'ÉTROYAT (Ad.). — **De la carène du navire et de l'Échelle de solidité.** In-4, avec 5 planches ; 1856. 4 fr.

DIEN. — **Atlas céleste,** contenant plus de 100 000 étoiles et nébuleuses. In-folio de 26 planches gravées sur cuivre, dont trois doubles, avec une *Introduction* par M. *Babinet*, Membre de l'Institut, 2e tirage; 1869.

    Cartonné, toile pleine. 35 fr.
    Relié avec luxe demi-chagrin. 40 fr.

DUHAMEL, Membre de l'Institut (Académie des Sciences). **Cours de Mécanique.** 3e édition, 2 volumes in-8, avec planches ; 1862-1863. 12 fr.

DUHAMEL. — **Éléments de Calcul infinitésimal.** 3e éd. 2 vol. in-8, pl. (*Sous presse.*) 12 fr.

DUHAMEL. — **Des Méthodes dans les sciences de raisonnement :**

PREMIÈRE PARTIE. *Des Méthodes communes à toutes les sciences de raisonnement.* In-8 ; 1865. 2 fr. 50 c.

DEUXIÈME PARTIE. *Application des Méthodes à la science des nombres et à la science de l'étendue.* In-8 ; 1866. 7 fr. 50 c.

TROISIÈME PARTIE. *Application de la science des nombres à la science de l'étendue.* In-8 avec fig. ; 1868. 7 fr. 50 c.

QUATRIÈME PARTIE. *Application des Méthodes générales à la science des forces.* In-8, avec fig. ; 1870. 7 fr. 50 c.

DU MONCEL (Th.), Ingénieur électricien de l'Administration des Lignes télégraphiques. — **Traité théorique et pratique de Télégraphie électrique** à l'usage des employés télégraphistes, des ingénieurs, des constructeurs et des inventeurs. Vol. in-8 de 642 pages, avec 156 figures dans le texte et 3 planches sur cuivre; imprimé sur carré fin satiné ; 1864. 10 fr.

DU MONCEL (Th.). — **Notice sur l'appareil d'induction électrique de Ruhmkorff,** suivie d'un **Mémoire sur les courants induits.** 5e édit., in-8, avec fig.; 1867. 7 fr. 50 c.

DU MONCEL (Th.). — **Notice sur le Câble transatlantique.** In-8, illustré de 25 gravures dans le texte; 1869. 1 fr. 50 c.

DUPIN (Ch.), Membre de l'Institut. — **Développements

de Géométrie, avec des applications à la stabilité des vaisseaux, aux déblais et remblais, au défilement, à l'optique, etc., pour faire suite à la *Géométrie descriptive* et à la *Géométrie analytique* de MONGE. 1 v. in-4; pl. 15 fr.

DUPIN (Ch.). — **Applications de Géométrie et de Mécanique** à la Marine, aux Ponts et Chaussées, etc., pour faire suite aux *Développements de Géométrie*. 1 vol. in-4, avec 17 planches; 1822. 10 fr.

DUPLAIS (aîné). — **Traité de la fabrication des liqueurs et de la distillation des Alcools,** suivi du *Traité de la fabrication des eaux et boissons gazeuses.* 3e édition, revue et augmentée par *Duplais jeune.* 2 volumes in-8, avec 15 planches; 1867. 16 fr.

DUPRÉ (Ath.), Doyen de la Faculté des Sciences de Rennes. — **Théorie mécanique de la Chaleur.** In-8, avec figures dans le texte; 1869. 8 fr.

DUPUY DE LOME, Membre de l'Institut. — **L'Aérostat à hélice.** Note sur l'aérostat construit pour le compte de l'Etat. In-4, avec 9 grandes planches gravées sur acier; 1872......................... 6 fr. 50 c.

EBELMEN. — **Chimie, Céramique, Géologie, Métallurgie,** revues et corrigées par M. *Salvétat,* chimiste à la Manufacture impériale de Sèvres, suivies d'une Notice sur la vie et les travaux de l'auteur, par M. *Chevreul,* Membre de l'Institut. 3 forts vol. in-8, avec figures dans le texte (deuxième tirage); 1861. 15 fr.

ENDRÈS (E.), Ingénieur en chef des Ponts et Chaussées. — **Manuel du Conducteur des Ponts et Chaussées,** d'après le dernier *Programme officiel des examens.* Ouvrage indispensable aux Conducteurs et Employés secondaires des Ponts et Chaussées et des Compagnies de Chemins de fer, aux Agents voyers et à tous les Candidats à ces emplois. 4e édition. 2 vol. in-8, avec 652 figures dans le texte et 4 planches d'instruments dessinés et gravés d'après les meilleurs modèles; 1865. 13 fr.

ERMEL, Professeur à l'École Centrale des Arts et Manufactures. — **Album des éléments et organes de machines** traités dans le Cours de Constructions de machines à l'École Centrale; suivi de planches relatives aux machines soufflantes, par M. *Jordan,* Professeur du Cours de Métallurgie. Portefeuille oblong, cartonné, contenant 19 planches de texte explicatif et 102 planches de dessins cotés; 1871. 13 fr.

EVANS (O.). — **Manuel** de l'**Ingénieur** **Mécanicien** **constructeur de machines à vapeur;** trad. de l'anglais, par *Doolittle.* 3e éd.; in-8, 7 pl. 5 fr.

FAA DE BRUNO (le Chevalier **Fr.**), Docteur ès Sciences, Professeur de Mathématiques à Turin. — **Traité élémentaire du Calcul des Erreurs, avec des Tables stéréotypées.** Ouvrage utile à ceux qui cultivent les Sciences d'observation. In-8; 1869. 4 fr.

FATON (Le P.). — **Traité d'Arithmétique théorique et pratique,** en rapport avec les nouveaux *Programmes* d'enseignement, terminé par une petite Table de Logarithmes. Chaque théorie est suivie d'un choix d'Exercices gradués de calcul et d'un grand nombre de Problèmes. 6e édition, revue et corrigée. In-12; 1871. (*Autorisé par décision ministérielle.*) 2 fr. 75 c.

FATON (Le P.). — **Premiers éléments de l'Arithmétique.** 2e édition, in-12; 1869. 1 fr. 50 c.

FAVRE (P.-A.), Correspondant de l'Institut (Académie des Sciences), Professeur de Chimie à la Faculté des Sciences de Marseille. — **Aide-Mémoire de Chimie à l'usage des Lycées et des établissements secondaires,** *rédigé conformément au Programme du Baccalauréat ès Sciences.* In-8, avec Atlas; 1864. 5 fr.

FLAMMARION (Camille). — **Études et Lectures sur l'Astronomie.** In-12, tomes I, II et III; 1867-1869-1872. *Chaque volume se vend séparément.* 2 fr. 50 c.

FLYE SAINTE-MARIE, Capitaine d'Artillerie. — **Études analytiques sur la théorie des Parallèles.** Gr. in-8, avec 8 planches; 1871. 5 fr.

FONVIELLE (W. de). — **La Science en ballon.** In-8 jésus; 1869. 2 fr.

FRANCŒUR (L.-B.). — **Uranographie,** ou **Traité élémentaire d'Astronomie,** à l'usage des personnes peu versées dans les Mathématiques, des Géographes, des Marins, des Ingénieurs, accompagné de planisphères. 6e édit., revue et corrigée. 1 vol. in-8, avec planches; 1853. 10 fr.

FRANCŒUR (L.-B.). — **Traité de Géodésie,** comprenant la Topographie, l'Arpentage, le Nivellement, la Géomorphie terrestre et astronomique, la Construction des Cartes, la Navigation, augmentée de **Notes sur la mesure des bases,** par M. *Hossard.* 4e édition; in-8, avec 11 planches; 1865. 10 fr

FRENET (**F.**), Professeur à la Faculté des Sciences de Lyon. — **Recueil d'exercices sur le Calcul infinitésimal.** 2ᵉ édit.; in-8, avec pl.; 1866.   7 fr. 50 c.

FREYCINET (Charles de). — **De l'Analyse infinitésimale, Étude sur la métaphysique du haut calcul.** In-8, avec fig.; 1860.   6 fr.

FREYCINET (Charles de), Chef de l'exploitation des chemins de fer du Midi. — **Des Pentes économiques en Chemins de fer. Recherches sur les dépenses des rampes.** In-8; 1861.   6 fr.

GAUSS (Cʜ.-Fʀ.) — **Méthode des moindres carrés.** Mémoires sur la combinaison des observations. Traduits en français et avec l'autorisation de l'auteur, par M. *J. Bertrand*, Membre de l'Institut. In-8; 1855.   4 fr.

GINOT-DESROIS (Mˡˡᵉ). — **Planisphère mobile,** au moyen duquel on peut apprendre l'Astronomie seul et sans le secours des Mathématiques. 7ᵉ éd., 1847; sur carton. 4fr.

GINOT-DESROIS (Mˡˡᵉ).—**Planisphère astronomique** ou **Calendrier astronomique perpétuel,** donnant le quantième des mois, les jours de la semaine, les phases de la Lune, la place du Soleil dans l'écliptique pour un jour donné, le lever, le passage au méridien, le coucher de ces astres et des étoiles, ainsi que les principales éclipses de Soleil visibles à Paris depuis 1858 jusqu'en 1874, dans l'ordre de leur grandeur et dimension. 2ᵉ éd., 1861; sur carton, avec une brochure in-8 donnant la description et les usages du Calendrier perpétuel.   5 fr.

GIRARD (Aimé), *voyez* **RUSSELL**, page 31.

GIRARD (**L.-D.**), Ingénieur civil.—**Hydraulique.**— Utilisation de la force vive de l'eau appliquée à l'industrie. — Critique de la théorie connue et exposé d'une théorie nouvelle. In-4, avec Atlas de 13 planches; 1863.   8 fr.

GIRARD (**L.-D.**). — **Chemin de fer glissant, nouveau système de locomotion à propulsion hydraulique.** In-4, avec atlas de 6 planches in-plano; 1864.   8 fr.

GIRARD (**L.-D.**). — **Élévation d'eau pour l'alimentation des villes et distribution de force à domicile.**

Nᵒ 1. Grand in-4 avec 2 planches et figures dans le texte; 1868.   3 fr.

Nᵒ 2. Grand in-4, avec 2 planches et Atlas de 6 planches in-plano; 1869.   6 fr.

Le prospectus détaillé des ouvrages de L.-D. Gɪʀᴀʀᴅ *est*

envoyé aux personnes qui en font la demande par lettre affranchie. (La librairie Gauthier-Villars vient d'acquérir la propriété de tous les ouvrages de M. L.-D. Girard, et en a diminué les prix de vente.)

GRANDEAU (L.), Docteur ès Sciences, et **TROOST (L.)**, Professeur de Physique et de Chimie au lycée Bonaparte. — **Traité pratique d'Analyse chimique**, par **F. WŒHLER**, Professeur de Chimie à l'Université de Gœttingue, Associé étranger de l'Institut de France. **Édition française,** publiée avec le concours de l'Auteur. 1 volume in-18 jésus, avec 76 fig. dans le texte et une planche; 1866. 4 fr. 50 c.

GRANDEAU. — **Instruction pratique sur l'Analyse spectrale**, comprenant : 1º la description des appareils; 2º leur application aux recherches chimiques; 3º leur application aux observations physiques; 4º la projection des spectres. In-8 avec 2 planches sur cuivre et 1 planche chromolithographiée ; 1863. 3 fr.

HATON DE LA GOUPILLIÈRE (J.-N.), Ingénieur des Mines, Professeur à l'École des Mines. — **Éléments du Calcul infinitésimal.** In-8, avec fig. dans le texte; 1860. 6 fr.

HATON DE LA GOUPILLIÈRE (J.-N.). — Traité théorique et pratique des Engrenages. In-8, avec figures dans le texte ; 1861. 3 fr. 50 c.

HATON DE LA GOUPILLIÈRE (J.-N.). — Traité des Mécanismes, renfermant la théorie géométrique des organes et celle des résistances passives. In-8 avec 16 pl. gravées sur cuivre; 1864. 10 fr.

HIRN (G.-A.), Correspondant de l'Institut de France. — **Théorie mécanique de la Chaleur.** *Deuxième partie :* **Conséquences philosophiques et métaphysiques de la Thermodynamique** (*Analyse élémentaire de l'Univers*). Grand in-8; 1868. 10 fr.

« A ceux qui ne répugnent pas aux généralisations hardies, ce Livre rappellera les temps de Descartes et de Leibnitz, où la Science et la Philosophie n'étaient pas aussi étrangères l'une à l'autre qu'elles le sont devenues depuis, et ceux qui sont moins sensibles aux charmes de la métaphysique y trouveront un admirable tableau des relations qui soudent la Thermodynamique à toutes les sciences que nous cultivons. » (Extrait des *Comptes rendus de l'Académie des Sciences,* séance du 2 novembre 1868.)

HOMMEY, Capitaine de frégate en retraite.— **Tables d'angles horaires.** 2 volumes grand in-8 en tableaux. 15 fr.

HOÜEL, Professeur de Mathématiques à la Faculté des Sciences de Bordeaux. — **Tables de Logarithmes à cinq décimales,** pour les nombres et les lignes trigonométriques, suivies des **Logarithmes d'addition et de soustraction ou Logarithmes de Gauss** et de diverses **Tables usuelles.** Nouvelle édit., revue et augmentée. Grand in-8; 1871. (*Autorisé par décision ministérielle.*)   2 fr.

HOÜEL. — **Recueil de formules et de Tables numériques.** 2ᵉ édit., grand in-8; 1868.   4 fr. 50 c.

HOÜEL. — **Essai critique sur les principes fondamentaux de la Géométrie élémentaire ou Commentaire sur les XXXII premières propositions des Éléments d'Euclide.** In-8, avec figures; 1867.   2 fr. 50 c.

HOÜEL (J.). — **Théorie élémentaire des quantités complexes.** Grand in-8, avec figures dans le texte.
> PREMIÈRE PARTIE : *Algèbre des quantités complexes;* 1867.   2 fr. 50 c.
> DEUXIÈME PARTIE : *Théorie des fonctions uniformes;* 1868.   4 fr.
> TROISIÈME PARTIE : *Théorie des fonctions multiformes;* 1871.   3 fr.

HOÜEL (J.). — **Cours de Calcul infinitésimal,** professé à la Faculté des Sciences de Bordeaux. In-4, lithographié. (Première Partie.) 1871.   10 fr.
> *La seconde Partie est sous presse.*

HOUSEL, ancien Élève de l'École Normale supérieure, Professeur de Mathématiques. — **Introduction à la Géométrie supérieure.** In-8, avec 8 planches; 1865.   6 fr.

IMBARD. — **De la Mesure du Temps, et Description de la Méridienne verticale portative du Temps vrai et du Temps moyen pour régler les pendules et les montres,** etc. 2ᶜ édition. In-18, avec pl.; 1857.   1 fr.

IMSCHENETSKI. — **Sur l'intégration des équations aux dérivées partielles du premier ordre;** traduit du russe par *J. Hoüel.* In-8; 1870.   5 fr.

INSTITUT DE FRANCE. — **Comptes rendus hebdomadaires des séances de l'Académie des Sciences.**

Ces **Comptes rendus** paraissent régulièrement tous les dimanches, en un cahier de 32 à 40 pages, quelquefois de

80 à 120. L'abonnement est annuel, et part du 1er janvier.

Prix de *l'abonnement, franco :*

Pour Paris. 20 fr. || Pour les départements. 30 fr.

La collection complète, de 1835 à 1871, forme 73 volumes in-4. 730 fr.

Chaque année se vend séparément. 20 fr.

— **Table générale des Comptes rendus des séances de l'Académie des Sciences,** par ordre de matières et par ordre alphabétique de noms d'auteurs.

Tables des tomes 1 à 31 (1835-1850). In-4, 1853. 20 fr.

Tables des tomes 32 à 61 (1851-1865). In-4, 1870. 20 fr.

— **Supplément aux Comptes rendus des Séances de l'Académie des Sciences.**

Tomes I et II, 1856 et 1861, séparément. 25 fr.

JAMIN (**J.**), Professeur de Physique à l'École Polytechnique. — **Cours de Physique de l'École Polytechnique.** 2e édition, 3 forts volumes in-8 avec nombreuses figures dans le texte et planches sur acier; 1868-1871. (*Autorisé par décision ministérielle.*) 32 fr.

On vend séparément :

Le tome I. 12 fr.

Les tomes II et III. 20 fr.

JAMIN (**J.**). — **Petit Traité de Physique,** à l'usage des Établissements d'Instruction, des aspirants aux Baccalauréats et des candidats aux Écoles du Gouvernement. In-8, avec 686 figures dans le texte; 1870. 8 fr.

Ce livre élémentaire est conçu dans un esprit nouveau. Dès les premiers mots, l'Auteur démontre que la chaleur est un mouvement moléculaire, et cette idée guide ensuite le lecteur dans toutes les expériences, et les explique. La Terre et les aimants n'étant que des solénoïdes, on fait dépendre le magnétisme de l'électricité. L'Acoustique montre dans leurs détails les vibrations longitudinales, transversales, circulaires et elliptiques, elle prépare à l'Optique. Cette dernière Partie enfin est l'étude des vibrations de toute sorte qui se produisent dans l'éther; les interférences et la polarisation sont expliquées de la manière la plus élémentaire, et la Théorie vibratoire est rendue accessible à tous. L'Auteur espère que les modifications qu'il propose dans l'enseignement de la Physique seront approuvées par ses collègues, et qu'elles seront profitables aux élèves en les délivrant de ce que les savants ont abandonné, en élevant leur esprit jusqu'à de plus hautes conceptions, en leur montrant l'ensemble philosophique d'une science déjà très-avancée, et qui semble toucher à son terme.

JONQUIÈRES (**E.** de), Lieutenant de vaisseau.—**Mélanges de Géométrie pure.** In-8, avec planches; 1856. 5 fr.

JORDAN (Camille), Ingénieur des Mines. — **Traité des Substitutions et des Équations algébriques.** In-4; 1870.   30 fr.

JOURNAL DE L'ÉCOLE POLYTECHNIQUE, publié par le Conseil d'instruction de cet Établissement.

43 Cahiers formant 24 volumes in-4, avec figures et planches.   350 fr.

Le XLIVe Cahier est sous presse.

JOURNAL DE MATHÉMATIQUES PURES ET APPLIQUÉES, ou **Recueil mensuel de Mémoires sur les diverses parties des Mathématiques,** publié par M. *J. Liouville,* Membre de l'Institut et du Bureau des Longitudes.

1re Série, 20 volumes in-4, années 1836 à 1855 (au lieu de 600 francs).   400 fr.

Chaque volume pris séparément, au lieu de 30 fr., 25 fr.

La 2e Série, commencée en 1856, continue de paraître chaque mois par cahier de 32 à 48 pages. L'abonnement est annuel, et part du 1er janvier.

Prix de l'abonnement, par année, pour Paris. 30 fr.
Pour les Départements.   35 fr.
Pour l'Étranger.   45 fr.

— **Table générale des 20 volumes composant la 1re Série.** In-4.   3 fr. 50 c.

— **Table générale des 15 premiers volumes de la 2e Série.** In-4.   3 fr. 50 c.

JULIEN (Stanislas), Membre de l'Institut. — **Histoire et Fabrication de la Porcelaine chinoise.** Ouvrage traduit du chinois, accompagné de Notes et Additions par M. *Alphonse Salvétat,* et augmenté d'un **Mémoire sur la Porcelaine du Japon.** Beau volume, avec 14 pl., figures gravées sur bois, et une carte de la Chine. Grand in-8; 1856.   12 fr.

JULLIEN (Le P.), de la Compagnie de Jésus. — **Problèmes de Mécanique rationnelle** disposés pour servir d'applications aux principes enseignés dans les Cours. Cet Ouvrage renferme les questions nouvellement introduites dans le Programme de la Licence et de nombreuses applications pratiques. 2 volumes in-8, avec fig. dans le texte; 2e édition; 1867.   15 fr.

KIAËS, Chef des travaux graphiques à l'École Polytechnique et ancien Élève de cette École. — **Arithmétique**

élémentaire, approuvée par le Ministre de la Guerre
pour l'enseignement des caporaux et sapeurs dans les
Écoles régim. du Génie. In-12 cart.; 1867.   1 fr. 20 c.

KIAËS. — **Traité d'Arithmétique,** approuvé par le Ministre pour l'enseignement des sous-officiers dans les
Écoles régim. du Génie. In-12; 1867.   2 fr. 75 c.

LACROIX. — **Traité élémentaire d'Arithmétique,**
22ᵉ édition. In-8; 1848.   2 fr.

LACROIX. — **Éléments de Géométrie,** suivis de *Notions sur les courbes usuelles.* 18ᵉ édit., conforme aux
Programmes officiels de l'enseignement dans les Lycées;
revue et corrigée par M. *Prouhet,* professeur de Mathématiques. In-8, avec 220 figures dans le texte; 1872. (*Autorisé
par décision ministérielle.*)   4 fr.

LACROIX. — **Éléments d'Algèbre,** à l'usage des candidats aux Écoles du Gouvernement, 22ᵉ édit., revue, corrigée et annotée conformément aux *nouveaux Programmes*
de l'enseignement dans les Lycées, par M. *Prouhet,* professeur de Mathématiques. In-8; 1867. (*Autorisé par décision ministérielle.*)   6 fr.

LACROIX. — **Complément des Éléments d'Algèbre.**
7ᵉ édition; in-8; 1863.   4 fr.

LACROIX. — **Traité élémentaire de Trigonométrie
rectiligne et sphérique, et d'Application de l'Algèbre à
la Géométrie.** In-8 avec planches; 1863. 11ᵉ édition, revue et corrigée.   4 fr.

LACROIX. — **Introduction à la connaissance de la
Sphère.** 3ᵉ édition. In-18; avec planches; 1869. *Ouvrage
choisi par S. Exc. le Ministre de l'Instruction publique
pour les Bibliothèques scolaires.*   1 fr. 25 c.

LACROIX. — **Traité élémentaire de Calcul différentiel et de Calcul intégral.** 7ᵉ édition, revue et
augmentée de Notes par MM. *Hermite* et *J.-A. Serret,*
Membres de l'Institut. 2 vol. in-8 avec pl.; 1867. 15 fr.

LACROIX. — **Traité élémentaire du Calcul des Probabilités.** 4ᵉ édition. In-8 avec planche; 1864.   5 fr.

LACROIX. — **Introduction à la Géographie mathématique et critique et à la Géographie physique.** In-8,
avec planches; 1847.   7 fr.

LA GOURNERIE (de). — **Traité de Perspective linéaire**, honoré de la souscription de *S. Exc. le Ministre de l'Agriculture, du Commerce et des Travaux publics*. In-4, avec Atlas de 45 planches in-folio dont 8 doubles; 1859.   40 fr.

LA GOURNERIE (de). — **Traité de Géométrie descriptive**. In-4, publié en trois *Parties* avec Atlas; 1860-1862-1864.   30 fr.

>   Chaque Partie se vend séparément.   10 fr.
>
>   La Ire Partie contient tout ce qui est exigé pour l'*admission à l'École Polytechnique*.
>
>   Les IIe et IIIe Parties sont le développement du *Cours de Géométrie descriptive* actuellement professé à l'*École Polytechnique*.

LAGRANGE. — **Théorie des Fonctions analytiques**. 3e édit., revue par M. *Serret*; in-4; 1847.   18 fr.

LAGRANGE. — **Mécanique analytique**. 3e édition, revue, corrigée et annotée par M. *J. Bertrand*. 2 vol. in-4; 1855.   40 fr.

LAGRANGE. — **Œuvres** publiées par les soins de M. *Serret*, Membre de l'Institut, sous les auspices de S. Exc. le Ministre de l'Instruction publique. Tomes I, II, III, IV et V; 1867-1870. — Chaque volume se vend séparément.   30 fr.

>   Le portrait de Lagrange, gravé sur acier par M. Martinet, Membre de l'Institut, se trouve dans le tome IV. On vend séparément des épreuves à grandes marges, tirées sur chine.   6 fr.

Les Œuvres de Lagrange doivent former 7 volumes in-4.

LALANDE. — **Tables de Logarithmes pour les Nombres et les Sinus à CINQ DÉCIMALES**; revues par le baron *Reynaud*. Nouvelle édition augmentée de *Formules pour la Résolution des Triangles*, par M. *Bailleul*, typographe. In-18; 1872. (*Autorisé par décision du Ministre de l'Instruction publique.*)   2 fr.

LALANDE. — **Tables de Logarithmes**, étendues à **SEPT DÉCIMALES**, par *F.-C.-M. Marie*, précédées d'une Instruction par le baron *Reynaud*. Nouvelle édition augmentée de *Formules pour la Résolution des Triangles*, par M. *Bailleul*, typographe. In-12; 1872.   3 fr. 50 c.

LAMÉ (G.), Membre de l'Institut. — **Leçons sur les fonctions inverses des transcendantes et les Surfaces isothermes.** In-8, avec figures dans le texte; 1857.   5 fr.

LAMÉ (G.). — **Leçons sur les Coordonnées curvilignes et leurs diverses applications.** In-8, avec figures dans le texte; 1859.   5 fr.

LAMÉ (G.). — **Leçons sur la Théorie mathématique de l'élasticité des corps solides.** In-8, avec planches. 2ᵉ édition; 1866.   6 fr. 50 c.

LAMÉ (G.). — **Leçons sur la Théorie analytique de la Chaleur.** In-8 avec figures; 1861.   6 fr. 50 c.

LAPLACE. — **Exposition du Système du Monde,** 6ᵉ édit., précédée de l'**Éloge de l'auteur** par M. le baron *Fourier*. In-4, papier fin, avec portrait; 1835.   15 fr.

LAPLACE. — **Essai philosophique sur les Probabilités.** 6ᵉ édition, in-8; 1840.   5 fr.

LAPLACE. — **Précis de l'Histoire de l'Astronomie.** 2ᵉ édition, in-8; 1863.   3 fr.

LAUGEL (Aug.), ancien Elève de l'Ecole Polytechnique, ex-ingénieur des Mines. — **Science et Philosophie.** In-18, sur jésus satiné; 1863.   3 fr. 50 c.

LAURENT (Auguste), Membre correspondant de l'Institut. — **Méthode de Chimie,** précédée d'un *Avis au Lecteur*, par M. *J.-B. Biot*, Membre de l'Institut. In-8, avec figures dans le texte; 1854.   8 fr.

LAURENT (H.), Officier du Génie, ancien Élève de l'École Polytechn. — **Théorie des Séries.** In-8; 1862.   4 fr.

LAURENT (H.). — **Théorie des Résidus.** In-8 avec figures dans le texte; 1865.   4 fr.

LAURENT (H.). — **Traité d'Algèbre.** In-8; 1867.   7 fr. 50 c.

LAURENT (H.). — **Traité de Mécanique rationnelle** à l'usage des Candidats à l'Agrégation et à la Licence. 2 vol. in-8 avec figures; 1870.   12 fr.

LAUSSEDAT (A.), Capitaine du Génie. — **Leçons sur l'Art de lever les Plans,** comprenant les levers de terrain et de bâtiment, la pratique de nivellement ordinaire et le lever des courbes horizontales à l'aide des instruments les plus simples. In-4, avec 10 planches; 1861.   5 fr.

LE COINTE (**I.-L.-A.**). — **Notions** élémentaires **sur les Courbes usuelles.** Ouvrage destiné à la préparation au Baccalauréat ès Sciences et à l'École spéciale militaire de Saint-Cyr. In-8, avec figures dans le texte; 1864.   75 c.

LE COINTE (**I.-L.-A.**). — **Solutions développées de 300 Problèmes** qui ont été proposés dans les composi-tions mathématiques pour l'admission au grade de Bachelier ès Sciences dans diverses Facultés de France. In-8, avec figures dans le texte; 1865.   6 fr.

LEFÈVRE. — **Abrégé du nouveau traité de l'Arpen-tage,** ou **Guide pratique et mémoratif de l'Arpenteur,** particulièrement destiné aux personnes qui n'ont point étudié la Géométrie, contenant toutes les méthodes né-cessaires pour l'Arpentage, le Levé des plans, l'Aména-gement des bois, le Nivellement, le Toisé, etc. Gros vo-lume in-12; avec 18 pl., dont une coloriée.   7 fr.

LEFORT (**F.**). — **Tables des surfaces de déblai et de remblai, des largeurs d'emprise et des longueurs des talus,** relatives à un chemin de fer à deux voies ou à une *Route de* 10 *mètres* de largeur entre fossés, pour des cotes sur l'axe de o^m à 15^m et pour des déclivités sur le profil transversal de o^m à o^m,25. Gr. in-8 sur jés.; 1861. 3 fr.

   Mêmes Tables relatives à une *Route de 8 mètres.* Grand in-8 sur jésus; 1863.   3 fr.

   Mêmes Tables relatives à un chemin de fer, à une voie ou à une *Route de 6 mètres,* etc. Grand in-8 sur jésus; 1862.   3 fr.

LEPRIEUR, Trésorier de l'École Polytechnique. — **Répertoire de l'École Polytechnique de 1855 à 1865**, faisant suite au *Répertoire* publié par M. *Ma-rielle.* In-8; 1867.   3 fr.

LEROY (**C.-F.-A.**), ancien Professeur à l'École Polytech-nique et à l'École Normale supérieure. — **Traité de Sté-réotomie, comprenant les Applications de la Géométrie descriptive à la Théorie des Ombres, la Perspective linéaire, la Gnomonique, la Coupe des Pierres et la Charpente.** 5e édition, revue et annotée par M. *E. Marte-let,* ancien élève de l'École Polytechnique, professeur de Géométrie descriptive à l'Ecole centrale des Arts et Manu-factures. In-4, avec Atlas de 74 pl. in-folio; 1871. 26 fr.

LEROY (**C.-F.-A.**). — **Traité de Géométrie descriptive.** 9e édition, revue et annotée par M. *Martelet.* In-4, avec Atlas de 71 planches; 1872.   16 fr.

LE TELLIER (le D^r). — **Nouveau système de Sténographie**. In-8 raisin, avec 37 pl.; 1869. 2 fr. 50 c.

LIONNET (**E.**), Agrégé de l'Université, examinateur suppléant d'admission à l'Ecole Navale. — **Éléments d'Arithmétique**, 3e édition. In-8, 1857. (*Autorisé par l'Université.*) 4 fr.

LIONNET (**E.**). — **Algèbre élémentaire**. 3e édition; in-8; 1868. 4 fr.

LONCHAMPT (**A.**). — **Recueil des principaux Problèmes** posés dans les examens pour l'*Ecole Polytechnique* et pour l'*Ecole Centrale des Arts et Manufactures,* ainsi que dans les conférences des *Ecoles préparatoires* les plus importantes de Paris. **Enoncés et Solutions**. 1 volume lithographié grand in-8 sur jésus; 1865. 8 fr.

LUCAS (**Félix**), Ingénieur des Ponts et Chaussées. — **Études analytiques sur la Théorie générale des courbes planes**. Vol. in-8, avec planches; 1864. 6 fr.

MAHISTRE (**A.**), Professeur à la Faculté des Sciences de Lille. — **L'art de tracer les Cadrans solaires**, à l'usage des Instituteurs et des personnes qui savent manier la règle et le compas. (*Approuvé par le Conseil de l'Instruction publique.*) 2e édition. In-18, avec figures dans le texte; 1864. 1 fr. 25 c.

MAHISTRE. — **Cours de Mécanique appliquée**. In-8, avec 211 figures intercalées dans le texte; 1858. 8 fr.

MARIE, Professeur de Topographie. — **Principes du Dessin et du Lavis de la Carte topographique**, présentés d'une manière élémentaire et méthodique, avec tous les développements nécessaires aux personnes qui n'ont pas l'habitude du Dessin; accompagnés de 9 modèles, dont 8 sont coloriés avec soin. 1 vol. in-4 oblong; 1825. 15 fr.

MARIE (**Maximilien**), Répétiteur de Mécanique à l'École Polytechnique. — **Leçons d'Arithmétique élémentaire**. 2e tirage, revu et corrigé. In-8; 1863. 4 fr.

MARIE (**Maximilien**). — **Leçons d'Algèbre élémentaire**. In-8; 1863. 4 fr.

MARIELLE (**C.-P.**), ancien Trésorier de l'Ecole Polytechnique. — **Répertoire de l'École Polytechnique** depuis l'époque de sa création en **1794** jusqu'en **1855** inclusivement. (*Voyez* **LEPRIEUR**, page 22, pour la **suite du Répertoire**.) In-8; 1855. 5 fr.

MEISSAS (N.), ancien Ingénieur du chemin de fer de Paris à Cherbourg. — **Tables pour servir aux Etudes et à l'exécution des chemins de fer, ainsi que dans tous les travaux où l'on fait usage du Cercle et de la Mesure des angles.** Ouvrage honoré de la Souscription des Ministres des Travaux publics, de l'Instruction publique, de la Guerre et de la Marine. 2ᵉ édit. In-12; 1867.   8 fr.

Cartonné.   9 fr.

MÉMORIAL DE L'ARTILLERIE, rédigé par les soins du **Comité de l'Artillerie.** Volume in-8 avec Atlas cartonné de 24 planches (n° VIII); 1867.   12 fr.

Ce volume contient l'historique des modifications successives introduites dans l'organisation du personnel et dans le matériel de l'Artillerie, par suite de l'adoption des *bouches à feu rayées.*

MÉMORIAL DE L'OFFICIER DU GÉNIE, ou Recueil de Mémoires, Expériences, Observations et Procédés propres à perfectionner la Fortification et les Constructions militaires; rédigé par les soins du Comité des Fortifications, avec l'approbation du Ministre de la Guerre. In-8, avec planches (n° XVIII); 1868.   25 fr.

MOIGNO (l'Abbé). — **Calcul des Variations.** In-8; 1861.   6 fr.

MOIGNO (l'Abbé). — **Leçons de Mécanique analytique,** rédigées principalement d'après les méthodes d'*Augustin Cauchy,* et étendues aux travaux les plus récents. **Statique.** In-8, avec planches; 1868.   12 fr.

MOIGNO (l'Abbé). — **Actualités scientifiques :**

1° **Analyse spectrale des Corps célestes;** par *Huggins.*   1 fr. 50 c.

2° **Calorescence. — Influence des couleurs;** par *Tyndall.*   1 fr. 50 c.

3° **La Matière et la Force;** par *Tyndall.*   1 fr. 50 c.

4° **Les Éclairages modernes;** par l'Abbé *Moigno.*   2 fr.

5° **Sept Leçons de Physique générale;** par *A. Cauchy.*   1 fr. 50 c.

6° **Physique moléculaire;** par l'Abbé *Moigno.*   2 fr. 50 c.

7° **Chaleur et Froid;** par *Tyndall.*   2 fr.

8° **Sur la Radiation;** par *Tyndall.*   1 fr. 25 c.

9° **Sur la force de combinaison des atomes;** par *Hofmann.*   1 fr. 25 c.

10° **Faraday inventeur;** par *Tyndall.*   2 fr.

11° **Saccharimétrie optique, chimique et mélassimétrique;** par l'Abbé *Moigno.*   3 fr. 50 c.

12° **La Science anglaise, son bilan en 1868** (réunion à Norwich); par l'Abbé *Moigno.*   2 fr. 50 c.

13° **Mélanges de Physique et de Chimie pures et appliquées;** par *Frankland, Graham, Macquorn-Rankine, Perkin, Henri Sainte-Claire Deville, Tyndall.*   3 fr. 50 c.

14° **Les Aliments;** par *Letheby.*   3 fr.

15° **Constitution de la Matière;** par le P. *Leray.* 2 fr.

16° **Esquisse historique de la Théorie dynamique de la Chaleur ;** par *Tait.*   3 fr. 50

17° **Théorie du Vélocipède. — Sur les lois de l'écoulement de la vapeur ;** par *Macquorn-Rankine.*   1 fr. 25

18° **Les Métamorphoses chimiques du Carbone;** par *Odling.*   2 fr

19° **Programme d'un cours en sept leçons sur les phénomènes et les théories électriques;** par *Tyndall.*   1 fr. 50

20° **Géologie des Alpes et du tunnel des Alpes;** par *Elie de Beaumont* et *Sismonda.*   2 fr.

21° **La Science anglaise, son bilan en 1869** (réunion à Exeter).   3 fr. 50 c.

22° **La Lumière;** par *Tyndall.*   2 fr.

23° **Les Agents explosifs modernes et leurs applications;** par l'Abbé *Moigno.*   2 fr.

24° **Religion et Patrie,** vengées de la fausse science et de l'envie haineuse; par l'Abbé *Moigno.* 1 fr. 50 c.

25° **Éléments de Thermodynamique;** par *J. Moutier.*   2 fr. 50 c.

26° **Sur la force de la Poudre et des Matières explosibles;** par *M. Berthelot.*   3 fr. 50 c.

MOLLET (J.). — Gnomonique graphique, ou **Méthode facile pour tracer les Cadrans solaires sur toutes sortes de Plans,** en ne faisant usage que de la règle et du compas. 6ᵉ édit., in-8, avec pl.; 1865.   3 fr. 50 c.

MONGRUEL (**L.-P.**). — **Traité pratique des Huiles minérales**, à l'usage des fabricants, marchands et consommateurs de **Pétroles, Schistes et autres Huiles analogues**. In-18 jésus, avec fig. ; 1864.   2 fr.

MOTTEROZ, ouvrier imprimeur-typographe. — **Essai sur les gravures chimiques en relief**. In-8 avec 2 gravures spécimens ; 1871.   2 fr. 50

MOUCHOT, Professeur au Lycée de Tours. — **La Chaleur solaire et ses applications industrielles**. In-8 avec fig. dans le texte ; 1869.   3 fr.

NOURY. — **Tarifs d'après le Système métrique décimal pour cuber les bois carrés ou en grume ou ronds, et tous les corps solides quelconques, ainsi que les colis ou ballots, caisses, etc.** In-8. (*Approuvé par les Ministres de l'Intérieur et de la Marine.*)   4 fr.

NOUVELLES ANNALES DE MATHÉMATIQUES. Journal des Candidats aux Écoles Polytechnique et Normale, rédigé par MM. *Gerono* et *Brisse*. (Publication fondée en 1842 par MM. *Gerono* et *Terquem*, et continuée par MM. *Gerono, Prouhet et Bourget*.

1ᵣₑ **Série**, 20 vol. in-8, années 1842 à 1861 (au lieu de 240 fr.)   150 fr.
Les tomes I à VII se vendent séparément.   12 fr.
Les tomes VIII à XX se vendent séparément.   9 fr.
La **2ᵉ Série**, commencée en 1862, continue de paraître chaque mois par cahier de 48 pages. L'abonnement est annuel, et part du 1ᵉʳ janvier.
Prix de l'abonnement pour Paris.   15 fr.
Pour les Départements.   17 fr.
Pour l'Étranger, suivant les conventions postales.

OGER (**F.**), Professeur d'Histoire et de Géographie, Maître de Conférences au Collége Sainte-Barbe. — **Géographie de la France et Géographie générale, physique, militaire, historique, politique, administrative et statistique,** *rédigée conformément au Programme officiel*, à l'usage des Candidats aux Écoles du Gouvernement et aux Aspirants aux Baccalauréats ès Lettres et ès Sciences. 4ᵉ édition. Vol. in-8, avec ATLAS de 23 cartes in-plano ; 1868.   10 fr.

On vend séparément. { Texte.   3 fr.
{ Atlas.   7 fr.

OGER (F.). — Petit Atlas de Géographie générale, à l'usage des Institutions et des Lycées, contenant 9 cartes in-plano; 1866. 3 fr. 50 c.

OGER (F). — Histoire de France et Histoire générale depuis l'avénement de Louis XIV jusqu'à la chute de l'Empire (1643-1815). *Cours de Rhétorique*, rédigé conformément au Programme officiel. In-8 de 532 pages; 1862. 7 fr.

OGER (F.). — Cours d'Histoire générale à l'usage des Lycées, des Candidats à l'École militaire de Saint-Cyr et des Aspirants aux baccalauréats ès Lettres et ès Sciences, rédigé conformément aux Programmes officiels.

Ire PARTIE. — **Histoire ancienne et Histoire du moyen âge jusqu'en 1328.** *Cours de troisième.* In-8; 1863. 3 fr. 50 c.

IIe PARTIE. — **Histoire du moyen âge et des temps modernes** depuis l'avénement des Valois jusqu'à la paix de Westphalie (1328-1648). *Cours de seconde.* In-8; 1864. 3 fr. 50 c.

IIIe PARTIE. — **Histoire moderne depuis l'avénement de Louis XIV jusqu'à nos jours (1643-1865).** *Cours de Philosophie* et *Cours préparatoires aux Ecoles du Gouvernement.* In-8; 1866. 6 fr.

PAINVIN (L.), Professeur de Mathématiques spéciales au Lycée de Lyon. — **Principes de Géométrie analytique.** 2 volumes grand in-4, lithographiés, de plus de 800 pages chacun, avec nombreuses figures dans le texte.

Ire PARTIE. — *Géométrie plane;* 1866. 23 fr.
IIe PARTIE. — *Géométrie de l'espace;* 1871. 23 fr.

PASTEUR, Membre de l'Institut. — **Études sur le Vinaigre, sa fabrication, ses maladies, moyens de les prévenir; nouvelles observations sur la conservation des Vins par la chaleur.** Grand in-8, avec figures; 1868. 4 fr.

PASTEUR (L.). — Études sur la maladie des Vers à soie; *moyen pratique assuré de la combattre et d'en prévenir le retour.* Deux beaux volumes grand in-8, avec figures dans le texte et 37 planches; 1870. 20 fr.

« Que les éducateurs suivent les préceptes *de M. Pasteur,* a dit M. Dumas dans la séance du 11 avril 1870, à l'Académie des Sciences, et non seulement ils verront reparaître l'ancienne prospérité de leur industrie, mais encore, on a lieu de le penser, elle prendra un essor inconnu des anciens sériciculteurs. »

PAUL (Casimir de), Professeur à l'École municipale Turgot. — **Géométrie élémentaire théorique et pratique.**
Ire Partie : *Géométrie plane*, suivie d'un Exposé élémentaire du Lever des Plans et de l'Arpentage. In-18 jésus; 1855.   2 fr. 50 c.
IIe Partie : *Géométrie dans l'espace*, suivie d'un Exposé élémentaire du nivellement. In-18 jésus, avec figures; 1863.   2 fr.

PEIGNÉ (M.-A.) — **Conversion des mesures, monnaies et poids de tous les pays étrangers en mesures, monnaies et poids de la France.** In-18 jésus; 1867. 2 fr. 50 c.

PETIT (F.), Directeur de l'Observatoire de Toulouse. — **Traité d'Astronomie pour les gens du monde,** avec des *Notes complémentaires* pour les Candidats au Baccalauréat, aux Écoles spéciales et à la Licence ès Sciences mathématiques. 2 volumes in-18 jésus, avec 286 figures dans le texte et une Carte céleste; 1866.   7 fr.

PIARRON DE MONDESIR, Ingénieur des Ponts et Chaussées. — **Dialogues sur la Mécanique;** *Méthode nouvelle* pour l'enseignement de cette Science, résultats scientifiques nouveaux. In-8, avec figures; 1870.   6 fr.

PICQUET, Capitaine du Génie. — **Étude géométrique des systèmes ponctuels et tangentiels de Sections coniques.** In-8, avec figures dans le texte et 4 planches; 1872.   5 fr.

PIEARE (J.-I.), Correspondant de l'Institut (Académie des Sciences), Professeur à la Faculté des Sciences de Caen. — **Exercices sur la Physique,** ou **Recueil de questions susceptibles de faire l'objet de compositions écrites soit dans les classes supérieures des lycées, soit aux examens du Baccalauréat ès Sciences, soit aux examens d'admission aux principales écoles, avec l'indication des solutions.** 2e édit.; in-8, avec 4 pl.; 1862.   4 fr.

POINSOT. — **Éléments de Statique.** 10e édit.; 1861.   6 fr.

POINSOT. — **Questions dynamiques. Sur la percussion des Corps.** In-4; 1857.   4 fr.

POINSOT. — **Précession des équinoxes.** In-8; 1857. 3 fr.

POINSOT. — **Note sur la théorie des polyèdres.** In-8; 1858.   1 fr. 50 c.

POISSON (S.-D.), Membre de l'Institut. — **Traité de Mécanique.** 2e édit.; 2 forts vol. in-8; 1833.   18 fr.

PONCELET. — **Applications d'Analyse et de Géo-

métrie qui ont servi de principal fondement au **Traité
des Propriétés projectives des figures**, suivies d'Additions par MM. *Mannheim et Moutard*, anciens Élèves de
l'École Polytechnique. 2 vol. in-8, avec figures dans le
texte. Imprimé sur carré fin ; 1864.   20 fr.

 Chaque volume se vend séparément.   10 fr.

**PONCELET. — Traité des Propriétés projectives des
figures.** Ouvrage utile à ceux qui s'occupent des applications de la Géométrie descriptive et d'opérations géométriques sur le terrain. 2e édition, 1865-1866. 2 beaux
volumes in-4 d'environ 450 pages chacun, imprimés sur
carré fin satiné, avec de nombreuses planches gravées sur
cuivre.   40 fr.

 Le second volume se vend séparément.   20 fr.

PONCELET, Membre de l'Institut. — **Introduction à la
Mécanique industrielle, physique ou expérimentale.**
3e édition publiée par M. *Kretz*, ingénieur en chef des
manufactures de l'État. In-8 de 757 pages, avec 3 pl.;
1870.   12 fr.

 La nouvelle édition de ce célèbre Ouvrage a été complétée par des
Notes importantes de M. Kretz, sur la Théorie mécanique de la chaleur,
les lois du frottement, l'influence des enduits lubrifiants, l'extensibilité
et le glissement des courroies de transmission, etc.; enfin les tableaux des
quantités numériques a introduire dans les calculs pour les applications
(densités, résistances, coefficients de dilatation, d'élasticité, etc.) ont été
complétés en puisant aux meilleures sources.

PONTÉCOULANT (G. de), ancien Élève de l'École Polytechnique, Colonel au corps d'État-major. — **Théorie
analytique du système du Monde.** 2e édition considérablement augmentée ; 4 vol. in-8 et supplément.   60 fr.

PORRO (Joseph), Ingénieur civil. — **Guide pratique de
Tachéométrie.** In-8 avec 6 tableaux; 1861.   5 fr.

**POUILLET. — Instruction sur les paratonnerres des
magasins à poudre.** In-4, avec pl.; 1867.   1 fr. 75 c.

**POUILLET. — Instruction sur les paratonnerres du
Louvre et des Tuileries.** In-4, avec fig.; 1855. 1 fr. 50 c.

PRESLE (de), ancien Élève de l'École Polytechnique. —
Traité de Mécanique rationnelle. In-8, avec 95 figures
dans le texte; 1869.   5 fr.

PUISSANT. — Traité de Géodésie, ou Exposition des
Méthodes trigonométriques et astronomiques, applicables soit à la mesure de la Terre, soit à la confection du
canevas des cartes et des plans topographiques. 3e éd.;
2 vol. in-4, avec 13 pl.; 1842.   40 fr.

REDOULY, Licencié ès Sciences, Professeur de Mathématiques. — **A, B, C de l'X, Grammaire et Logique des Mathématiques élémentaires;** suivi d'*Exercices choisis* et de *Notices biographiques* sur les Géomètres et les Astronomes illustres, depuis Thalès jusqu'à Biot. In-8; 1867.   5 fr.

REECH (F.), Ingénieur de la Marine, Directeur de l'École spéciale d'application du Génie maritime. — **Théorie générale des effets dynamiques de la chaleur.** In-4, avec planches.   6 fr.

REECH (F.). — **Cours de Mécanique.** In-4; 1852. 6 fr.

REECH (F.). — **Machine à Air d'un nouveau système,** déduit d'une comparaison raisonnée des systèmes de MM. *Ericsson* et *Lemoine.* In-4, avec planches.   6 fr.

REECH (F.). — **Théorie de l'injecteur automoteur des chaudières à vapeur de M. *H. Giffard.* In-4, avec pl.; 1860.   3 fr.

REGNAULT (J.-J.). — **Manuel des Aspirants au grade d'Ingénieur des Ponts et Chaussées. — Guide du Conducteur des Ponts et Chaussées, de l'Agent voyer, du Garde du Génie et de l'Artillerie,** rédigé d'après le nouveau *Programme officiel.*

Ouvrage divisé en 2 Parties :
Partie théorique, contenant : l'Algèbre, la Géométrie analytique, la Géométrie descriptive, la Coupe des Pierres, la Charpente, la Physique, la Chimie, des Notions de Géologie, la Mécanique des corps solides et l'Hydraulique. 2 volumes in-8, avec 44 planches.   12 fr.
Partie pratique.   (*Épuisé.*)

REGNAULT (J.-J.). — **Traité de Géométrie pratique et d'Arpentage** comprenant les **Opérations graphiques** et de nombreuses **Applications aux Travaux de toute nature** à l'usage des Écoles professionnelles, des Écoles normales primaires, des employés des Ponts et Chaussées, des Agents voyers, etc. 2e édition, revue et augmentée. In-8, avec 14 pl.; 1850.   5 fr.

REGNAULT (J.-J). — **Cours pratique d'Arpentage** à l'usage des Instituteurs, des Élèves des Écoles primaires, des Propriétaires et des Cultivateurs. In-18, sur jésus, avec figures dans le texte; 1861.   1 fr. 50 c.

RESAL (H.), ancien Élève de l'École Polytechnique. — **Éléments de Mécanique,** rédigés d'après les Leçons de

Mécanique professées à la Faculté des Sciences de Paris par M. *Poncelet.* Nouvelle édit., revue et corrigée ; in-8, avec pl.; 1862. (*Adopté par l'Université.*) 4 fr. 50 c.

RESAL (**H.**). — **Traité de Cinématique pure.** In-8, avec 77 figures; 1862. 6 fr.

RESAL (**H.**), Ingénieur des Mines, Docteur ès Sciences. — **Traité élémentaire de Mécanique céleste.** In-8 avec planche; 1865. 8 fr.

REYNAUD (le baron). — **Traité d'Arithmétique,** à l'usage des Elèves qui se destinent aux Ecoles du Gouvernement. In-8; 26e édition, annotée par M. *Gerono;* 1855. (*Adopté par l'Université.*) 4 fr.

ROUCHÉ (**Eugène**), ancien Élève de l'Ecole Polytechnique, Professeur au Lycée Charlemagne. — **Éléments d'Algèbre,** à l'usage des Candidats au Baccalauréat ès Sciences et aux Écoles spéciales. (*Rédigés conformément aux Programmes.*) In-8, avec figures dans le texte; 1857. 4 fr.

ROUCHÉ (**Eugène**), Professeur au Lycée Charlemagne, Répétiteur à l'Ecole Polytechnique, à l'École Centrale, etc., et **COMBEROUSSE** (**Charles de**), Professeur au Collége Chaptal, etc. — **Traité de Géométrie élémentaire,** conforme aux Programmes officiels, renfermant un très-grand nombre d'exercices et plusieurs appendices consacrés à l'exposition des principales méthodes de la Géométrie moderne. 2e édit.; in-8, avec figures dans le texte; 1868-1869. 10 fr.

On vend séparément, savoir :

Ire Partie. — *Géométrie plane.* 4 fr.
IIe Partie. — *Géométrie de l'espace et Courbes usuelles.* 6 fr.

ROUCHÉ (**Eugène**) et **COMBEROUSSE** (**Charles de**). — **Éléments de Géométrie,** entièrement conformes aux derniers programmes d'enseignement des classes de troisième, de seconde, de rhétorique et de philosophie, suivis d'un **Complément à l'usage des Élèves de Mathématiques élémentaires et de Mathématiques spéciales,** et de *Notions sur le lever des plans et l'arpentage.* 2e édition. In-8; 1872. 5 fr.

RUSSELL (**C.**). — **Le Procédé au Tannin,** traduit de l'anglais par M. *Aimé Girard.* 2e édition entièrement refondue, et renfermant la description des nouveaux procédés de préparation, de développement, etc. In-8 sur jésus, avec figures dans le texte; 1864. 2 fr. 50 c.

SAINTE-CLAIRE DEVILLE (H.), Maître de Conférences à l'École Normale, etc. — **De l'Aluminium. Ses propriétés, sa fabrication et ses applications.** In-8, avec planches; 1859.   3 fr. 5o c.

SAINT-EDME, Préparateur de Physique au Conservatoire des Arts et Métiers. — **L'Électricité appliquée aux Arts mécaniques, à la Marine, au Théâtre.** In-8, avec belles figures gravées sur bois, dans le texte; 1871.   4 fr.

SAINT-ROBERT (Paul de). — **Principes de Thermodynamique.** 2ᵉ édition. In 8, avec figures dans le texte; 1870.   15 fr.

SALMON (G.), Professeur au Collége de la Trinité, à Dublin — **Leçons d'Algèbre supérieure**; traduit de l'anglais par M. *Bazin*, Ingénieur des Ponts et Chaussées, et augmenté de *Notes* par M. *Hermite*, Membre de l'Institut. In-8; 1868.   7 fr. 5o

Cet Ouvrage n'a rien de commun avec les Traités d'Algèbre supérieure publiés jusqu'à ce jour. Son but principal est l'étude des fonctions dont les relations mutuelles ne sont pas altérées par une transformation linéaire des variables. Les méthodes originales et fécondes qui y sont développées forment une branche moderne de l'Analyse algébrique, qui, malgré son importance, est encore presque inconnue en France.

SALMON (G.), Professeur au Collége de la Trinité, à Dublin. — **Traité de Géométrie analytique** (*Sections coniques*), traduit de l'anglais par M. *Resal*, Ingénieur des Mines, et M. *Vaucheret*, ancien Élève de l'École Polytechnique. In-8, avec figures dans le texte; 1870.   10 fr.

SALVÉTAT (A.), Chef des travaux chimiques à la Manufacture impériale de Sèvres. — **Leçons de Céramique**, professées à l'École Centrale des Arts et Manufactures, ou **Technologie Céramique, comprenant les Notions de Chimie, de Technologie et de Pyrotechnie applicables à la fabrication, à la synthèse, à l'analyse, à la décoration des poteries.** 2 vol. in-18, avec 479 figures dans le texte.   12 fr.

SCHRÖN (L.), Directeur de l'Observatoire et Professeur à Iéna. — **Tables de Logarithmes à sept décimales pour les nombres depuis 1 jusqu'à 108 000, et pour les fonctions trigonométriques de dix secondes en dix secondes**, précédées d'une **Introduction** par *J. Hoüel*, Professeur de Mathématiques à la Faculté des Sciences de

Bordeaux. Nouvelle édition stéréotype, revue et corrigée; un beau volume grand in-8 jésus; 1869.   7 fr.

  Cartonnées en percaline.   8 fr. 75 c.

  Les mêmes *Tables*, avec la *Table d'interpolation*, cartonnées en percaline.   11 fr. 75 c.

SCHRÖN (**L.**).— **Table d'interpolation pour le Calcu des parties proportionnelles**, faisant suite aux Tables de Logarithmes à sept décimales, précédée d'une **Introduction** par *J. Hoüel*, Professeur de Mathématiques à la Faculté des Sciences de Bordeaux. 6e édition stéréotype, revue et corrigée, grand in-8 jésus; 1869.   3 fr.

SECCHI (**Le P.**), Directeur de l'Observatoire du Collége Romain. — **Le Soleil.** Exposé des principales découvertes modernes sur la structure de cet astre, son influence dans l'Univers et ses relations avec les autres corps célestes. Un magnifique volume in-8, sur papier velin, avec 129 fig. dans le texte et 3 planches sur acier, dont 2 en couleur; 1870. Prix, broché.   12 fr.

  Relié avec luxe, tranches dorées.   15 fr.

SELLE (de), Professeur à l'École centrale des Arts et Manufactures — **Cours de Minéralogie et de Géologie** professé à l'École Centrale (d'après les Notes prises par les Elèves). In-4, lithographié; 1871.   15 fr.

SENARMONT (de). — **Traité de Cristallographie,** traduit de l'anglais de *Miller*. In-8, avec 12 pl.   5 fr.

SERRET (**J.-A.**), Membre de l'Institut. — **Cours d'Algèbre supérieure.** 3e édition, revue et augmentée; 2 volumes in-8; 1866.   (*Rare.*)

SERRET (**J.-A.**). — **Cours de Calcul différentiel et intégral.** 2 vol. in-8, avec figures; 1868.   22 fr.

SERRET (**J.-A.**). — **Éléments d'Arithmétique,** à l'usage des candidats au Baccalauréat ès Sciences et aux Ecoles spéciales. Rédigés conformément aux *Programmes.* 5e édition, revue et augmentée; in-8; 1868. (*Autorisé par décision ministérielle.*)   4 fr.

SERRET (**J.-A.**). — **Traité de Trigonométrie.** 4e édition, revue et augmentée; in-8 avec planches; 1868. (*Autorisé par décision ministérielle.*)   4 fr.

SERRET (**Paul**). — **Théorie nouvelle géométrique et mécanique des lignes à double courbure.** In-8 avec 67 figures dans le texte; 1860.   8 fr.

SERRET (Paul).— **Géométrie** de **Direction**. APPLI-
CATION DES COORDONNÉES POLYÉDRIQUES. *Propriété de dix
points de l'ellipsoïde, de neuf points d'une courbe gauche
du quatrième ordre, de huit points d'une cubique gauche.*
In-8, avec figures dans le texte; 1869.   10 fr.

STURM, Membre de l'Institut.— **Cours d'Analyse de
l'École Polytechnique**. 3e édit., revue et corrigée par
M. *Prouhet*, répétiteur d'Analyse à l'École Polytechnique.
2 vol. in-8 avec figures dans le texte; 1868.   12 fr.

STURM, Membre de l'Institut. — **Cours de Mécanique
de l'École Polytechnique**, publié, d'après le vœu de
l'auteur, par M. *E. Prouhet*. répétiteur à l'École Polytechnique. 2 volumes; 2e édition; in-8 avec 189 figures
dans le texte; 1868-1869.   12 fr.

TARNIER, Inspecteur de l'Instruction primaire à Paris.
— **Éléments de Géométrie pratique**, conformes au programme de l'enseignement secondaire spécial (année préparatoire, Sciences), à l'usage des Écoles primaires et des
divers établissements scolaires. In-8, avec figures dans le
texte, accompagné d'un Atlas in-folio contenant 1 planche typographique et 7 belles planches coloriées gravées
sur acier; 1872. Prix du texte broché, avec l'Atlas en
feuilles dans une couverture imprimée.   10 fr.

Prix du texte cartonné et de l'Atlas cartonné sur
onglets.   12 fr. 75 c.

On vend séparément :

Le texte, broché,   4 fr. 50 c.;   cartonné,   5 fr. 25 c.
L'Atlas, en feuilles, 6 fr. 50 c ;   cart. sur ongl., 8 fr. 50 c.

Les 8 planches collées sur toile, et formant une *grande
carte murale*, vernie, avec gorge et rouleau.   15 fr.

Les 8 planches collées séparément sur carton, avec
anneau de suspension.   12 fr. 50 c.

L'étude de la Géométrie rationnelle se poursuit depuis des siècles;
mais l'enseignement de la Géométrie pratique est encore à créer en
France. C'est à ce but que M. Tarnier a appliqué ses efforts; et nous
pouvons dire que son œuvre, éminemment utile, comble une lacune
d'autant plus regrettable qu'elle n'existe pas dans les pays voisins
« L'éducation de l'œil et de la main » pourra ainsi occuper dans l'enseignement classique et professionnel la place qui lui est due, alors surtout que la régénération du pays par une instruction véritablement utile
est une des questions politiques et sociales qui préoccupent vivement les
esprits.

THIERRY fils, Graveur éditeur du *Vignole de Poche*. —
Méthode graphique et géométrique, ou le **Dessin linéaire** appliqué aux arts en général, et en particulier à

la projection des ombres, à la pratique de la coupe des pierres, à la perspective linéaire et aux cinq ordres d'Architecture ; 2e éd. revue et corrigée par M. *C.-F.-M. Marie.* Grand in-8 oblong, avec 5o planches ; 1846. (*Cet Ouvrage a été choisi par S. Exc. M. le Ministre de l'Instruction publique et des Cultes pour les Bibliothèques scolaires de l'Etat.*) 8 fr. 5o c.

THOREL (J.-B.-A.), Géomètre de 1re classe du Cadastre. — **Arpentage et Géodésie pratiques.** Ouvrage à l'aide duquel on peut apprendre le Système métrique, l'Arpentage, la Division des terres, la Trigonométrie rectiligne, le Levé des Plans et la Gnomonique. 2e tirage. In-4, avec planches ; 1853. 4 fr.

TYNDALL (John). — **Le Son,** traduit de l'anglais et augmenté d'un Appendice par M. l'Abbé *Moigno.* In-8, orné de 171 figures dans le texte; 1869. 7 fr.

VALLÈS (F.), Ingénieur général des Ponts et Chaussées. — **Des formes imaginaires en Algèbre; leur interprétation en abstrait et en concret.** In-8; 1869. 5 fr.

VIANT (J.), Agrégé de l'Université. — **Éléments de Géométrie descriptive, rédigés conformément au nouveau Programme de Saint-Cyr,** à l'usage des candidats à ladite École, à l'École Navale, à l'École Forestière, et au Baccalauréat ès Sciences. In-8, avec Atlas de 16 planches; 1862. 2 fr. 5o c.

VIANT (J.). — **Notions sur quelques courbes usuelles,** rédigées conformément au nouveau Programme de Saint-Cyr, à l'usage des candidats à ladite École, aux Écoles Navale et Forestière, et au Baccalauréat ès Sciences. In-8 avec planches; 1864. 2 fr. 5o c.

VIEILLE (J.), Inspecteur général de l'Instruction publique. — **Éléments de Mécanique,** rédigés conformément au Progr. du nouveau plan d'études des Lycées. 2e édit.; 1 vol. in-8, avec fig. dans le texte; 1867. 4 fr. 5o c.

VIEILLE (J.). — **Cours complémentaire d'Analyse et de Mécanique rationnelle,** professé à l'École Normale. In-8; 1851. 7 fr.

VIEILLE (J.). — **Théorie générale des approximations numériques,** à l'usage des Candidats aux Écoles spéciales. In-8, 2e édition; 1854. 3 fr. 5o c.

VINCENT, Membre de l'Institut, et **SAIGEY**. — Géométrie élémentaire, In-12, avec pl. ; 1855.   2 fr. 50 c.

VIOLEINE (A.-P.), ancien Chef de bureau au Ministère des Finances. — **Tables pour faciliter les Calculs des Probabilités sur la vie humaine.** In-4; 1859.   10 fr.

VIOLEINE (A.-P.). — **Nouvelles Tables pour les calculs d'Intérêts simples et composés, d'Amortissement,** etc. In-4; 2ᵉ édition.   (*Sous presse.*)

WITH (Émile), Ingénieur civil. — **Manuel aide-mémoire du Constructeur de travaux publics et de machines.** 2ᵉ édition, in-12; 1861.   2 fr. 50 c.

WŒHLER (**F.**), Professeur à l'Université de Gœttingue. — **Éléments de Chimie.** Édition française par L. GRANDEAU, avec le concours de M. le Dʳ *F. Sacc*, et avec des additions de M. H. SAINTE-CLAIRE DEVILLE, Membre de l'Institut. In-8; 1861.   7 fr. 50 c.

WŒHLER (**F.**).— **Traité pratique d'Analyse chimique.** (*Voir* **GRANDEAU et TROOST**.)

ZEUNER, Professeur de Mécanique à l'Ecole Polytechnique fédérale de Zurich. — **Théorie mécanique de la Chaleur**, avec ses Applications aux machines. 2ᵉ édition, entièrement refondue, avec figures dans le texte et nombreux tableaux. Ouvrage traduit de l'allemand et augmenté d'un *Appendice* comprenant les travaux postérieurs à la publication du texte allemand, en particulier les importantes Recherches de M. Zeuner sur les propriétés de la vapeur d'eau surchauffée; par M. *M. Arnthal*, ancien Elève de l'Ecole des Ponts et Chaussées, et M. *Ach. Cazin*, Professeur de Physique au Lycée Bonaparte. Un fort volume in-8; 1869.   10 fr.

Paris. — Imprimerie de GAUTHIER-VILLARS,
Quai des Augustins, 55. (Juin 1872.)